ComfyUI工作流

AI绘画与设计从部署到商业应用

宿丹华
贾亦男 编著

化学工业出版社
·北京·

内 容 简 介

本书较为系统地讲解了人工智能绘画软件ComfyUI的基本使用方法，内容覆盖安装、设置ComfyUI的方法，使用文生图与图生图功能生成图像时各个参数的意义，利用ControlNet精准控制图像的技巧，以及自己动手训练LoRA来批量生成定制的、个性化图像的要点，还包含了诸多技术含量非常高的其他内容。

考虑到ComfyUI操作流程复杂、参数众多，笔者在讲解时，特意使用了大量的效果示例图、对比图与软件操作界面截图，力图使初学者阅读学习时，能够一步一步按图与文字进行正确操作，并获得理想的效果。

本书内容丰富，技术点讲解全面，不仅适合AI绘画爱好者、AI视觉工作者和影像处理从业人员自学，也可以在开设了视觉传达与影像处理相关专业的学校当作教材使用。

图书在版编目(CIP)数据

ComfyUI工作流 ： AI绘画与设计从部署到商业应用 / 宿丹华，贾亦男编著. -- 北京 ： 化学工业出版社， 2025. 1(2025.5重印). -- ISBN 978-7-122-46653-2

Ⅰ. TP391.413

中国国家版本馆CIP数据核字第2024N6727N号

责任编辑：李　辰　孙　炜　　　装帧设计：盟诺文化
责任校对：赵懿桐　　　封面设计：异一设计

出版发行：化学工业出版社（北京市东城区青年湖南街13号　邮政编码100011）
印　　装：北京宝隆世纪印刷有限公司
710mm×1000mm　1/16　印张15$^{3}/_{4}$　字数323千字　2025年5月北京第1版第3次印刷

购书咨询：010-64518888　　　售后服务：010-64518899
网　　址：http://www.cip.com.cn
凡购买本书，如有缺损质量问题，本社销售中心负责调换。

定　　价：98.00元

前言

PREFACE

在数字创意与设计领域，技术的每一次飞跃都如同春风化雨，不仅深刻改变了我们的创作方式，更拓宽了艺术与商业融合的无限可能。随着人工智能（AI）技术的迅猛发展，其在绘画与设计领域的应用已不再是遥不可及的梦想，而是成为推动行业创新、提升创作效率、解锁全新商业模式的强大引擎。《ComfyUI 工作流：AI 绘画与设计从部署到商业应用》一书应运而生，旨在为广大设计师、艺术家，以及对 AI 创意技术充满好奇与热情的探索者们，提供一套从理论到实践、从部署到商业应用的整体创作解决方案。

本书深入剖析了 ComfyUI 这一前沿的 AI 设计平台，它不仅集成了先进的深度学习算法与图像处理技术，还融入了人性化界面设计与高效工作流程，让即便是非技术背景的设计师也能轻松上手，享受 AI 带来的创作便利。通过翔实的案例分析与步骤指导，读者将学习到如何利用 ComfyUI 换脸、换装、制作特效文字等高级功能，从而在保持个人创意风格的同时，大幅提升设计效率与质量。

本书第 1、2 章主要介绍了 ComfyUI 的底层逻辑，并详细讲解了 ComfyUI 的安装和设置以及 ComfyUI 的核心——节点。

第 3 章主要讲解了 ComfyUI 的常用工作流的搭建及使用。

第 4 章主要介绍在 ComfyUI 中如何使用 ControlNet，具体到节点的详解，工作流的搭建。

第 5 章到第 7 章主要介绍 Stable Diffusion 共用的提示词、模型以及训练模型的内容，全面、详细讲解了原理、使用逻辑和训练方法。

第 8、9 章主要通过介绍 ComfyUI 常用扩展的安装、节点的使用来指导常用案例工作流的搭建，并通过实操讲解每一个案例。

考虑到 ComfyUI 工作流节点复杂、参数众多，笔者在讲解时特地使用了大量节点图、示例图与工作流整体图，力图使初学者阅读学习时，能够一步一步按图与文字进行正确操作，并获得理想的效果。

同时，本书的每个案例都经过精心挑选和设计，力求覆盖不同行业与场景，使读者能够在阅读过程中拓宽视野，激发思考，真正做到理论与实践相结合，学以致用。

笔者相信，本书将成为每一位希望在 AI 时代中乘风破浪，在数字艺术领域中寻求突破的读者朋友们的得力助手。让我们携手并进，在 AI 技术的引领下，共同开启艺术创作与设计的新纪元。

需要特别指出的是AI技术与AI工具更新迭代速度很快，所以，在学习本书以及AI相关技术时，必须重视如下两个核心要领。

第一，明白AI工具的底层逻辑和操作流程，以应对不断更新的AI软件版本。

第二，始终保持对新兴AI工具和技术动态的高度关注和敏锐洞察力。通过积极实践和终身学习的态度，跟踪人工智能在各大领域的革新应用。例如，可以关注我们的微信公众号“好机友摄影视频拍摄与AIGC”，或者添加笔者团队微信号hjysy1635沟通交流，以确保各位读者能够紧跟AI技术的发展步伐，并将其应用于实际创作中，以提升AI创作的艺术表现力和技术含量。

在本书编写过程中，宿丹华负责其中的15万字，其余由贾亦男负责。

购买本书后，关注公众号FUNPHOTO，并在公众号界面回复本书第146页最后一个字，即可获得与本书配套的43节在线学习视频课程，以及2个包括了数百篇AI类文章的在线知识学习文库。

特别提示：在编写本书时，参考并使用了当时最新的AI工具界面截图及功能作为实例进行编写。然而，由于从书籍的编撰、审阅到最终出版，存在一定的周期，在这个过程中，AI工具可能会进行版本更新或功能迭代，因此实际的用户界面及部分功能可能与书中所示有所不同。

提醒各位读者在阅读和学习的过程中，要根据书中的基本思路和原理，结合当前所使用的AI工具的实际界面和功能进行灵活变通和应用，举一反三。

编著者

目　　录

CONTENTS

第 1 章　安装并设置 ComfyUI

第 2 章　探索 ComfyUI 的组成节点

第 3 章　ComfyUI 常用工作流的搭建及使用

第 4 章 在 ComfyUI 中使用 ControlNet

第 5 章 掌握提示词撰写逻辑及权重控制技巧

第 6 章 了解底模与 LoRA 模型

第 7 章 通过训练 LoRA 获得个性化图像

第 8 章 ComfyUI 常用扩展

第 9 章 ComfyUI 综合实战案例

第1章

安装并设置ComfyUI

认识 ComfyUI

ComfyUI 与 Stable Diffusion

ComfyUI 是为 Stable Diffusion 设计的基于节点的图形用户界面（GUI）。它提供了一个对用户友好的图形界面，允许用户通过拖拽节点和连接节点关系来构建、调整和执行复杂的模型流程。

Stable Diffusion 这个模型架构是由 Stability AI 公司于 2022 年 8 月由 CompVis、Stability AI 和 LAION 的研究人员在 Latent Diffusion Model 的基础上创建并推出的。其核心技术来源于 AI 视频剪辑技术创业公司 Runway 的首席研究科学家 Patrick Esser，以及慕尼黑大学机器视觉学习组的 Robin Rombach 这两位开发者在计算机视觉大会 CVPR22 上合作发表的潜扩散模型（Latent Diffusion Model）的研究。

Stable Diffusion 是深度学习文本到图像生成模型，它可以根据文本描述生成相应的图像，主要特点包括开源、高质量、速度快、可控、可解释和多功能。它不仅可以生成图像，还可以进行图像翻译、风格迁移、图像修复等任务。

Stable Diffusion 的应用场景非常广泛，不仅可以用于文本生成图像的深度学习模型，还可以通过给定文本提示词（text prompt），输出一张匹配提示词的图片。例如，输入文本提示词“paradise,cosmic,beach”，Stable Diffusion 会输出一张天堂般的沙滩，如下图所示。

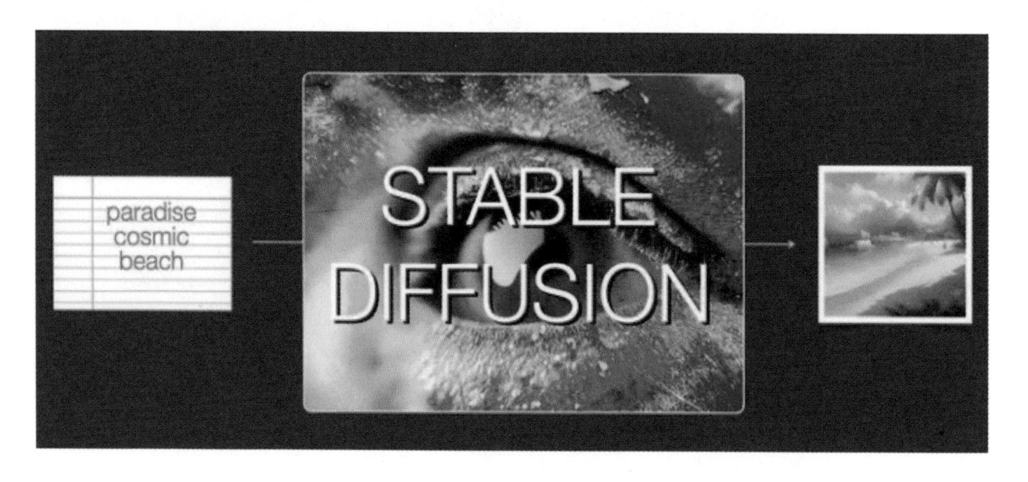

LDM 底层逻辑

相比于 WebUI，ComfyUI 的工作流模式更加贴近 Stable Diffusion 的底层运行逻辑，这对于小白创作者来说有一定的学习门槛，但是在完全掌握以后使用 ComfyUI 将会变得非常轻松，同时在 AI 盛行的时代，懂得一些底层逻辑也有助于设计师后续的发展。

Stable Diffusion 之所以叫 Stable，是因为公司叫 StabilityAI。其基础模型是 Latent Diffusion Model，也就是 LDM，翻译为潜在扩散模型，可以理解为主要的图片生成流程都在一个潜在空间里进行。图片在这个空间存在的方式是人类无法识别的向量，创作者只需要知道这些无法识别的东西所表示的信息和图片相差无几，但是数据尺寸却变得非常小就行，这是一个类似于压缩的过程，所以在这个空间中进行运行可以大大缩小运行内存。这个过程可以简单理解为，向潜在空间输入文件，数据经过处理生成图片并输出。

以文本生图为例，输入文件包含了熟知的常规内容：文本和图片，也就对应着 Text2Image 和 Image2Image，但是计算机是无法直接理解文本和图片内容的，所以这就需要将文本和图片转换为计算机能够理解的信息，这个过程文本使用了 Clip 模型，图片则使用了 VAE 模型。

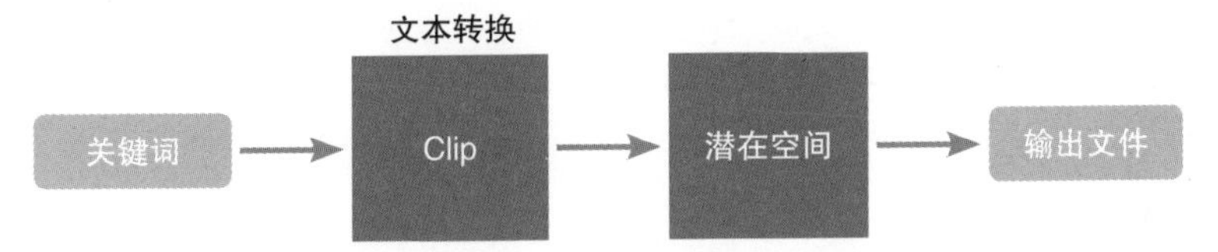

在 WebUI 中，控制图片生成部分的模型实际是采样器，也就是 KSampler，在这其中创作者可以控制迭代次数，种子数等，而这个步骤就发生在潜在空间中。

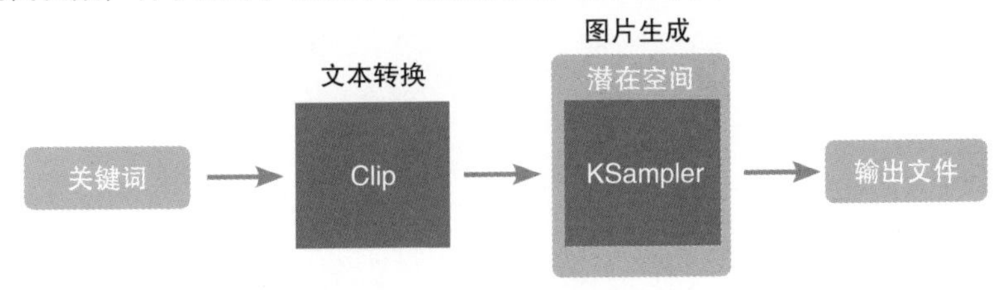

通过前面的内容可以知道，潜在空间的内容不是人类可以读取的内容，文本的输入需要转换，同样图片的输出也需要转换，这个过程同样使用了 VAE 模型。

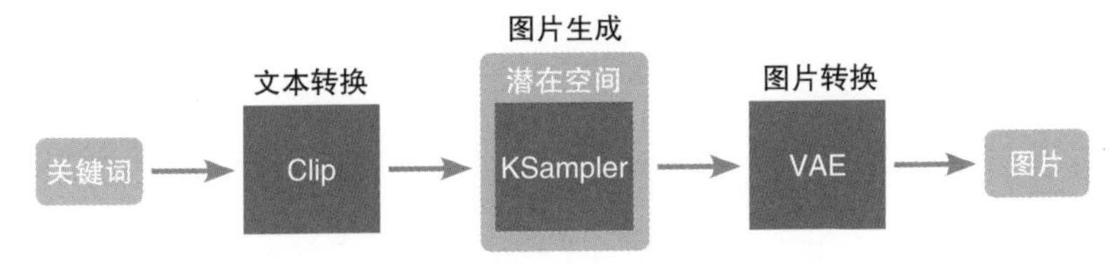

这就是 Stable Diffusion 最基础的底层逻辑，如果理解了这个逻辑，在后面 ComfyUI 的学习中，对于工作流的搭建思路会清晰很多，也会很容易理解节点之间的连接关系。

ComfyUI 简介

ComfyUI 是一款创新的图形界面工具，它运用节点工作流的设计理念，将复杂的稳定扩散算法过程拆解为多个独立的操作节点。通过这种精巧的分解，ComfyUI 极大地提升了工作流的灵活性和可定制性，使用户能够精确地调整和优化每一个步骤，从而确保稳定扩散过程的可靠复现和高效执行。

ComfyUI 与 WebUI 对比

ComfyUI 凭借其卓越的自由度和灵活性，为用户提供了丰富的定制化和工作流复用选项，且对系统配置的要求相对较低，能够显著加快原始图像的生成速度。然而，由于集成了大量插件节点和设计了相对复杂的操作流程，使用者在学习和上手时可能会面临一定的挑战。

WebUI 的显著特点是其固定的操作界面，这一特性为使用者提供了直观的操作体验，使其易于学习和快速上手。经过一年多的发展，WebUI 已经构建了一个成熟且稳定的开源生态系统。然而，相较于 ComfyUI，WebUI 在性能方面可能稍显不足，且在工作流程复制方面存在一定的局限性，使用者需要在每次操作时手动进行配置和设置。

除了使用流程上的区别，ComfyUI 和 WebUI 还在配置、界面等方面存在着区别，具体如下。

（1）界面操作。ComfyUI 是节点式操作界面，易于管理，更灵活，有较强的自组性；WebUI 是完整的可视化界面，固定模板式界面，有助长期记忆。

（2）安装配置。ComfyUI 显卡最低要求是 3GB 显存，配置要求低，效率高；WebUI 显卡最低要求是 4GB 显存，速度相对较慢，对小显存使用者不友好。

（3）性能方面。ComfyUI 占用显存资源更少，生成大图用时更少、速度更快；WebUI 相对来说比 ComfyUI 更占显存，生成速度比较慢。

（4）适用场景。ComfyUI 适合需要批量出图或有特定工作流程的用户，特别是对于那些追求高品质输出和高度可控性的用户；WebUI 则更适合那些寻求快速尝试和探索新功能的初学者，尤其是对于不熟悉 Stable Diffusion 工作流程的初学者。

总的来说，ComfyUI 和 WebUI 各具特色，使用者在选择时应基于个人需求和偏好进行权衡。若使用者追求高质量输出和精细化控制，ComfyUI 无疑是首选；而若初学者更看重快速入门和丰富的功能体验，WebUI 将是一个更加合适的选择。

ComfyUI 的优势

性能优化：ComfyUI 在显存使用效率上进行了显著的优化，大幅提升了启动速度和图像生成效率，特别适用于显存资源有限的设备，确保流畅且高效的创作体验。

创作自由度：ComfyUI 为创作者提供了前所未有的广阔空间，用户能够灵活调整参数和选项，进行自由无拘的创作，实现个性化的艺术表达。

工作流定制：凭借节点流程式的创新设计，ComfyUI 使得工作流的定制更加精准，且具备完善的可复现性。创作者能够轻松搭建独特的工作流程，确保作品的可重复性和一致性。

流程导出与分享：ComfyUI 支持用户搭建的工作流程进行导出，并轻松分享给他人。这一功能极大地提升了创作的协作性和共享性，使得创作者能够与他人交流想法、分享成果。

错误定位：在遭遇问题时，ComfyUI 提供直观且准确的错误定位功能，帮助用户迅速识别并解决潜在问题，保障创作的顺畅进行。

模型互通：ComfyUI 实现了与 WebUI 环境及模型的无缝互通，使用户能够在不同的平台间无缝切换，充分利用各类资源和模型，丰富创作手段。

自动重现工作流程：通过导入生成的图片，ComfyUI 能够智能识别并自动重现相应的工作流程，同时自动选择匹配的模型。这一功能极大地提升了用户的工作效率，为用户提供了极大的便利。

ComfyUI 的缺点

操作门槛高：相比 WebUI 固定的工作界面和流程，ComfyUI 需要根据个人的需求制定专属的工作流，这也就要求创作者具备清晰的逻辑，否则很难搭建出想要的工作流。

节点丰富：可能实现同样功能的两个工作流使用的节点除了基础节点以外可能都不相同，包括节点位置、节点之间的连接等，所以要求创作者需要掌握大量的节点使用，否则难以理解工作流的搭建逻辑。

插件节点复杂：在 WebUI 中安装的插件所有内容都是集成在一起的，但在 ComfyUI 中，有些插件可能由多个插件节点组成，在使用插件时，需要将新建这些插件节点并连接在工作流对应的节点，这就需要创作者对插件节点的作用以及插件节点的工作流程熟悉掌握，否则安装的节点也无法正确使用。

ComfyUI 配置要求

对于 ComfyUI 的配置要求，如果之前使用过 WebUI，那完全不用担心 ComfyUI 使用，即使没有使用过 WebUI 也不用太过担心，ComfyUI 的配置要求要比 WebUI 低得多，具体配置要求如下。

（1）显卡：NVIDIA 卡，显存≥ 6G

ComfyUI 官方声明支持小于 3G 显存的英伟达显卡，但在实际使用中，即使是拥有 4G 显存的 GTX1650 显卡，也可能在某些复杂或资源密集的场景下遇到显存爆满的情况。对于没有独立显卡（GPU）的用户，ComfyUI 仍然可以通过 CPU 进行计算，但这种方式通常会比使用 GPU 慢得多。因此，为了获得更好的性能和体验，官方推荐使用显存为 6G 及以上的英伟达显卡。然而，需要明确的是，显卡的显存大小并不直接决定生成图片的速度，而是影响系统处理图形任务的能力，包括在高负载下保持流畅运行的能力。

（2）内存：≥ 16GB

ComfyUI 的高效运行依赖于充足的内存资源。对于仅使用已训练好的模型的用户来说，确保系统至少拥有 16GB 的内存是基本要求。如果计划进行模型的训练工作，那么内存需求将随着数据集的大小和训练批次数量的增加而相应增长。为了保障训练过程的顺畅进行，建议配备至少 32GB 的内存以满足这些额外的内存需求。

（3）硬盘：SSD 固态硬盘≥ 128GB

为确保 ComfyUI 的稳定与高效运行，推荐使用至少 128GB 的 SSD 固态硬盘。SSD 不仅提供了出色的性能，还能极大加快数据的读取速度，从而优化 ComfyUI 的使用体验。值得注意的是，由于 ComfyUI 高度依赖模型资源，这些资源文件往往体积较大，一个大模型可能占据约 2GB 的存储空间。因此，为了充分利用 ComfyUI 的功能，并避免因存储不足导致出现问题，拥有充足的硬盘空间至关重要。

（4）网络要求：无具体要求

由于 ComfyUI 的特殊性，无法提供具体的网络要求，但 ComfyUI 会与用户进行良好互动，以确保用户能够顺利使用其所有功能。在有模型资源的情况下，没有网络 ComfyUI 也是可以正常运行的。

（5）操作系统：Windows 10 或 Windows 11

为了在本地安装 ComfyUI 并获得最佳性能，需要使用 Windows 10 或 Windows 11 操作系统。如果是 AMD 显卡用户需要使用 Linux 系统。

ComfyUI 整合包安装

开发者整合包安装

因为 ComfyUI 是一个开源的软件，开发者将软件的所有文件放在了一个整合包中并上传到 github 网站，所以将整合包下载到本地解压以后即可使用，具体操作如下。

（1）进入 https://github.com/comfyanonymous/ComfyUI 页面，点击“Direct link to download”按钮下载整合包到本地，如下图所示。

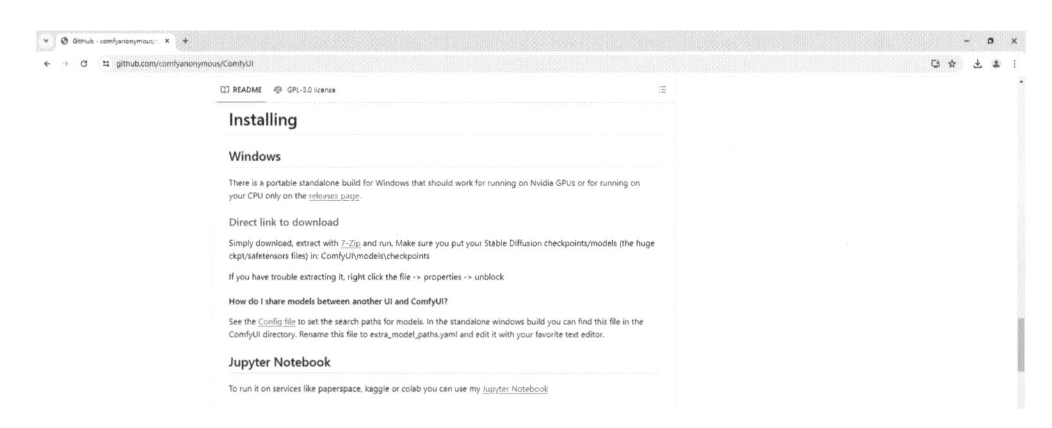

（2）在文件夹中找到下载好的文件，这里是之前下载好的“new_ComfyUI_windows_portable_nvidia_cu121_or_cpu”文件，右击解压压缩文件到想要安装的位置，如下图所示。

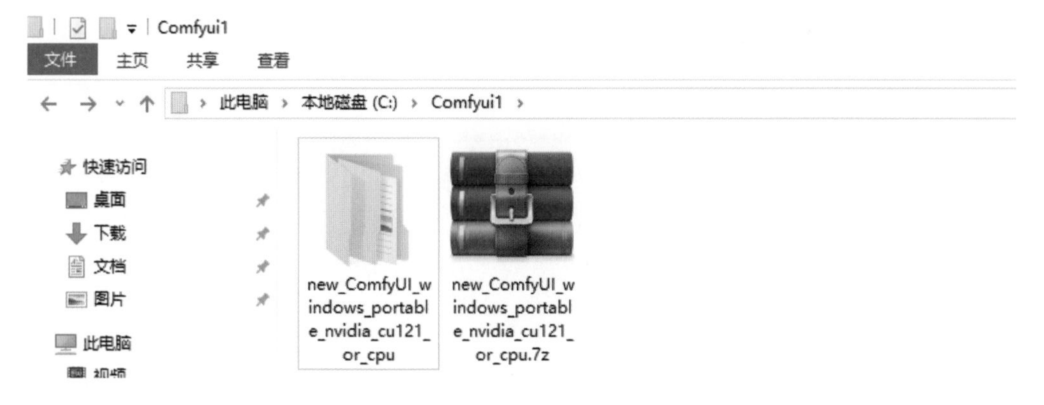

（3）打开解压后的文件夹，找到“run_nvidia_gpu.bat”文件，双击启动 ComfyUI，如下图所示。

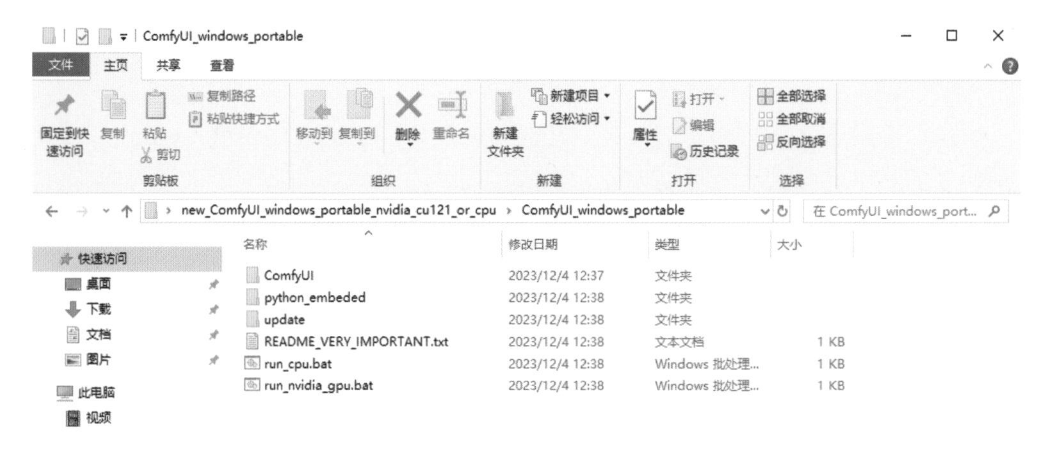

（4）等待控制台读取并更新完文件以后，便会在默认浏览器中打开 ComfyUI 操作界面，如下图所示。

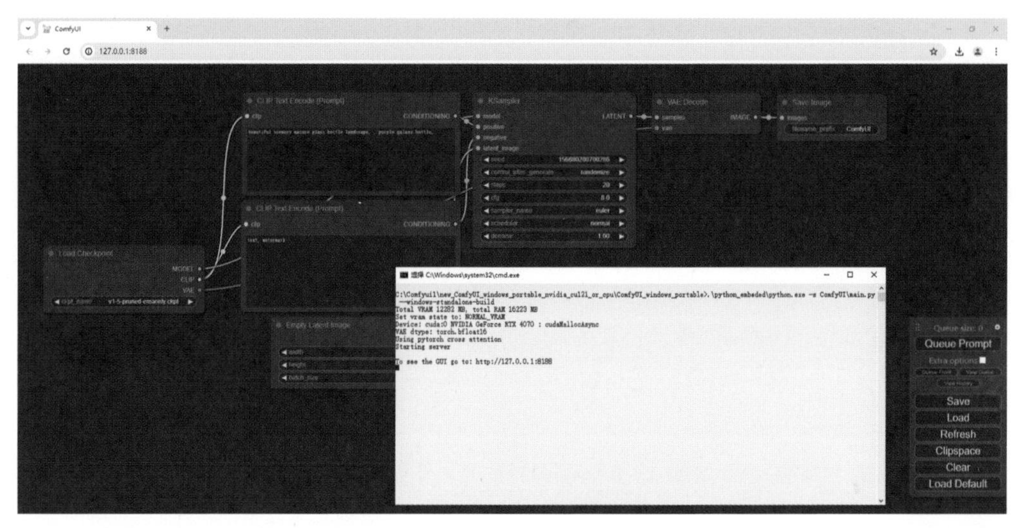

（5）至此，开发者整合包安装就完成了。需要注意的是，因为笔者之前一直在使用 WebUI，所以运行需要的依赖环境早已搭建完成，所以解压后可以直接运行，如果没有使用过 WebUI，这一步大概率会报错，需要自己安装依赖环境，再加上因为是开发者版整合包，各项配置都比较简单，不利于后期的管理和使用，所以开发者整合包不建议使用。

秋叶整合包安装

使用过 WebUI 的应该对秋叶整合包并不陌生，秋叶整合包内置了运行所需要的依赖环境和运行启动器，通过启动器后期管理插件以及生成的图片非常简单方便，具体安装操作如下。

（1）进入 https://pan.quark.cn/s/64b808baa960#/list/share 页面，找到最新版的“ComfyUI-aki”整合包，笔者写作时的最新版本为 1.3，所以下载“ComfyUI-aki-v1.3.7z”文件，如下图所示。

（2）在文件夹中找到下载好的“ComfyUI-aki-v1.3”文件，右击解压压缩文件到想要安装的位置，如下图所示。

（3）打开解压后的文件夹，找到“A 绘世启动器 .exe”文件，双击打开，如下图所示。

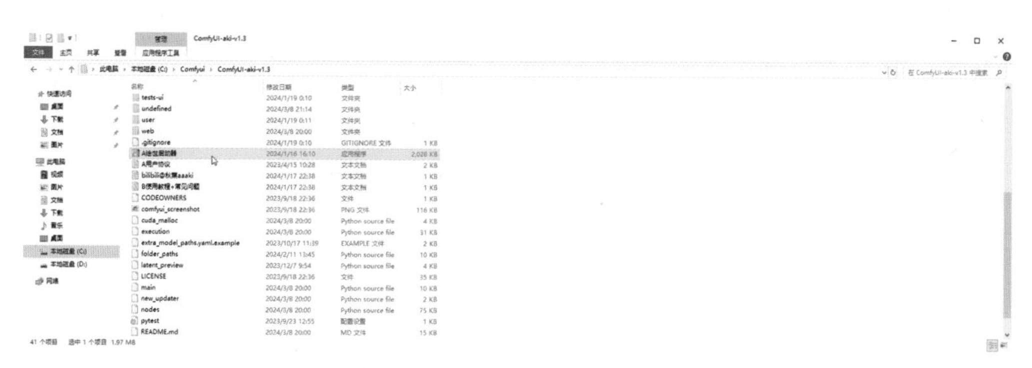

（4）等待启动器更新完成后，便打开了“绘世启动器”窗口，使用过 WebUI 的朋友对这个窗口应该不陌生，基本布局与 WebUI 基本相似，但还是有一些小差别，如下图所示。

（5）点击“一键启动”按钮，等待启动器读取完文件以后，便会在默认浏览器中打开 ComfyUI 操作界面，如下图所示。

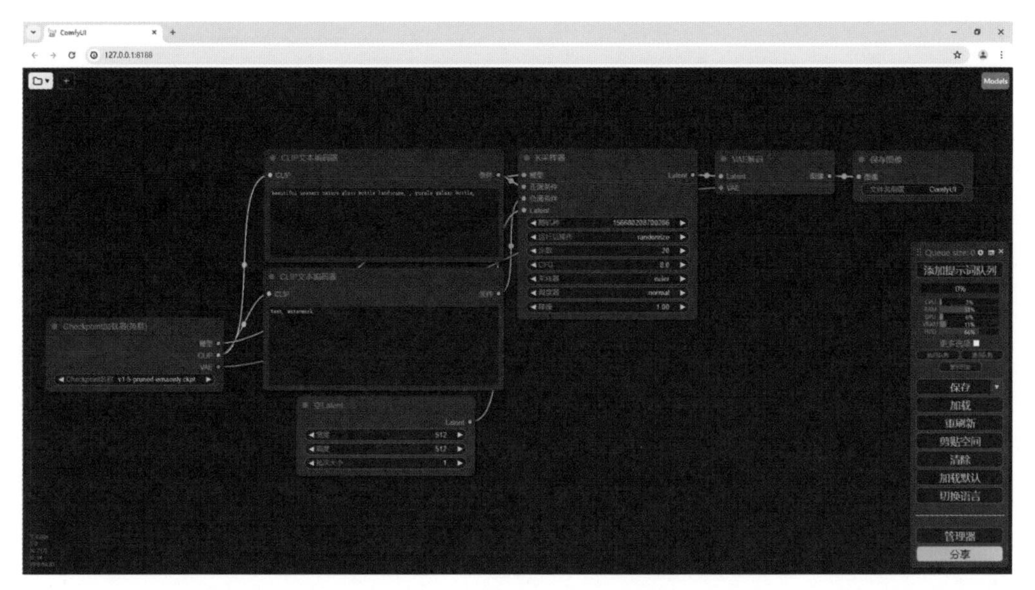

（6）至此，秋叶整合包安装就完成了。通过对比两种整合包的安装，可以明显发现秋叶整合包附带了一些基本插件，还将界面内容切换成了中文，极大地帮助了初学者上手使用，所以秋叶安装包也被称为“懒人安装包”，完全可以实现一键安装，非常推荐大家使用。

配置模型

未使用过 WebUI 的配置模型

虽然 ComfyUI 已经安装好可以运行，但是 ComfyUI 整合包中并没有模型，需要创作者自己下载并配置模型，如果此前没有使用过 WebUI，需要把模型放到对应的位置，这里以秋叶安装包为例，官方安装包操作相同，具体操作如下。

（1）在 AI 网站中找到需要的模型并下载到本地，这里以“meinamix_meinaV11.safetensors”Checkpoint 模型、“GoldenTech-20.safetensors”Lora 模型、“vae-ft-mse-840000-ema-pruned.safetensors”VAE 模型为例，如下图所示。

（2）打开 ComfyUI 的根目录文件夹，打开 models 文件夹，在文件夹中的内容就是 ComfyUI 中所有需要用到模型节点的存放文件夹，如下图所示。

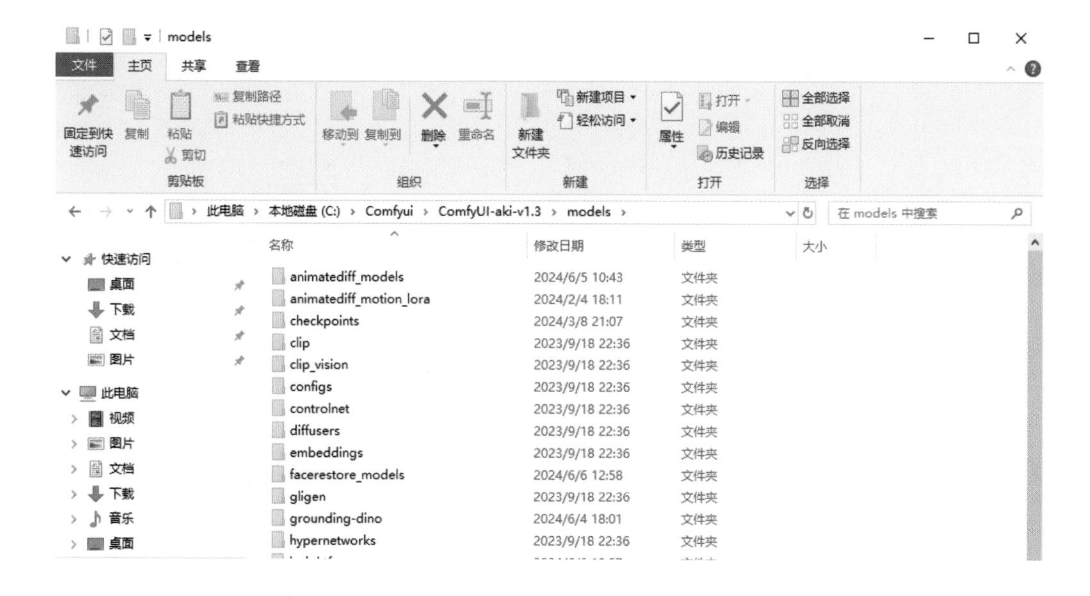

（3）找到并打开“checkpoints”文件夹，将“meinamix_meinaV11.safetensors”Checkpoint模型剪切到文件夹中，如下图所示。

（4）找到并打开“loras”文件夹和“vae”文件夹，使用同样的操作分别将“GoldenTech-20.safetensors”Lora模型和“vae-ft-mse-840000-ema-pruned.safetensors”VAE模型剪切到对应的文件夹中，Lora模型如下左图所示，VAE模型如下右图所示。

（5）这样模型文件放置完成后，在ComfyUI中各节点使用时即可直接调用文件夹中的模型文件，后期安装的节点如果需要用到模型文件，同样放在对应的文件夹中。需要注意的是，放置模型文件时，如果ComfyUI正在启动，则需要重启ComfyUI才可以看到放置的模型文件，如果立即调用是不会显示的。

使用过 WebUI 的配置模型

如果之前使用过 WebUI，则可以共享 WebUI 的模型，这样不仅节省了再次下载模型的时间，还节约了模型文件占用的位置。这里以秋叶安装包为例，官方安装包操作相同，具体操作如下。

（1）打开 ComfyUI 的根目录文件夹，找到“extra_model_paths.yaml.example”文件，并将文件名中的“.example”删掉，这样文件才会启用，如下左图所示。

（2）修改完成后使用记事本打开该文件，把文件中“ base_path:”后面的路径改为 WebUI 的根目录路径，笔者这里的路径是“D:\Stable Diffusion\sd-webui-aki-v4.4”，如下右图所示。需要注意的是，Controlnet 的路径是否修改取决于 Controlnet 模型安装在 WebUI 的哪个目录，笔者这里就是安装在了“models/ControlNet”路径下，与路径一致，所以不需要修改。

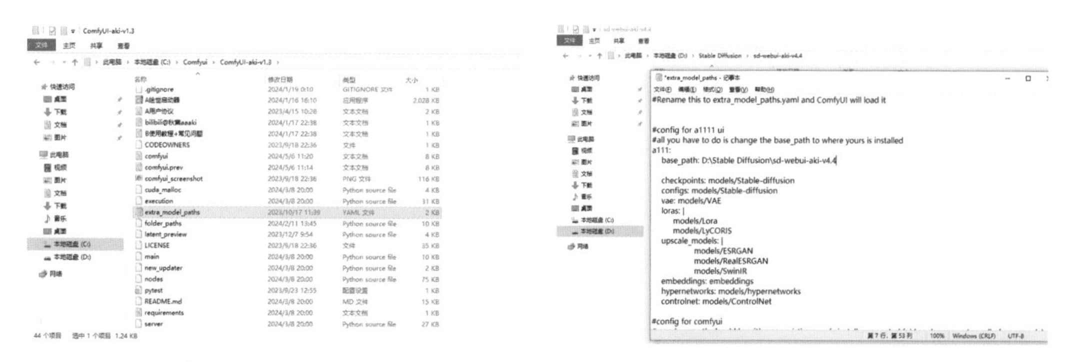

（3）路径更改完成后，保存并关闭记事本即可，重启 ComfyUI，在 ComfyUI 的操作界面右上角点击“Models”按钮，左侧就会出现 WebUI 中已经配置好的模型了，如下图所示。这样就不用下载两份模型或复制多份模型占用额外空间了，两个 UI 也可以一起使用了。

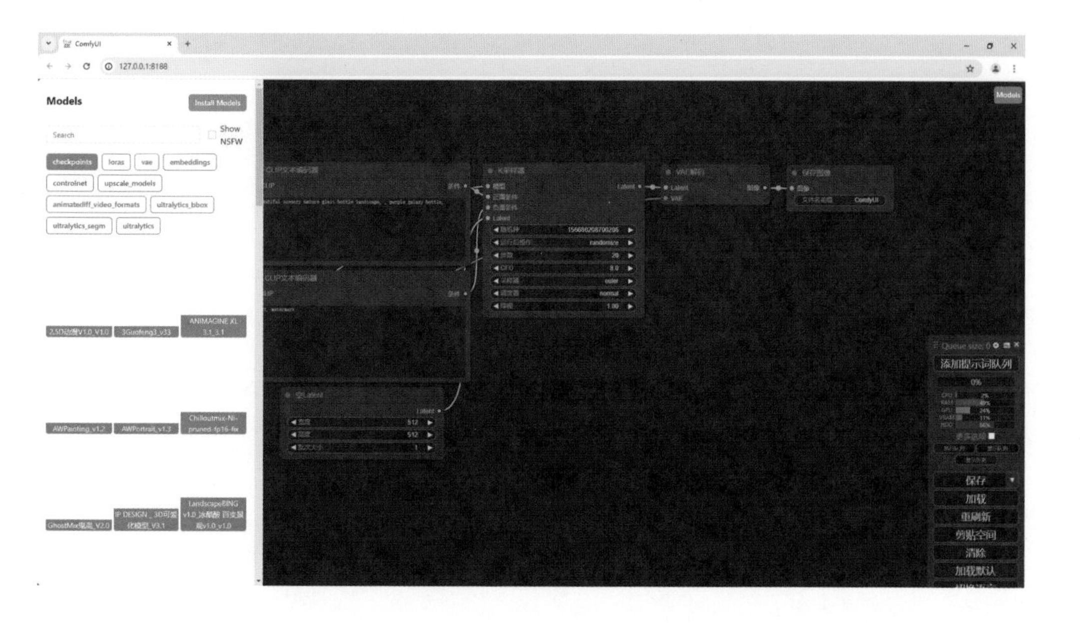

基础插件安装

对于刚开始使用 ComfyUI 的创作者来说，基本上都有两个问题困扰。一个是开始使用无从下手不会操作，怎么简单快速上手；还有一个是界面中基本上都是英文，对于很多英文小白很不友好。解决这两个问题需要用到两个插件，分别是自定义节点管理插件 ComfyUI-Manager 和汉化插件 AIGODLIKE-ComfyUI-Translation，秋叶整合包中已经内置了这两个插件，可以直接使用，但如果使用的是开发者整合包则需要自行安装，具体操作如下。

Manager 插件安装

插件的安装方法多种，但是其他方法都需要前置条件，在后面会详细讲解，这里以压缩包安装为例。压缩包安装其实是最熟悉的安装方法，它的操作步骤与整合包安装相似，都是先下载压缩的整合包，再把里面的文件解压出来，就是解压后文件的位置放置不同。

（1）打开 https://github.com/ltdrdata/ComfyUI-Manager 插件页面，点击“Code”列表下的“Download ZIP”按钮，下载插件压缩包到本地，如下图所示。注意，如果此网站打不开，可以在一些分享的网盘中下载该文件。

ltdrdata / ComfyUI-Manager
Code
Clone
HTTPS
GitHub CLI
Clone using the web URL
Open with GitHub Desktop
Download ZIP
About
Releases
Packages
Contributors

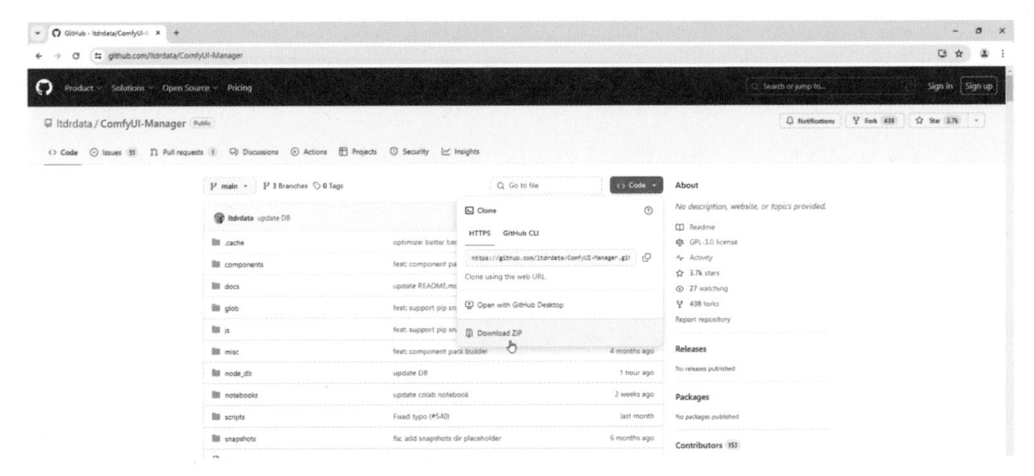

（2）将压缩包中的文件夹解压后放入“ComfyUI-aki-v1.3\custom_nodes”目录中，如下图所示，重启 ComfyUI 就可以使用该插件了。需要注意的是，通过这种方式安装插件，不支持在线更新节点，这里是因为需要先将 Manager 插件安装以后，才能在 ComfyUI 安装其他节点。

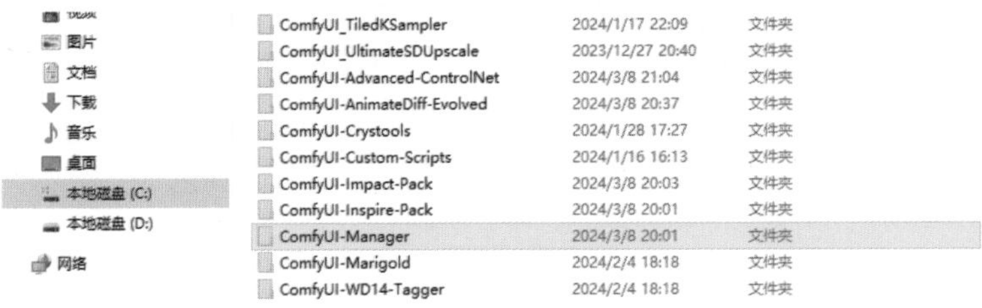

图片
文档
下载
音乐
桌面
本地磁盘 (C:)
本地磁盘 (D:)
网络
ComfyUI_TiledKSampler 2024/1/17 22:09 文件夹
ComfyUI_UltimateSDUpscale 2023/12/27 20:40 文件夹
ComfyUI-Advanced-ControlNet 2024/3/8 21:04 文件夹
ComfyUI-AnimateDiff-Evolved 2024/3/8 20:37 文件夹
ComfyUI-Crystools 2024/1/28 17:27 文件夹
ComfyUI-Custom-Scripts 2024/1/16 16:13 文件夹
ComfyUI-Impact-Pack 2024/3/8 20:03 文件夹
ComfyUI-Inspire-Pack 2024/3/8 20:01 文件夹
ComfyUI-Manager 2024/3/8 20:01 文件夹
ComfyUI-Marigold 2024/2/4 18:18 文件夹
ComfyUI-WD14-Tagger 2024/2/4 18:18 文件夹

汉化插件安装使用

Manager 插件安装完以后，基本就可以只使用它来安装插件节点了，它不仅可以安装节点，还可以管理更新节点，非常方便，这里安装汉化插件就通过 Manager 插件安装，具体操作如下。

（1）进入 ComfyUI 界面，点击右下角的 Manager 按钮，在弹出的 ComfyUI 管理器窗口中，可以安装节点、安装模型、更新 ComfyUI 等，功能相当全面，如下图所示。这里暂时只讲解安装汉化节点。

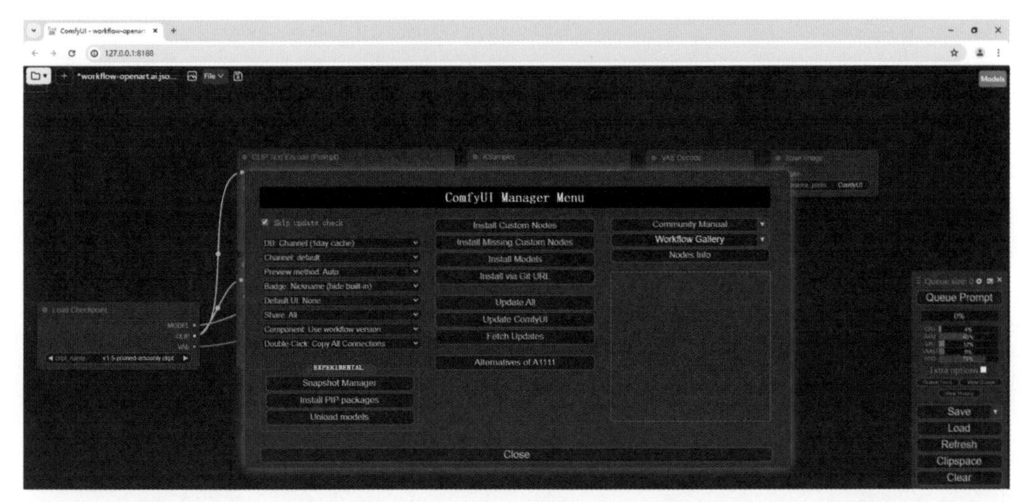

（2）点击“Install Custom Nodes”按钮，就是安装节点按钮，在打开的窗口右上角搜索框中输入想要安装的节点，这里输入“AIGODLIKE-ComfyUI-Translation”，点击 Search 按钮，窗口中便会出现插件的相关信息，如下图所示。

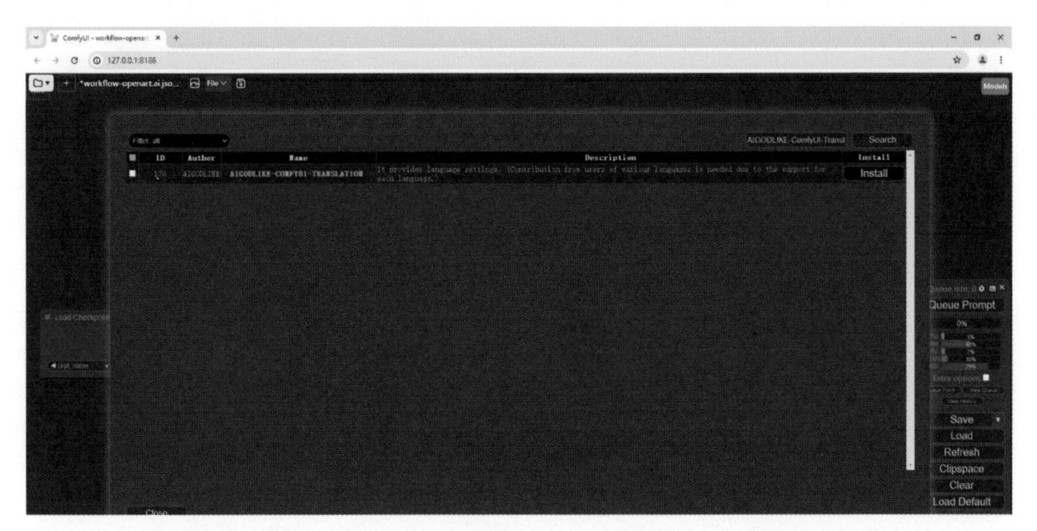

（3）点击 Install 按钮，等待安装结束后，节点右侧的 Install 按钮变成了 Try update、Disable、Uninstall 按钮，说明安装成功，同时窗口左下角会出现红色的英文提示，意思是，安装新的节点后，需要重启 ComfyUI 并刷新浏览器，如下图所示，重启后即可使用新安装的节点。

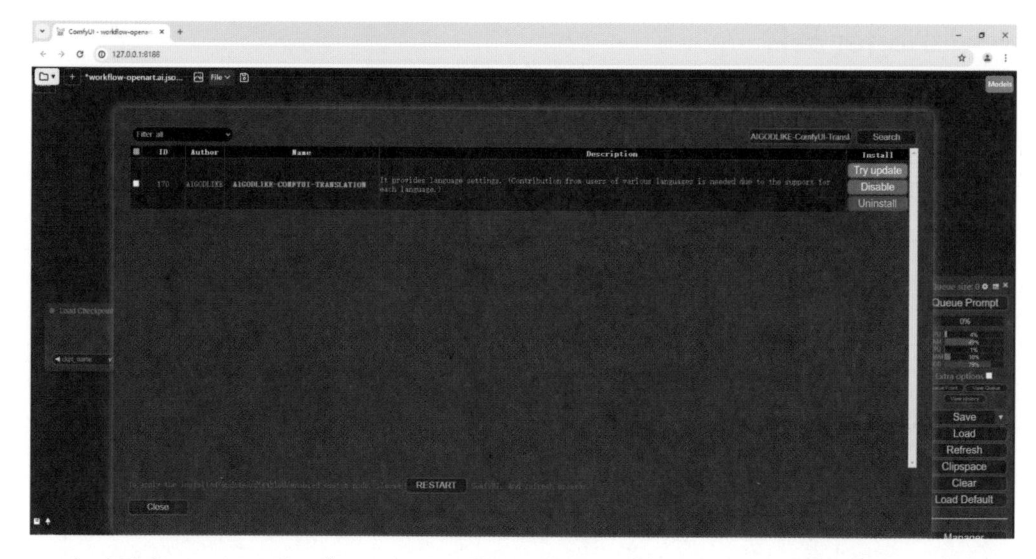

（4）重启ComfyUI后，进入ComfyUI界面，发现还是英文界面，这是因为虽然安装了插件，但是还没有设置插件，点击右下方菜单窗口中的齿轮按钮，打开ComfyUI的设置窗口，在窗口中下滑找到AGLTranslation-langualge选项，在列表中选择“中文”，如下图所示。

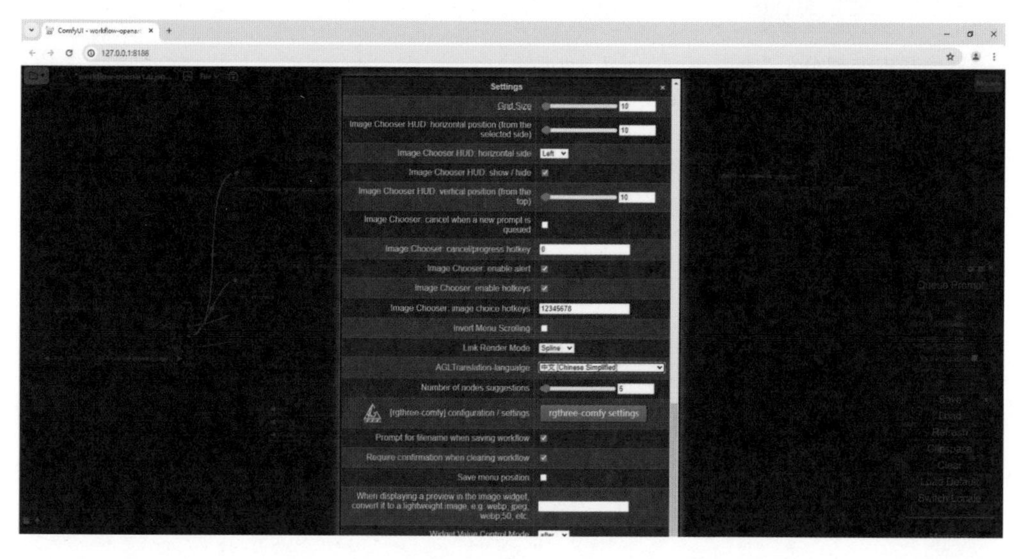

（5）重启ComfyUI，这次ComfyUI界面中大部分英文已经变成了中文，这样在后期的ComfyUI使用中大大减小了难度，操作起来就更加方便快捷了。

Manager 插件功能详解

当看到英文 ComfyUI 管理器窗口时，基本不理解每个功能的作用，现在安装完汉化插件以后，ComfyUI 管理器里面的内容也修改为中文，如下图所示。里面的功能也就比较容易理解了，但是对于初学者可能还有部分不理解，具体介绍如下。

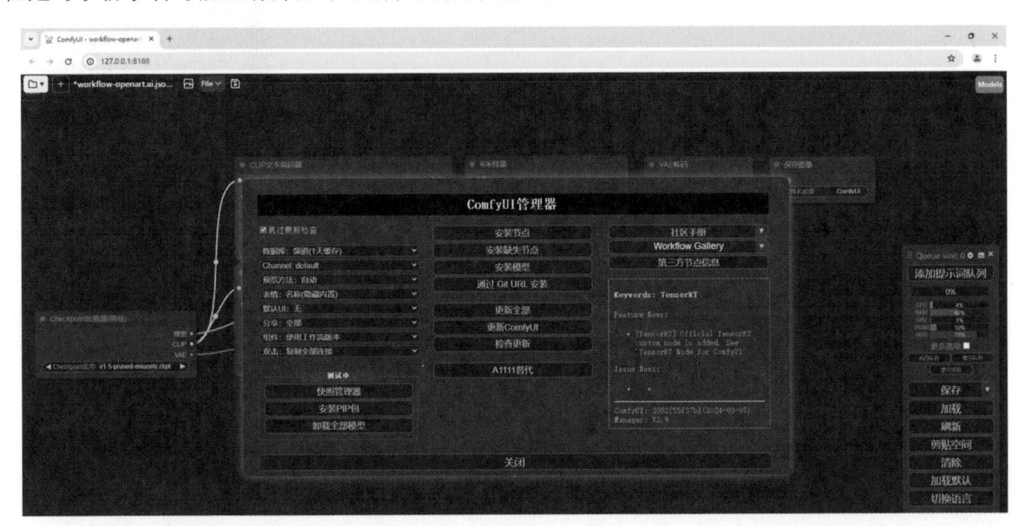

首先是安装部分，“安装节点”上面已经讲解过了，这也是 ComfyUI 管理器的最重要的功能。“安装缺失节点”这个是对于导入的工作流，如果本地没有安装工作流中的某些节点，通过此按钮可以安装补全缺失的节点，安装方法与“安装节点”一样。“安装模型”是指安装各种类型的模型，包含一些大模型、LoRA、视觉模型、ControlNet 模型等，需要注意的是，它需要特殊的网络配置才可以使用，否则只会安装失败，如下图所示。

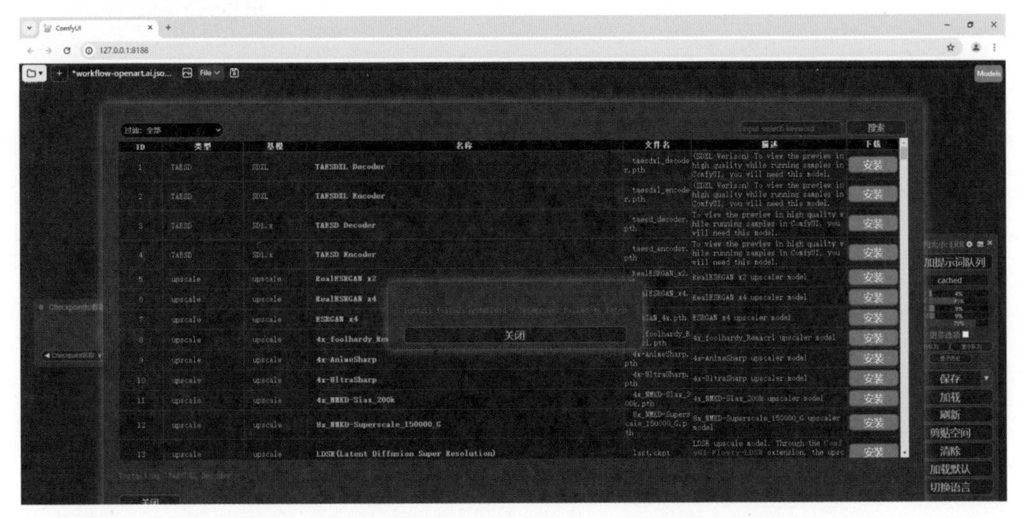

“通过 Git URL 安装”同样需要特殊的网络环境，还需要安装内容的 git 网址，否则也会提示安装失败，这种方法操作复杂，不推荐使用。

更新部分就不多介绍了，字面意思就是其代表的功能，ComfyUI 内容几乎很少更新，即使更新了也没有很大改变，所以这些更新功能基本上用不到。

左侧需要更改的是“预览方法”，这里如果选择预览，K 采样器下边就会生成预览图，如果选择无，那就不会生成预览图，选择预览图会影响出图速度，这里根据个人情况选择即可。“标签”也可以根据情况选择，笔者这里选择的是“ID+ 名称”，会显示节点的名称和表情，这个没有太大影响，“预览方法”和“标签”效果如下图所示。

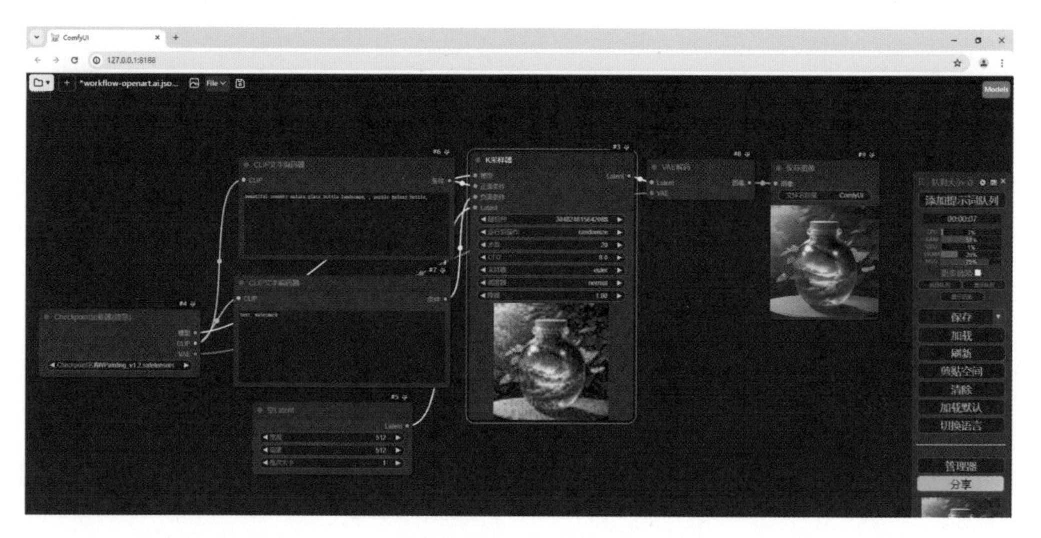

右侧的内容基本不会用到，这些选项都需要在特殊的网络环境下才可以打开查看，都是一些信息类的选项，对 ComfyUI 的使用没有影响。

在左下侧还有一部分在测试中的功能，这些功能目前还不完善，建议创作者谨慎尝试，如果功能完善，作者会在后期更新中发布功能，所以这些功能建议不要尝试，等稳定后再使用。

ComfyUI 界面常用快捷方式

在使用软件时，一般都会有一些快捷键或快捷操作方法，这些快捷操作方式不仅能让使用者提高软件使用效率，还能让使用者快速上手软件，所以 ComfyUI 中也有快捷操作方式让创作者轻松上手，具体介绍如下。

移动画布

当工作流节点较多时，通常一个界面是无法全部显示出来的，有的节点会出现在界面之外，这就需要移动画布查看界面外的节点，在 ComfyUI 中一共有两种方式，在操作中选择合适的使用即可。

第一种是按住空格键不放，向被盖住的节点反方向移动鼠标，画布就会跟随鼠标移动，看到覆盖的节点以后，松开空格键便会自动停止移动。

第二种是在画布的空白区域按住鼠标左键不放向被盖住的节点反方向移动鼠标，画布就会跟随鼠标移动，看到覆盖的节点以后，松开鼠标左键便会自动停止移动。

缩放画布及工作流

当工作流节点内容较多时，为了看工作流的全部内容，一般会把工作流缩到很小，导致无法看清各节点的内容，所以需要缩放画布及工作流具体对节点操作，方式也很简单，向前滚动鼠标滚轮就是放大画布及工作流，向后滚动鼠标滚轮就是缩小画布及工作流，这是放大缩小的通用操作方式。

快速复制节点

在 ComfyUI 工作流搭建时，难免会多次使用同样的节点，如果再次新建节点，可能还要重新配置节点，操作起来比较复杂，所以这就需要用到复制节点功能，常规的复制节点需要选中节点后右键再选择“克隆”，不快捷，这里就可以使用常用快捷键，Ctrl + C 复制选中的节点，再使用 Ctrl + V 粘贴选中的节点，但是这样输入链接不会粘贴过来，如下左图所示，这时可以使用 Ctrl + Shift + V 粘贴选中的节点，顺便可以把输入链接粘贴过来，如下右图所示。

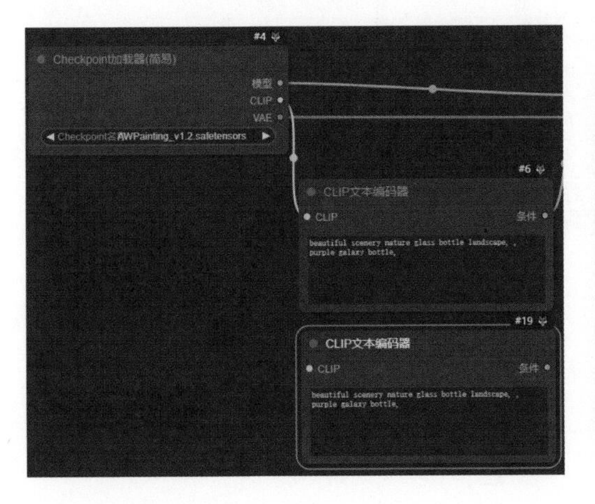

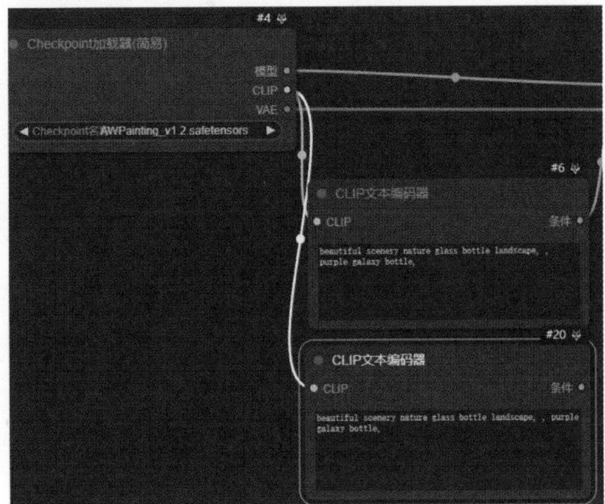

删除节点

如果不需要某个节点或多个节点了，将节点选中，按 delete 或 backspace 键即可删除节点，这个操作也是通用的常规操作，不需要过多讲解。

同时选中多个节点

有些时候需要多个节点一起复制或者删除，这时就需要选中多个节点进行操作，这里也是有两种方法，第一种是按住 Ctrl 不放，依次点击需要选中的节点，还有一种是按住 Ctrl 不放，鼠标左键框选需要选中的节点，如果想要选中全部的节点，使用快捷键 Ctrl+A 即可。

同时移动多个节点

虽然同时选中了多个节点，但是用鼠标拖动节点时却发现只能拖动鼠标选择的那个节点，这里想要移动多个节点，在选中多个节点的同时，还需要按住 Shift 键不放，拖动鼠标到合适的位置即可。

快速打开节点搜索面板

当新建节点时，最常规的方法是在界面点击鼠标右键，在弹出的节点列表中寻找需要的节点，这种方法操作复杂且不容易寻找需要的节点，这时候可以使用“节点搜索面板”创建节点，在界面空白位置双击鼠标左键即可打开“节点搜索面板”，在搜索框中输入想要创建的节点名称即可出现该节点，点击节点即可创建，这里以新建“LoRA 加载器”节点为例，如下图所示。

ComfyUI 中可能还有很多快捷操作没有被发现，这就需要创作者在使用时不断探索新的功能、操作以及内容，只有不断操作练习，才能对 ComfyUI 使用越来越熟练，发现的快捷方法及操作也就会越来越丰富。

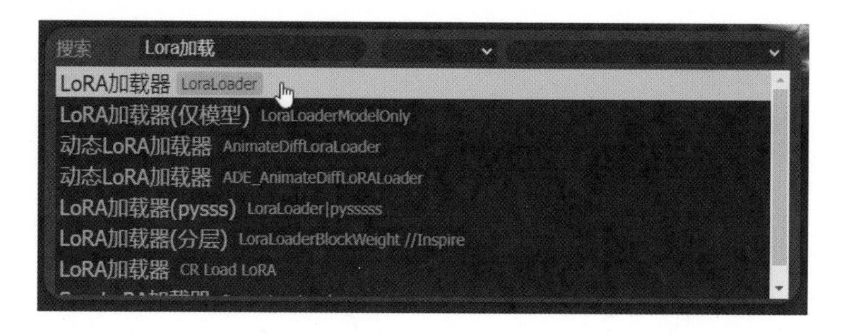

第2章

探索ComfyUI的组成节点

初识 ComfyUI 节点

在 ComfyUI 中，节点是构建图像生成工作流的基本单元。每个节点都承担着特定的功能和作用，它们之间通过连线进行交互和协作，共同完成从文本到图像的转换过程。这里以“CLIP 文本编辑器”为例，从节点的输入、组件和输出来认识节点。

节点的输入

在 ComfyUI 中，节点的输入可以理解为每个节点在执行其特定功能时所需的数据或条件，这些输入数据或条件对于节点功能的正常执行至关重要。“CLIP 文本编辑器”节点中，左侧“CLIP”输入为一个 CLIP 模型，该 CLIP 模型用于将输入的文本转化为嵌入。

节点的组件

在 ComfyUI 中，节点的组件可以理解为构成节点功能和特性的基本要素。这些组件共同协作，使得节点能够执行特定的任务或操作。“CLIP 文本编辑器”节点中，需要被编码的文本中间的组件字段部分，则是希望模型理解并生成相关图片的内容。

节点的输出

在 ComfyUI 中，节点的输出可以理解为节点执行特定功能后产生的结果或数据，这些结果或数据将被传递给后续的节点作为输入，从而推动整个工作流进行。经过“CLIP 文本编辑器”节点处理后，将得到一个包含嵌入文本的条件，这个“条件”用于指导扩散模型生成图片，一般输出到“K 采样器”。

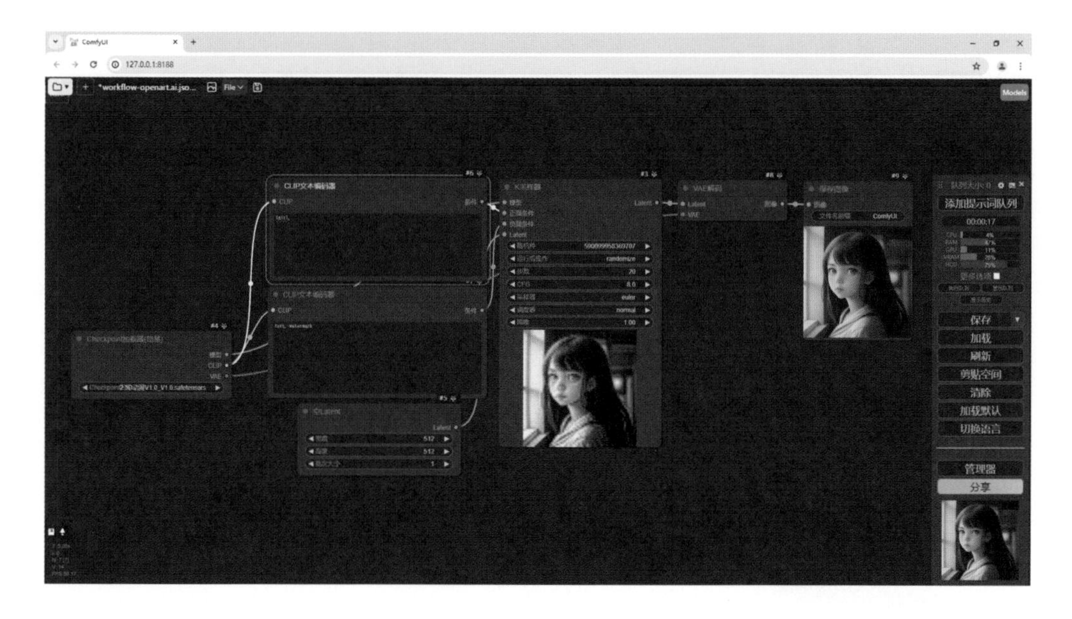

节点的分类

在 ComfyUI 中节点分为两类，分别是官方原生节点和用户开发的自定义节点，这些节点共同构成了ComfyUI的节点工作流，使得用户可以设计和执行各种基于Stable Diffusion的复杂流程，如下为对于两类节点的介绍。

原生节点

官方原生节点是 ComfyUI 开发团队提供的一系列基础节点，它们为用户提供了最基础和最简单的功能和工具，以支持图像生成和其他相关任务，对小白创作者非常友好。比如最常用的采样器节点、模型节点、提示词节点、VAE 节点等。原生节点是在 ComfyUI 中自带的，不需要进行二次安装，ComfyUI 安装成功后直接可以使用。

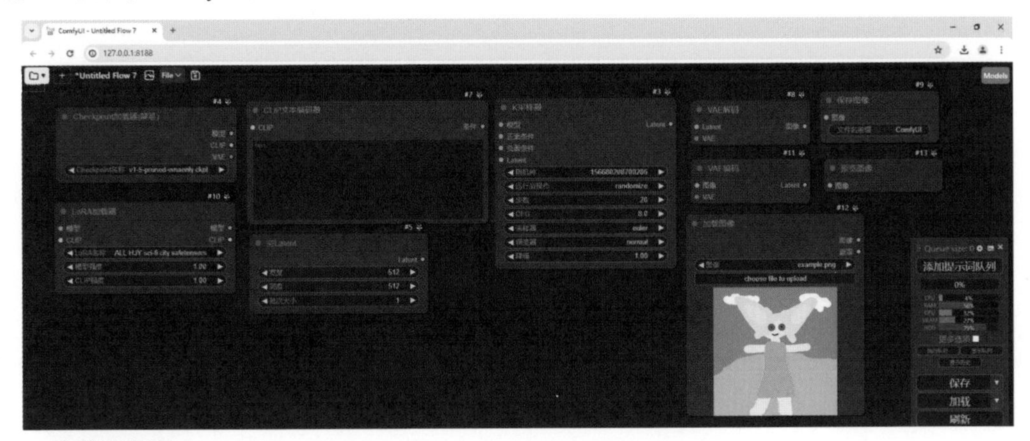

自定义节点

ComfyUI 的强大之处在于其可扩展性，创作者可以根据自己的需求开发自定义节点。目前来自全世界各地的社区成员已经贡献了 600 多个自定义节点，极大地丰富了工作流的设计和优化选择，再加上官方原生节点和用户开发的自定义节点可以结合使用，创作者们可以创建高度定制化的工作流。需要注意的是，自定义节点与 WebUI 中的插件类似，与原生节点不同的是，需要进行手动安装才能使用。

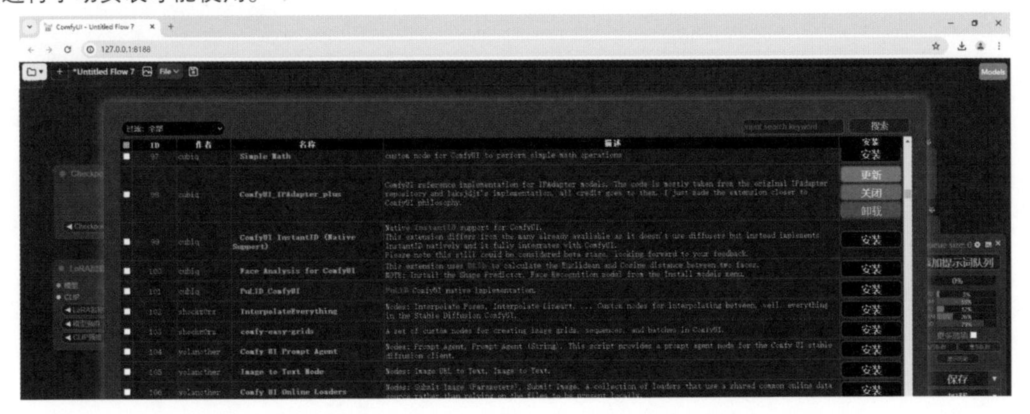

自定义节点的安装

ComfyUI 的节点安装与 WebUI 的插件安装大同小异，原理上是差不多的，节点的安装有四种方法，在前文基础插件安装部分笔者已经介绍了压缩包安装和 Manager 管理器安装两种安装方法，所以笔者这里只介绍剩下的两种安装方法，为安装节点提供参考，不管是哪种安装方法，自定义节点文件都是放在 ComfyUI 的“custom_nodes”目录中。

Git 安装

Git 安装是指先在计算机中安装 Git 客户端软件，再通过命令行或终端输入 git 安装命令，从而在线安装插件节点。

下载 Git 配置管理的应用，打开 https://git-scm.com/download/win，点击“Click here to download”下载按钮，如下图所示。下载 Git 客户端软件并安装到本地。

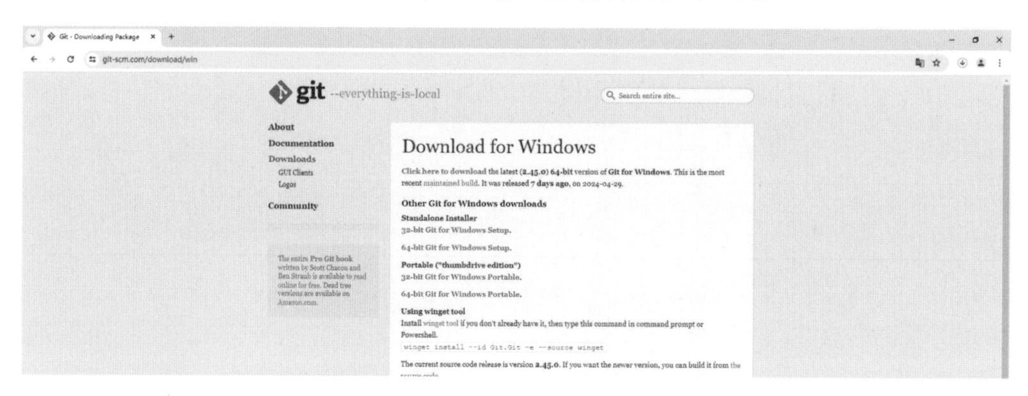

安装完成后进入“custom_nodes”目录中。在文件路径中输入“CMD”调出命令行，在文件路径后面输入“git clone+ 空格 + 节点的代码仓库地址”，这里以 Manager 插件为例，输入“git clone https://github.com/ltdrdata/ComfyUI-Manager”，如下图所示，单击“enter”按键，等待下载完成即可，注意该操作需要配置网络，不推荐使用。

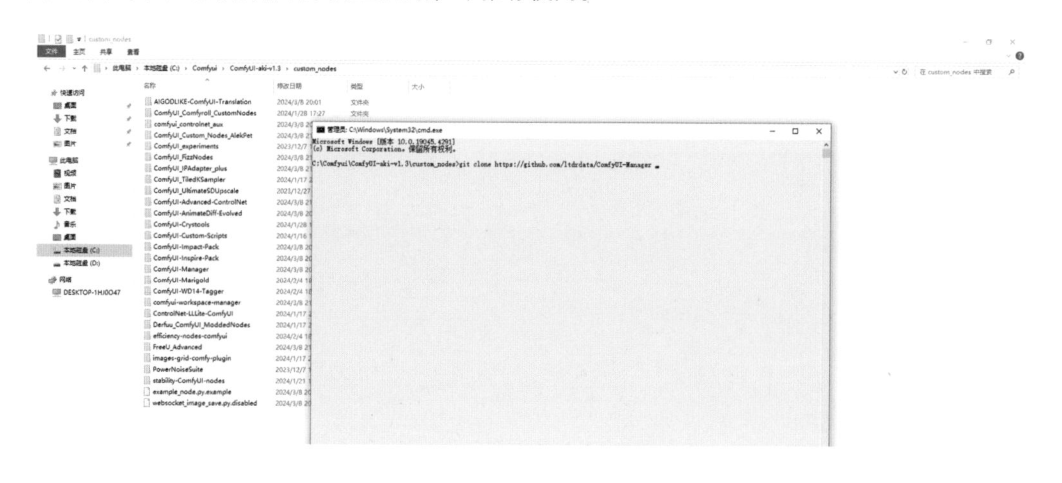

启动器安装

使用过 WebUI 秋叶整合包的用户对启动器安装应该相当熟练了，启动器安装就是通过启动器一键安装插件，后期管理更新插件也可以在启动器中进行，具体安装方法下。

（1）进入绘世启动器界面，点击左侧的“版本管理”按钮，进入版本管理界面，如下图所示。

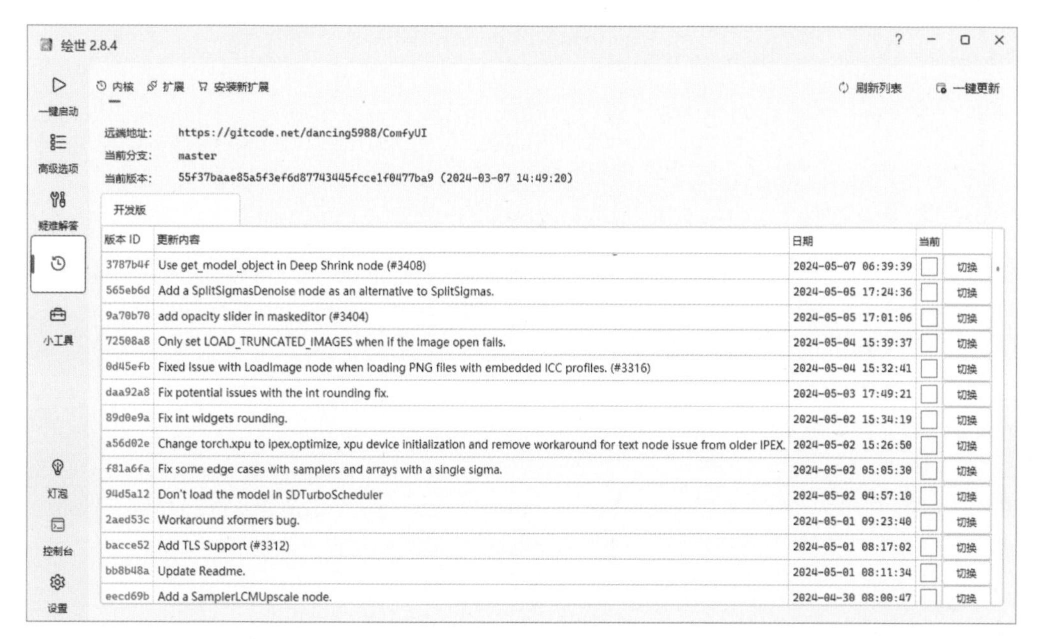

（2）点击上方的“安装新扩展”选项，在“安装新扩展”选项界面的“搜索新插件”框中输入节点名称，这里以 OneButtonPrompt 节点为例，输入“OneButtonPrompt”，界面中就会出现节点的相关内容，如下图所示。

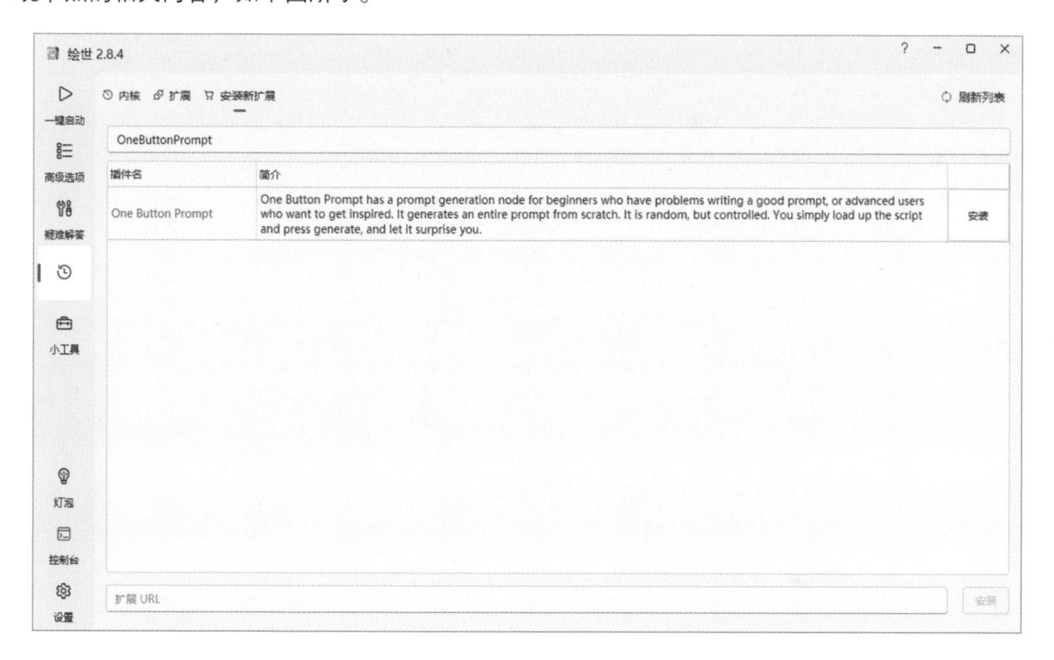

（3）点击右侧“安装”按钮，等待控制台下载并安装节点，安装完成后，界面下方就会弹出安装成功的提示，如下图所示，需要注意的是，使用启动器安装需要先将 ComfyUI 进程终止，否则无法安装节点。

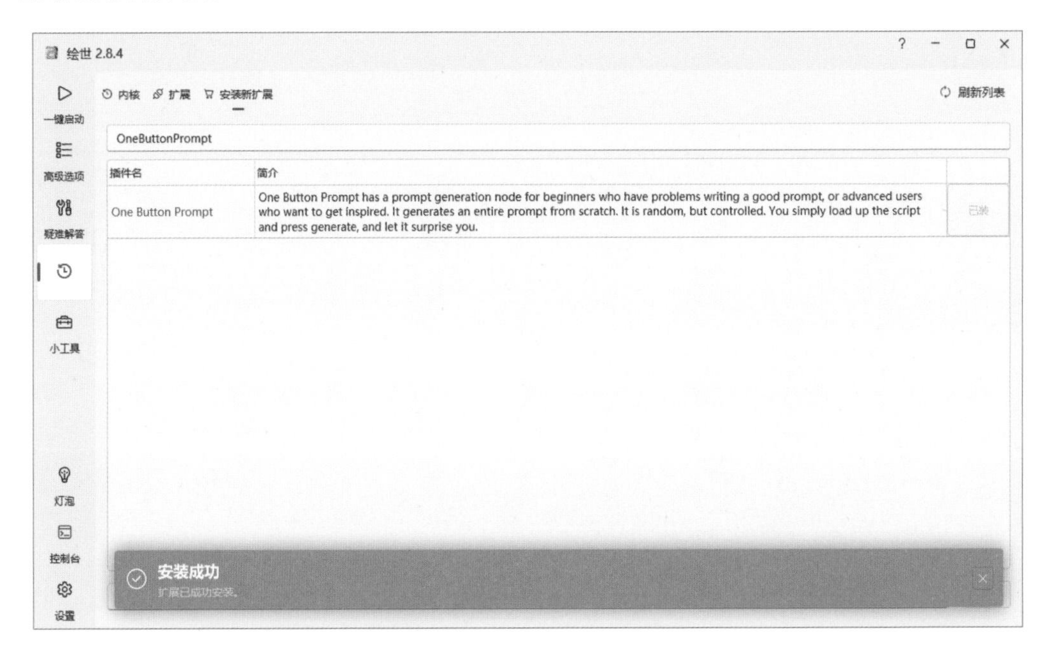

（4）安装完成后进入“扩展”选项就可以看到已安装的节点，如下图所示。在这里可以对每个节点进行更新、切换版本和卸载，管理节点非常方便。

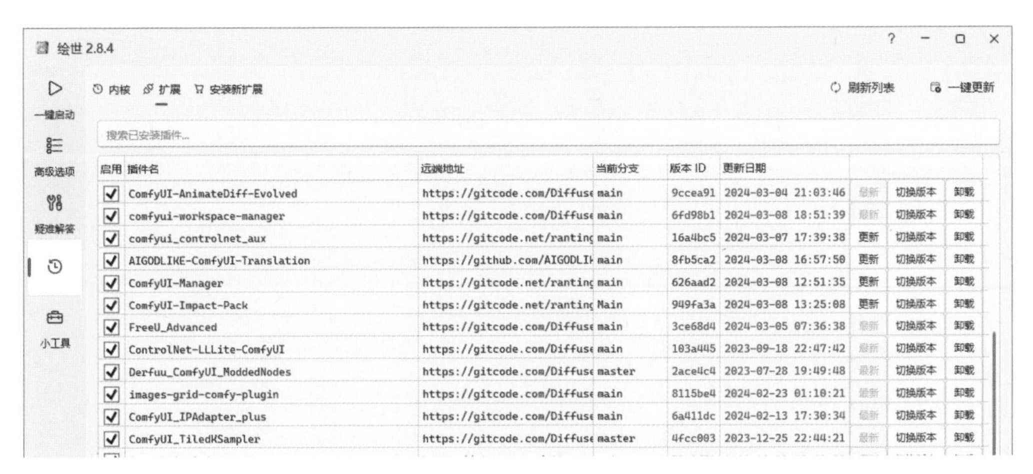

虽然说这 4 种节点的安装方法都可以安装自定义节点，但是 Git 安装和压缩包安装都需要特定的网络环境，甚至压缩包安装的节点无法在线更新，所以不建议小白创作者使用这两种方法安装，相反启动器安装和 Manager 管理器安装不仅不需要网络环境，还可以可视化管理节点，使用起来简单直观，更推荐小白创作者使用这两种方法。

核心节点的详细讲解

在前文中初步认识了节点，了解了节点在ComfyUI中的作用至关重要，它也是组成工作流的重要部分，所以想要全面掌握ComfyUI的使用，对各个核心节点的掌握尤为重要，这里对ComfyUI中常用的核心节点进行了详细的讲解，具体介绍如下。

Checkpoint 加载器（简易）

该节点用来加载Checkpoint大模型，常用的大模型有SD 1.0，SD 1.5，SD 2.0，SDXL等等。

输入：在本地大模型路径中，自行选择需要的大模型文件。

输出："模型"是该模型用于对潜空间图片进行去噪，CLIP是该模型用于对提示词进行编码，VAE是该模型用于对潜在空间的图像进行编码和解码。

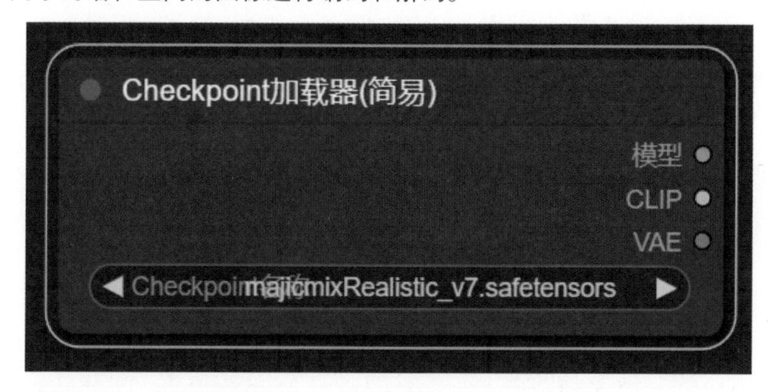

CLIP 文本编码器

该节点用来输入正反向提示词，即WebUI中的提示词输入框。

输入：CLIP是接收用于对提示词进行编码的CLIP模型。

参数："文本输入框"是输入需要模型生成的文本信息，即正反向提示词。注意，在不添加辅助节点情况下，提示词只支持输入英文。

输出："条件"是将文本信息通过CLIP模型编码，形成引导模型扩散的条件信息。

K 采样器

该节点用来对潜空间噪声图进行逐步去噪的操作。需要注意的是，去噪的过程是在潜空间进行处理。

输入：“模型” 是接收来自大模型的数据流，“正面条件”是接收经过 clip 编码后的正向提示词的条件信息，“负面条件”是接收经过 clip 编码后的反向提示词的条件信息，Latent 是接收潜空间图像信息。

参数：“随机种”表示去噪过程中，噪声生成使用的随机数种子；“运行后操作”表示产生种子之后的控制方式，fixed 代表固定种子，increment 代表每次增加 1，decrement 代表每次减少 1，randomize 表示种子随机选择；“步数”表示对潜空间图像进行指定步数的去噪；CFG 为提示词引导系数，即提示词对最终结果会产生多大的影响；“采样器”表示所选择的采样器名称；“调度器”表示所选择调度器的名称，使用过 WebUI 的应该对采样器和调度器并不陌生，它们的效果是一样的，搭配方式参照 WebUI 的配置即可；“降噪”表示重绘幅度，值越大对图片产生的影响和变化越大。

输出：Latent 是经过“K 采样器”去噪后的潜空间图像。

空 Latent

该节点用来生成纯噪声的潜空间图像，并且设置图像的比例。

参数：“宽度”表示要生成潜空间图像的宽度，“高度”表示要生成潜空间图像的高度，“批次大小”表示需要生成多少张潜空间图像。

输出：Latent 是输出指定形状和数量的潜空间图像。

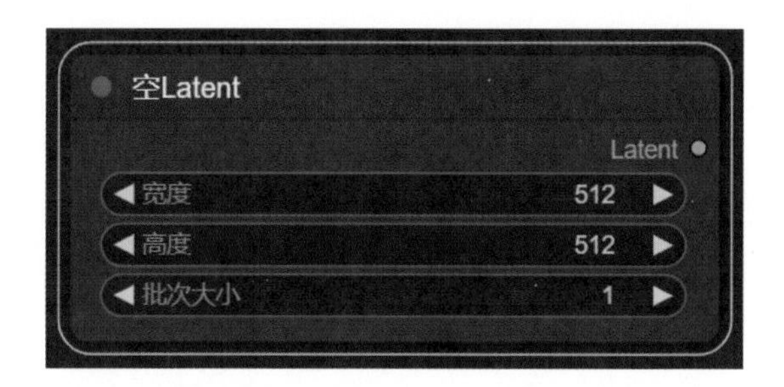

VAE 解码

该节点用来将潜空间图像解码到像素级的图像。

输入：Latent 是接收经过“K 采样器”处理后的潜空间图像，VAE 是接收对潜空间图像解码使用的 VAE 模型，大部分 Checkpoint 自带 VAE，如果不带需要添加“VAE 加载器”节点。

输出：“图像”是输出经过 VAE 解码后的像素级图像。

预览图像

该节点用来预览输入像素级图像。

输入：“图像”是接受经过 VAE 解码后的像素级图像。

加载图像

该节点用来加载上传的图像。

输入：点击 choose file to upload 按钮，在弹出的窗口中，选择想要上传的图像，双击图像或者点击窗口中的“打开”按钮，即可上传图像。

输出：“图像”表示输出图像，“遮罩”表示，如果图像中带有 Alpha 通道信息，则会通过该节点进行输出。如下图所示。

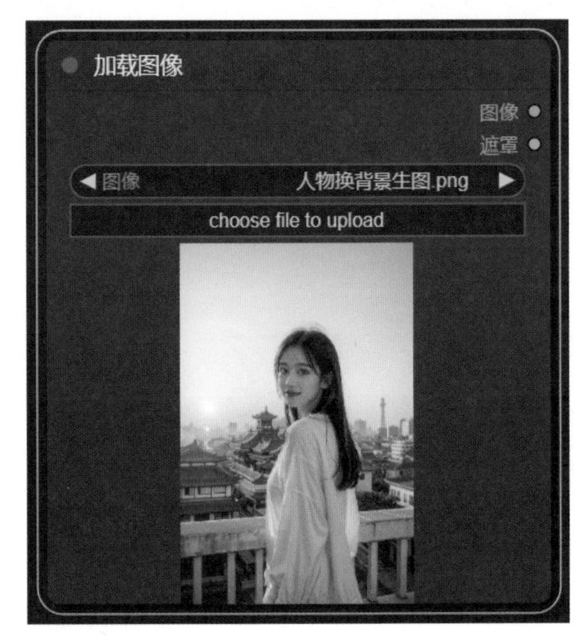

需要注意的是，在 ComfyUI 中，可以在图像上单击鼠标右键，在弹出的列表选项中选择“在遮罩编辑器中打开”选项，就会弹出蒙版编辑窗口，在窗口中，“清除”表示清除绘制的蒙版，Thickness 表示通过滑块控制图中笔触的大小，Color 表示绘制蒙版的画笔颜色，“取消”表示取消蒙版的绘制，Save to node 表示保存绘制的蒙版，如下图所示。

图像缩放

该节点用于将图片通过基础算法进行分辨率调整。

输入："图像"接收需要调整的图像。

参数："缩放方法"是指选择像素填充方法，该填充方法为像素计算，比如均值等；"宽度"是指调整后的图像宽度，"高度"是指调整后的图像高度；"裁剪"是指，是否对图片进行裁剪，disabled 表示不裁剪，center 表示从中心对图片裁剪。

输出："图像"输出调整之后的图像。

需要注意的是该方法进行扩展的图像会通过数学计算的方式进行像素点的填充，并非 WebUI 中的高清修复功能。

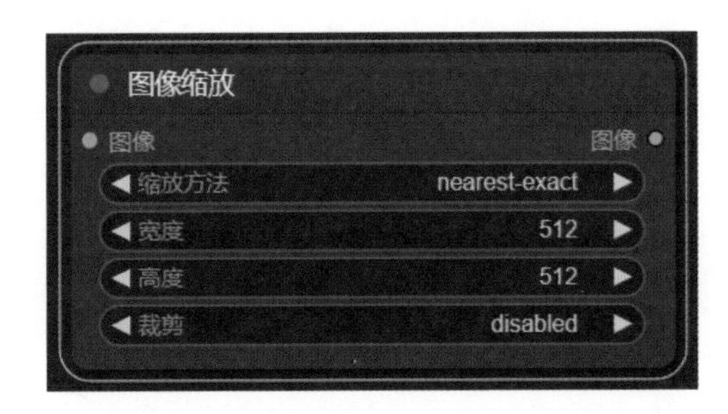

图像通过模型放大

该节点通过模型来对图像进行放大。

输入："放大模型"是指使用到的放大模型，"图像"是指需要进行放大的原始图像。

输出："图像"输出放大后的图像。

需要注意的是在"图像通过模型放大"节点并没有模型选项，需要通过"放大模型"连接点连接"放大模型加载器"节点，从而调用放大模型，如下图所示。放大模型一般自带放大倍率，例如 4x-UltraSharp.pth 表示对原始图片进行 4 倍放大。

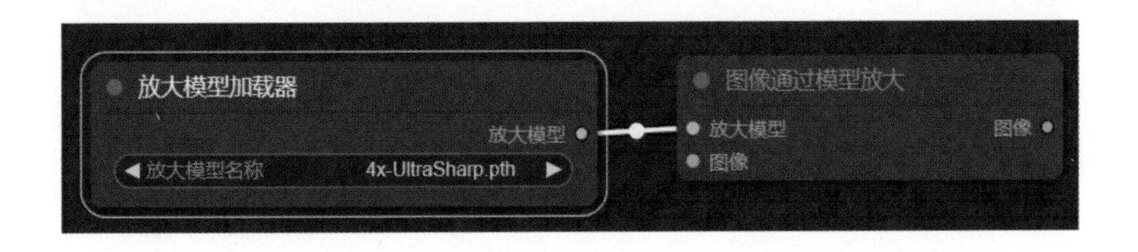

LoRA 加载器

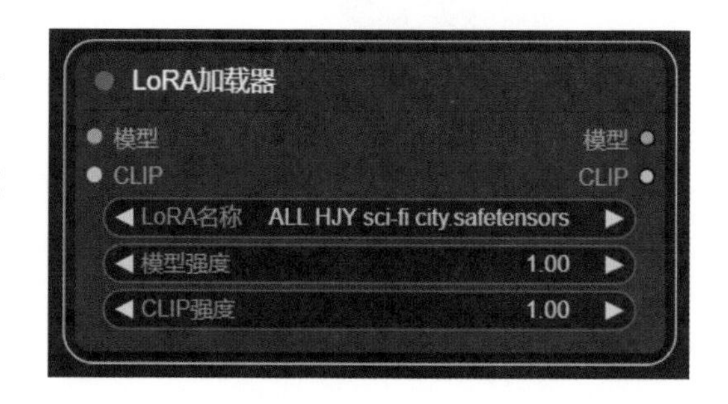

该节点用于加载 Lora 模型，并且可以设置 Lora 模型的权重。

输入：“模型”是指加载扩散使用的大模型，CLIP 是指加载使用的 CLIP 模型。

输出：“模型”是指 修正后的大模型作为输出，CLIP 是指修正后的 CLIP 模型作为输出。

节点的基本操作

虽然每个节点的功能是确定的，但是相同功能的节点可能会被同时用在不同的位置，为了区别这些功能相同但作用不一样的节点，可以对节点进行基本的操作，比如节点重命名、节点更换颜色、节点改变形状等等操作，具体介绍如下。

节点重命名

最常用的节点重命名就是在正面提示词和负面提示词中，如果不给它们命名，分享工作流后，下一个使用者很难区分正负提示词。新建两个“CLIP 文本编码器”节点，用鼠标右键分别点击两个节点，在弹出的选项列表中点击“标题”选项，在弹出的标题输入框中分别输入“正面提示词”和“负面提示词”，点击“确定”按钮，如下图所示。

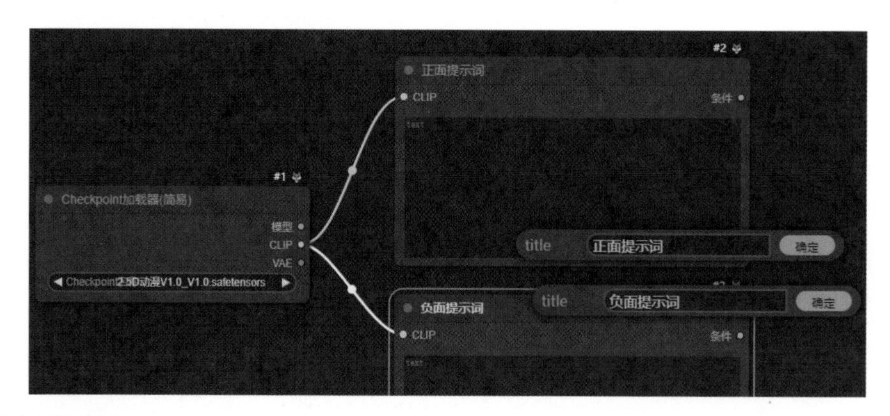

节点更换颜色

使用大量节点时很容易分不清节点的种类，导致节点混合在一起不方便选择，这里以“Checkpoint 加载器 (简易)”节点和“CLIP 文本编码器”节点为例，将不同种类的节点赋予不同的颜色。在“节点重命名”操作的基础上，用鼠标右键分别点击“Checkpoint 加载器 (简易)”节点和“CLIP 文本编码器”节点，在弹出的选项列表中点击“颜色”选项，为“Checkpoint 加载器 (简易)”节点选择绿色，为“CLIP 文本编码器”节点选择黄色，如下图所示，这样，不同的节点类型就可以很好地区分了。

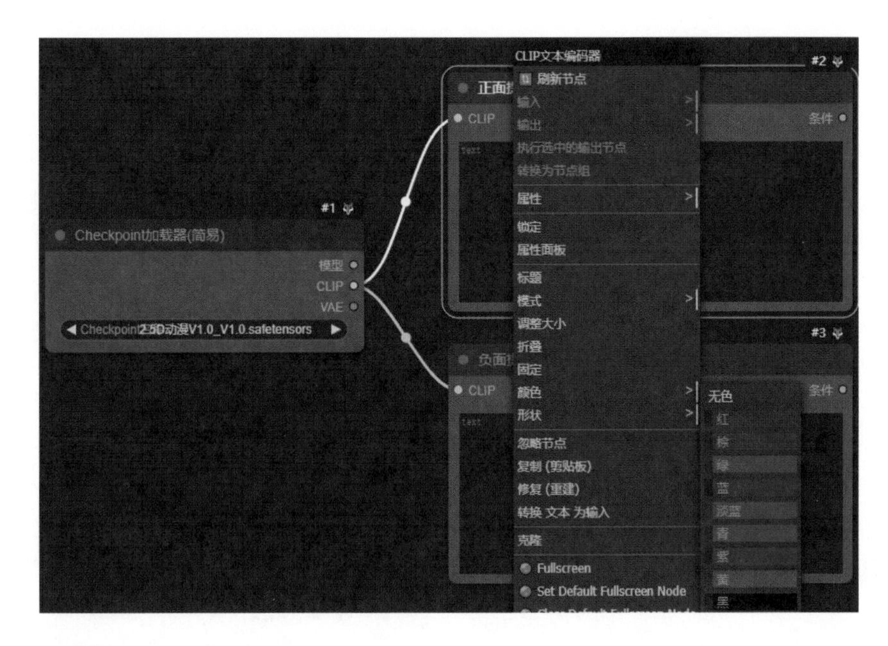

节点调整大小

部分节点新建后的默认大小可能与实际用到节点时的大小不匹配，这时候需要调整节点大小来节约画布空间或者使节点显示更多内容，这里以“CLIP 文本编码器”节点为例，这里的正负提示词基本上不会写满整个“CLIP 文本编码器”节点的输入框，所以将“CLIP 文本编码器”节点缩小一点，整个工作流看起来更直观。将鼠标放在节点的右下角的位置，此时鼠标会变成双向箭头，如下左图所示，点击鼠标左键并拖动鼠标调整节点大小，调整完毕后松开鼠标左键即可，再将调整完的节点位置摆好，这样工作流看起来就更加直观了，如下右图所示。

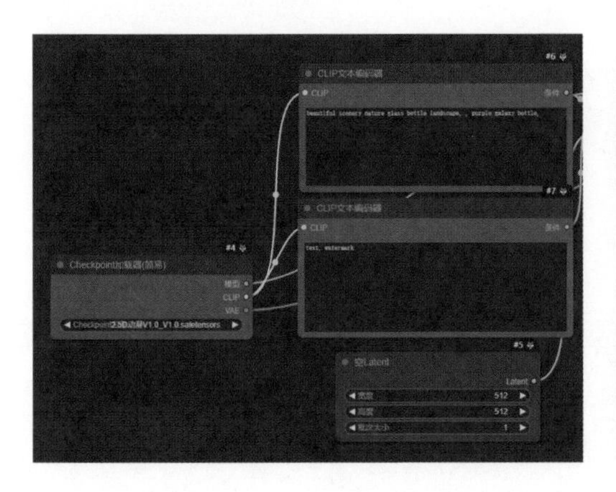

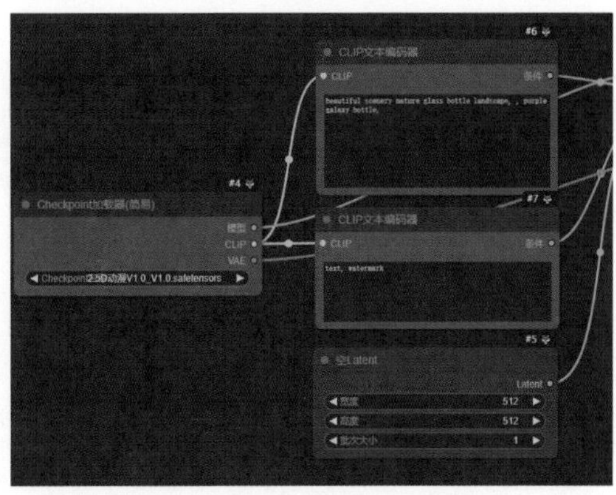

节点折叠

在工作流中有一些节点可能设置好以后就不需要再调整了，这时可以把这些节点折叠起来，既可以看到节点名称，还可以节省画布空间。这里以“空 Latent”节点为例，将鼠标移动到节点左上角的灰色圆点上，如下左图所示，点击鼠标左键，节点就被折叠了，变成了一个小的长方形，节点的名字显示在长方形上，如下右图所示。如果想展开节点，用鼠标再次点击灰色圆点即可将节点恢复原样。

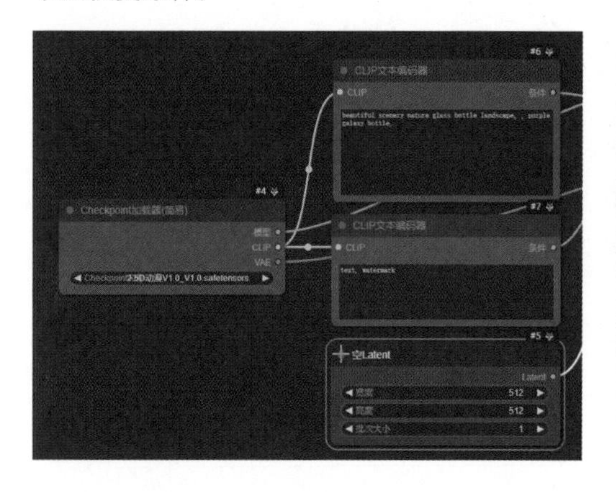

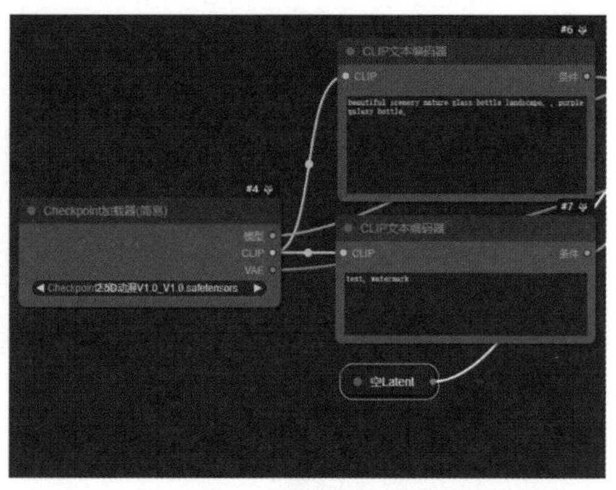

节点固定

在工作流中，如果节点和节点挨得很近，在拖动节点时很容易出现误操作，把附近的节点也一起移动了，为了防止这种误操作，可以将不需要移动的节点固定，让节点无法被移动。这里以“VAE 解码”节点为例，用鼠标右键点击“VAE 解码”节点，在弹出的选项列表中点击“固定”选项，这样，“VAE 解码”节点就无法被移动了，如下图所示。

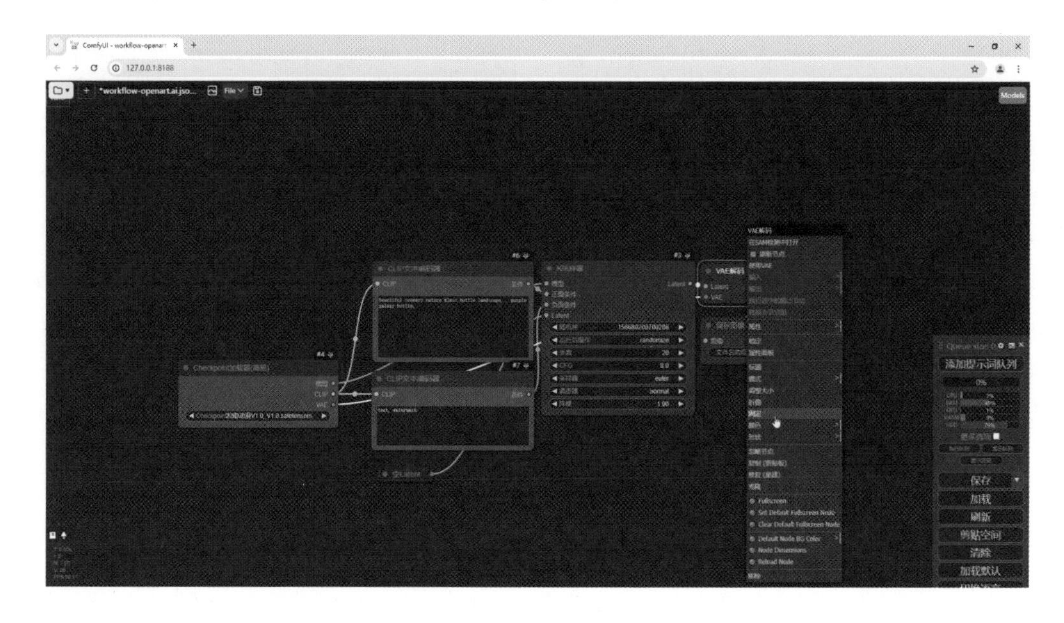

节点隐藏

当想要对比某些节点对出图的影响时，需要添加了节点再删除节点，如果出图效果不好，再次添加节点出图操作起来比较烦琐，但用完节点后，可以将不需要的节点隐藏起来，不需要删除节点，工作流依旧可以正常运行，当需要时再关闭隐藏即可。这里以“LoRA 加载器”节点为例，在不隐藏“LoRA 加载器”节点的情况下生成图片，如下图所示。

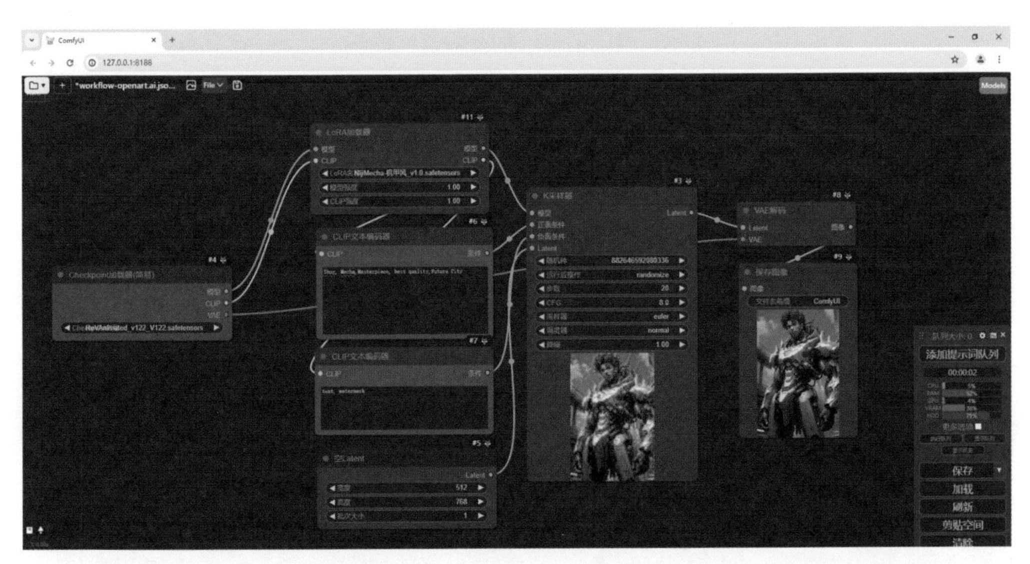

用鼠标右键点击“LoRA 加载器”节点，在弹出的选项列表中点击“忽略节点”选项，这样“LoRA 加载器”节点就被隐藏了，但是连接线依然发挥着作用，所以不需要重新连接节点，这里又在隐藏“LoRA 加载器”节点的情况下生成图片，如下图所示。很明显，在隐藏了“LoRA 加载器”节点时生成的图片机甲效果更弱。

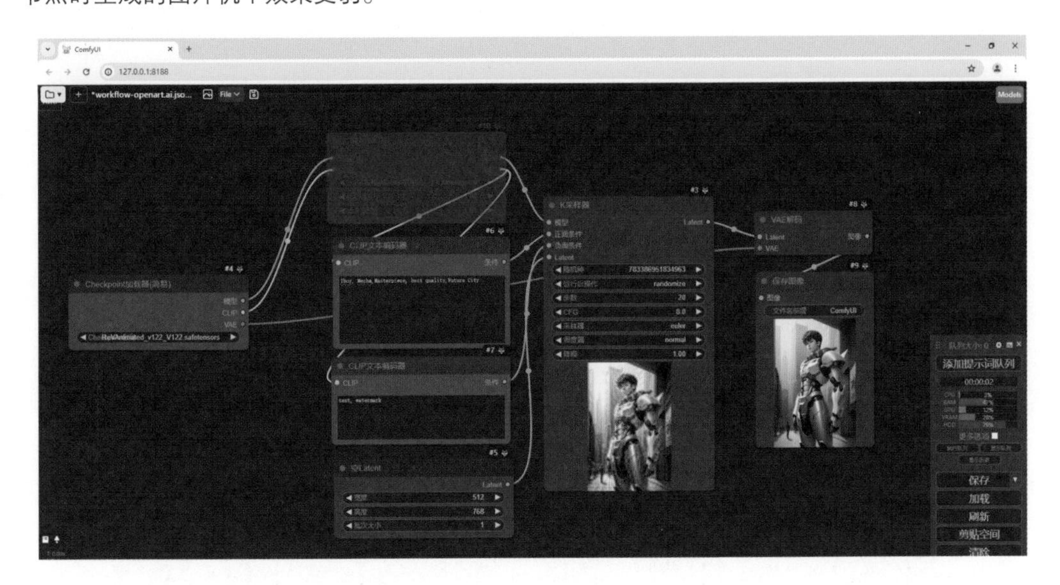

节点之间的连接

虽然已经认识了基本的核心节点，也对节点的基本操作有了一些了解，但是节点之间的连接依然让初学的创作者无从下手，所以这里对节点之间的连接操作进行讲解，具体讲解如下。

连接线的连接

连接线的连接是搭建工作流最重要的部分，如果连接线连接不正确，工作流是无法正常运行的，所以在使用连接线连接节点时，一定要养成一个好习惯，也就是从节点的输出端口连接到节点的输入端口，如下图所示。需要注意的是，大部分情况下，输出端口的颜色对应输入端的颜色才能连接上，否则无法连接。

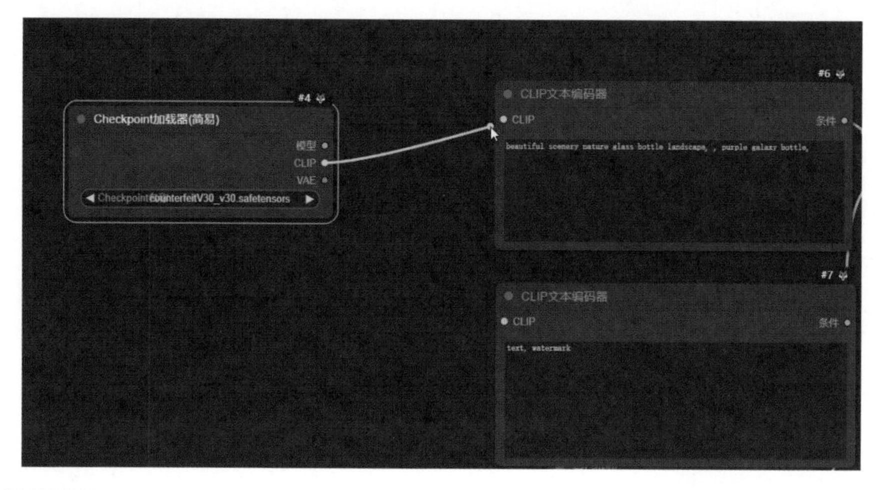

连接线的断开

当需要断开某个连接线时，可以使用两种方法，第一种方法是找到连接线的输入端口，用鼠标点击输入端口，并将连接线拖动到节点以外的空白画布区域，松开鼠标会弹出选项列表，再用鼠标单击空白画布区域即可，如下图所示。需要注意的是，如果从输出端口拖拽连接线是没有作用的，只会增加连接线的数量。

第二种方法是用鼠标左键点击连接线中间的圆点，在弹出的选项列表中，选择“删除”选项，即可将连接线删除，如下图所示。

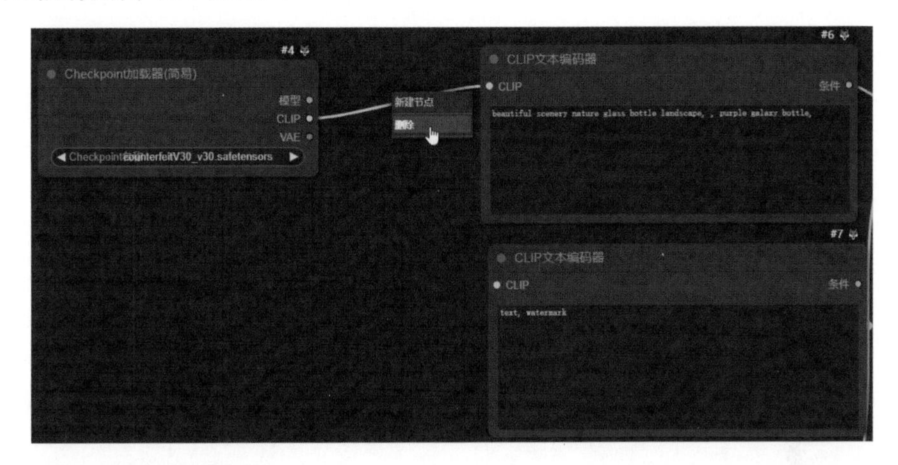

输出端可以链接多个输入端

当工作流中多个节点同时需要一个节点的信息时，该节点的输出端可以将节点信息传给多个节点，比如前文中提到的有无 Lora 出图，其实可以在一个工作流中就能实现，只需要将大模型、正负提示词和图像尺寸的节点分别传给两个采样器再输出图片即可，如下图所示。

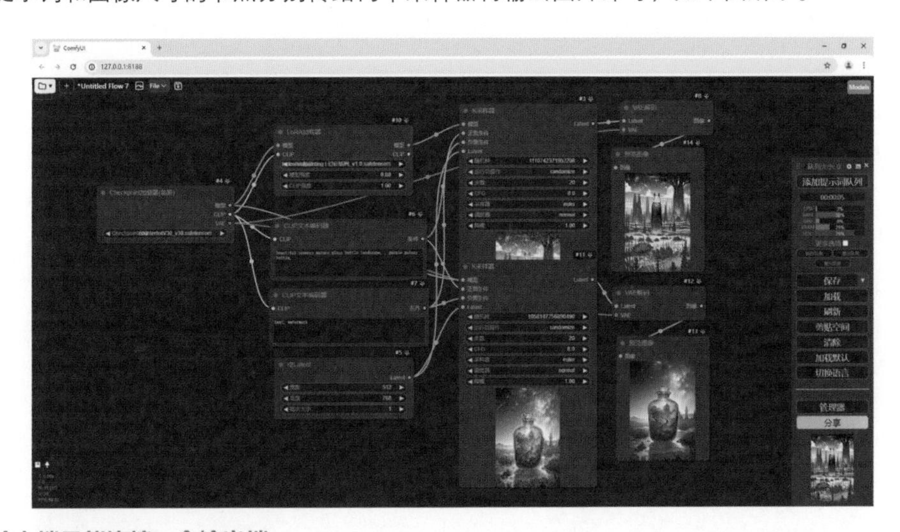

输入端只能连接一个输出端

与输出端相反，输入端只能连接一个节点，这是因为节点的输出端只有一个，当多个节点的信息输入以后，最终也只能输出一个节点信息，因此，如果输入端口有新的连接线连入，将自动断开旧的连接线。

输入端如何连接多个输出端

这种情况一般在条件应用中会比较多，但是不是两个输出端连接到了一个输入端，而是需要通过将多个输出端合并成一个输出端再连接到输入端，这里以两个“CLIP 文本编辑器”节点连接到“K 采样器”节点的“正面提示词”输入端为例，具体操作如下。

（1）新建 2 个“CLIP 文本编辑器”节点和一个“K 采样器”节点，如下图所示。

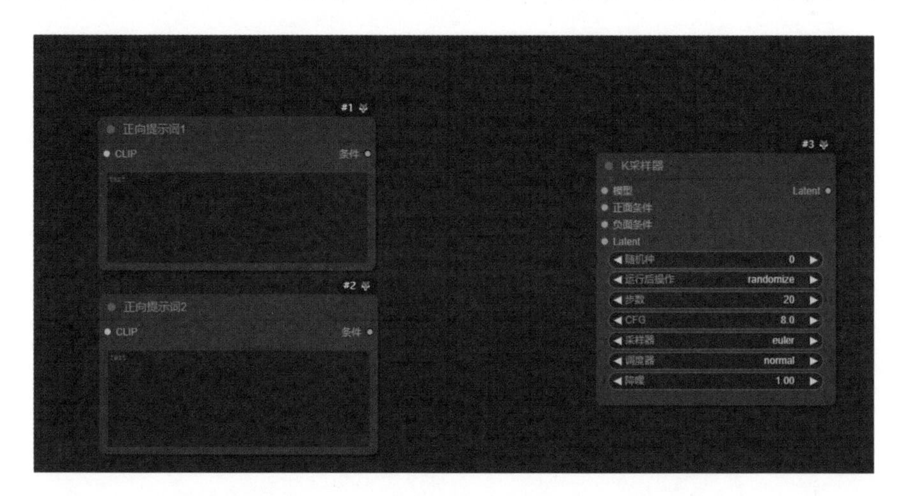

（2）因为“CLIP 文本编辑器”节点的输出端为“条件”，所以要将两个条件合并起来，需要用到“条件合并”节点，新建“条件合并”节点，可以在节点搜索框中输入“条件合并”创建，还可以在画布空白区域点击鼠标右键，在弹出的选项列表中选择“新建节点”“条件”“条件合并”选项创建，如下图所示。

（3）将两个“CLIP 文本编辑器”节点的“条件”输出端分别连接到“条件合并”的条件 1 和 2 输入端，再将“条件合并”的“条件”输出端连接到“K 采样器”的“正面条件”输入端，这样输入端就可以接收多个输出端的内容了，如下图所示。

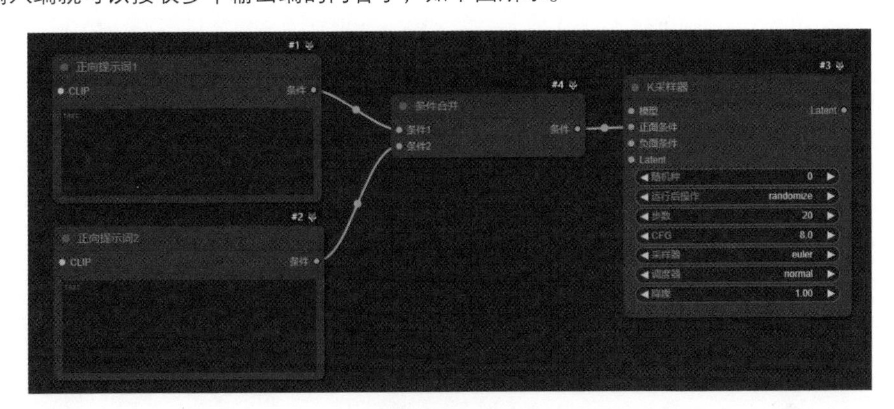

连线模式

ComfyUI 中默认的连线模式为曲线，其实连线的模式是可以选择的，在右下角的菜单窗口的上方，点击齿轮形状的设置按钮，在弹出的设置窗口中找到“连线渲染模式”，在下拉选项中可以选择“直角线”“直线”“曲线”“隐藏”，如图下图所示。

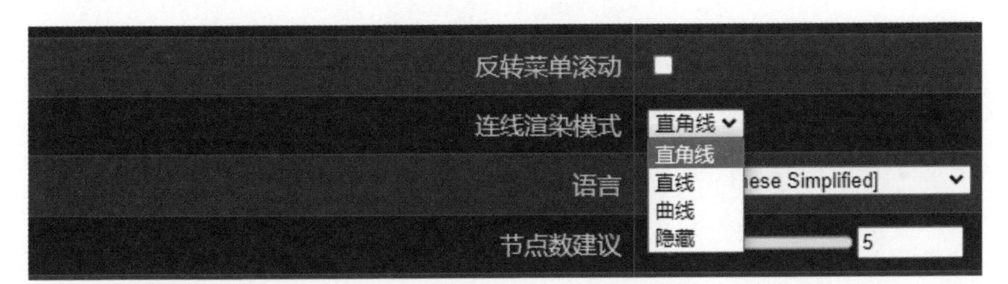

笔者将“连线模式”更改为“直角线”，整个工作流的连接线变得非常整洁，如下图所示。

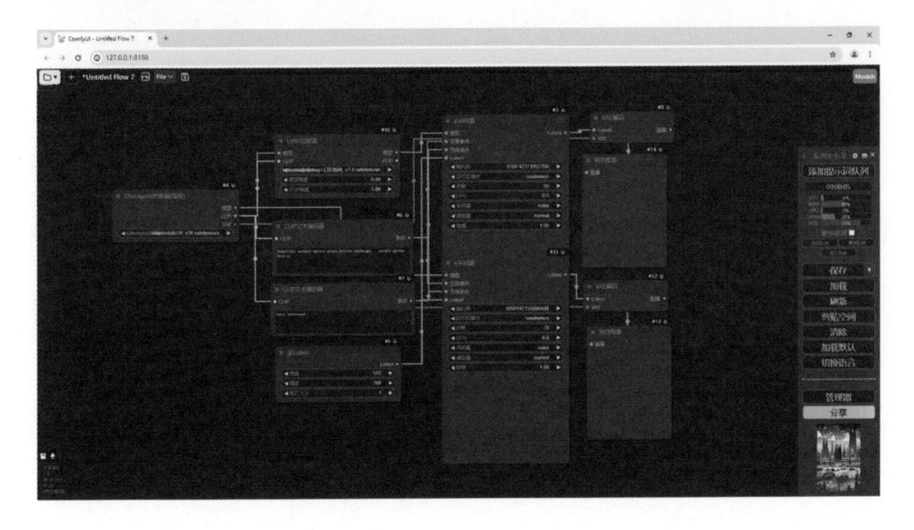

第3章

ComfyUI常用工作流的搭建及使用

ComfyUI 导入工作流

在前文中讲述了 ComfyUI 的节点，节点就是工作流的重要组成部分，工作流既可以创建，也可以导入，遇到比较喜欢的工作流时，可以先下载到本地，然后在 ComfyUI 界面将工作流导入，可以学习工作流的搭建，还可以参考他人的配置，具体操作如下。

（1）将他人搭建好的工作流下载并保存到本地，进入 ComfyUI 界面，如下图所示。

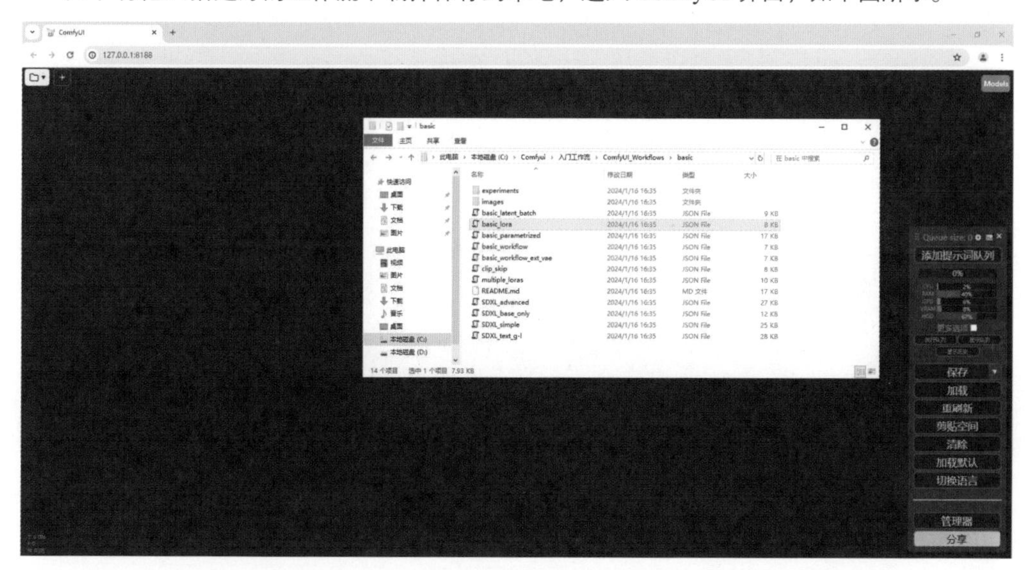

（2）用鼠标单击下载到本地的工作流文件并拖拽到 ComfyUI 界面中，这里以“basic_lora”工作流为例，如下图所示。

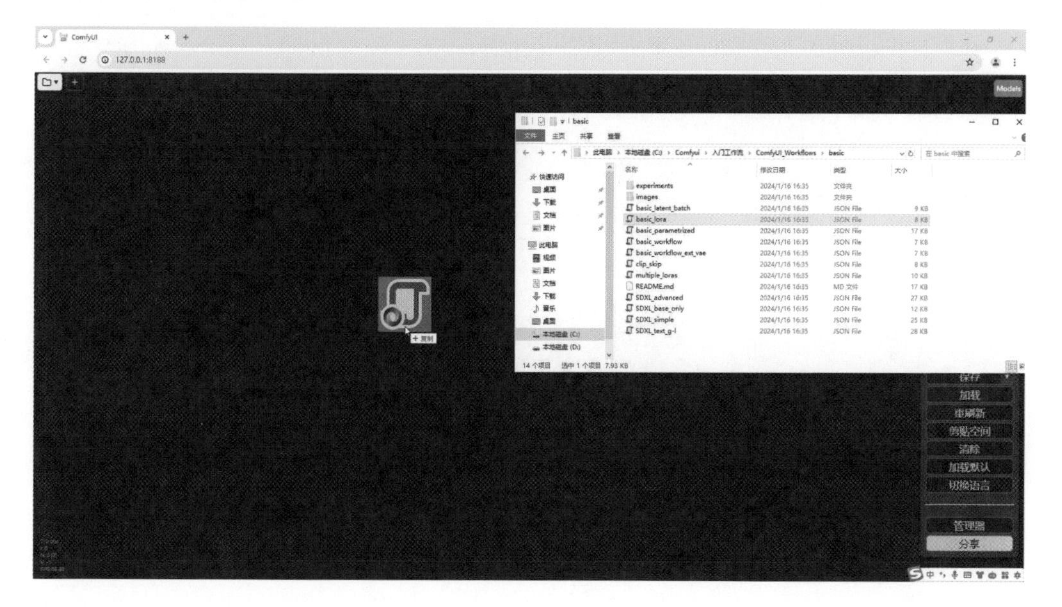

（3）工作流文件拖拽到 ComfyUI 界面后，该文件以工作流的形式自动打开，如果打开的工作流文件中没有红色的节点，说明该工作流不缺失节点，可以正常运行，如下图所示，如果有红色的节点，说明该节点缺失，需要下载相对应的节点。

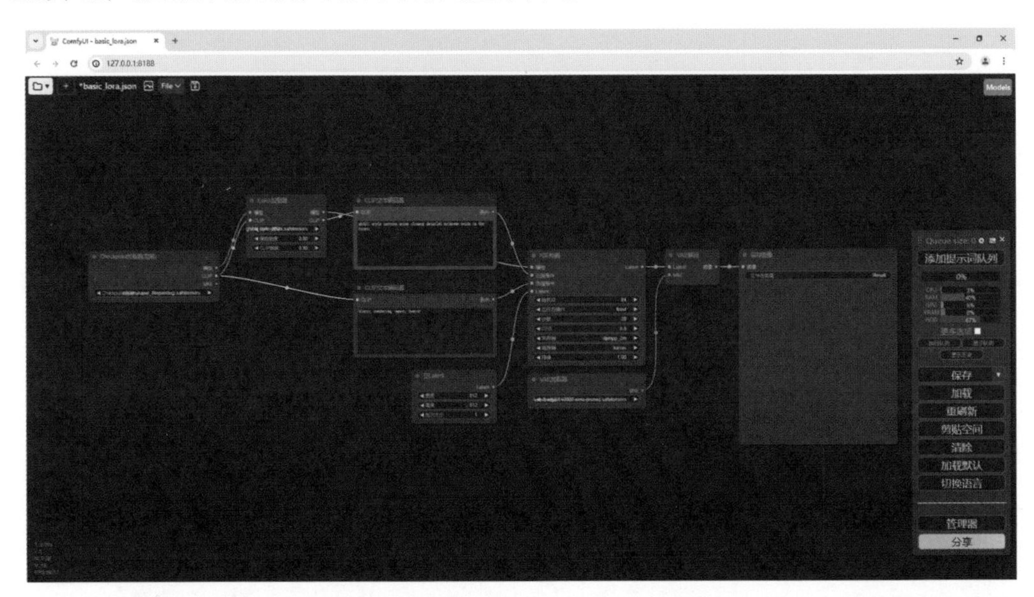

（4）选择好大模型和 Lora 模型，填写好提示词，简单调整设置，点击“添加提示词队列”按钮，一张图像就生成了，如下图所示。

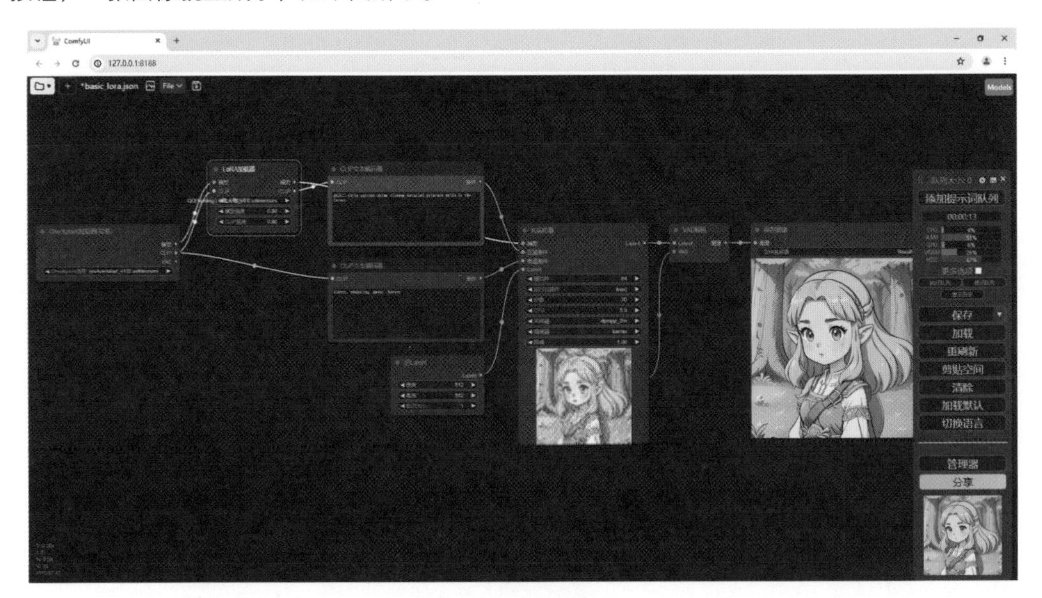

（5）除了这种导入方法，还可以点击左上角的按钮，打开“Workspace”插件，如下图所示。

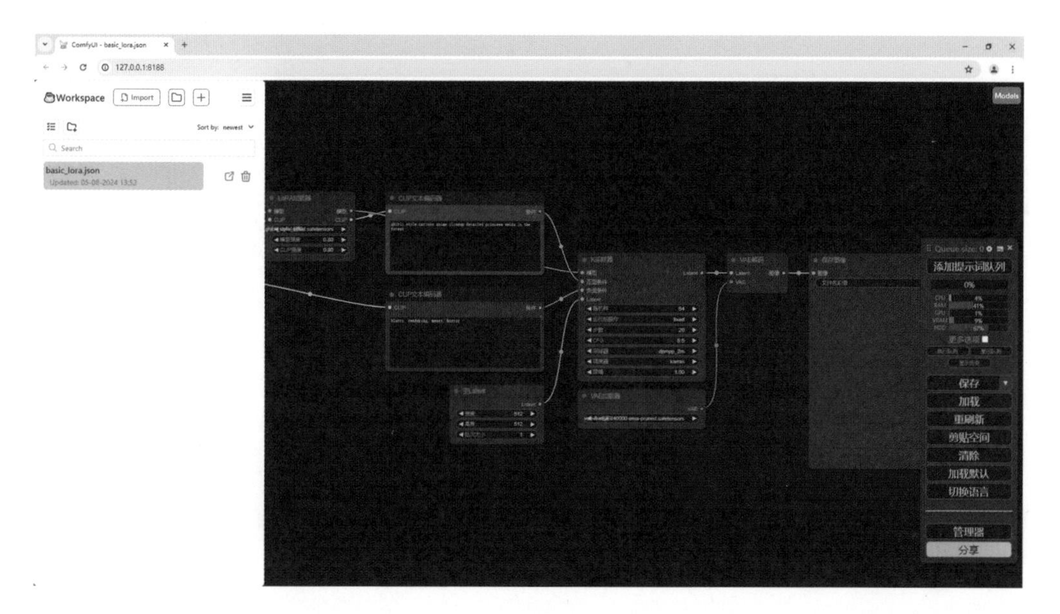

（6）点击“Import”列表下的“Import Workflows”选项，在打开的文件夹窗口中选择要导入的工作流文件，这里以“basic_workflow”工作流为例，点击“打开”按钮，即可打开选择的工作流，如下图所示。

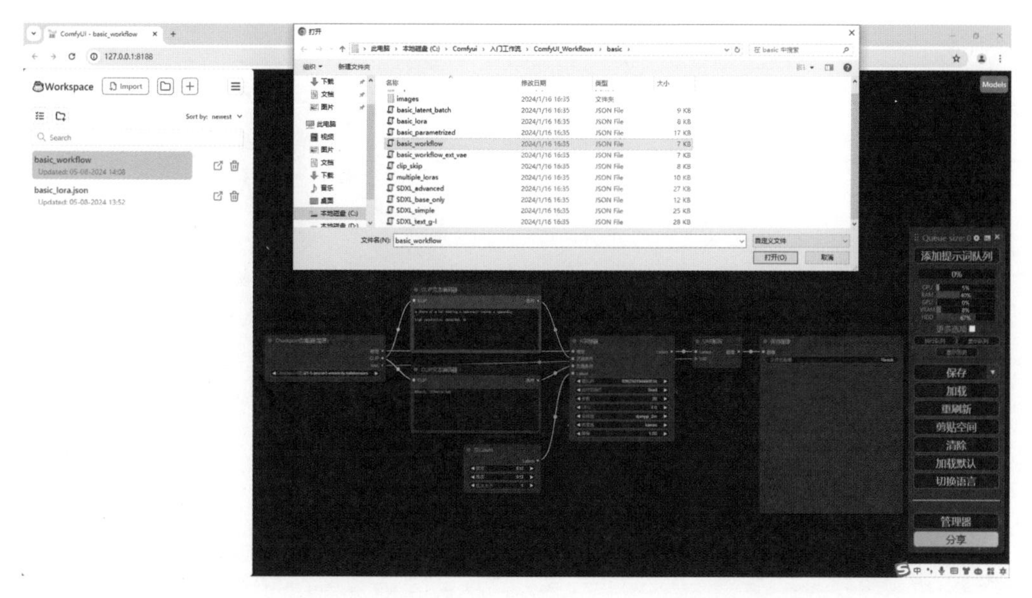

（7）大模型、提示词与参数设置和上文保持一致，该工作流中没有添加 Lora 节点，所以不用添加 Lora，点击“添加提示词队列”按钮，生成了一张人物相同但是风格不同的图片，如下图所示。

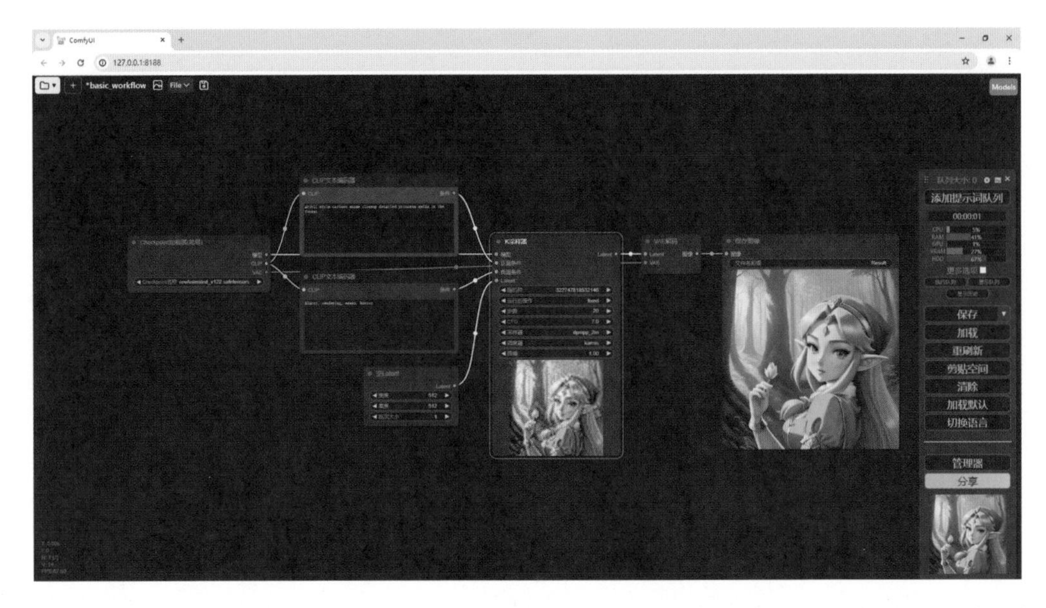

（8）除了以上两种方法，还可以点击右侧菜单栏中的“加载”按钮，在弹出的窗口中选择想要加载的工作流即可，如下图所示。这三种导入方式没有区别，只是方法不同，选择习惯的方法使用即可。

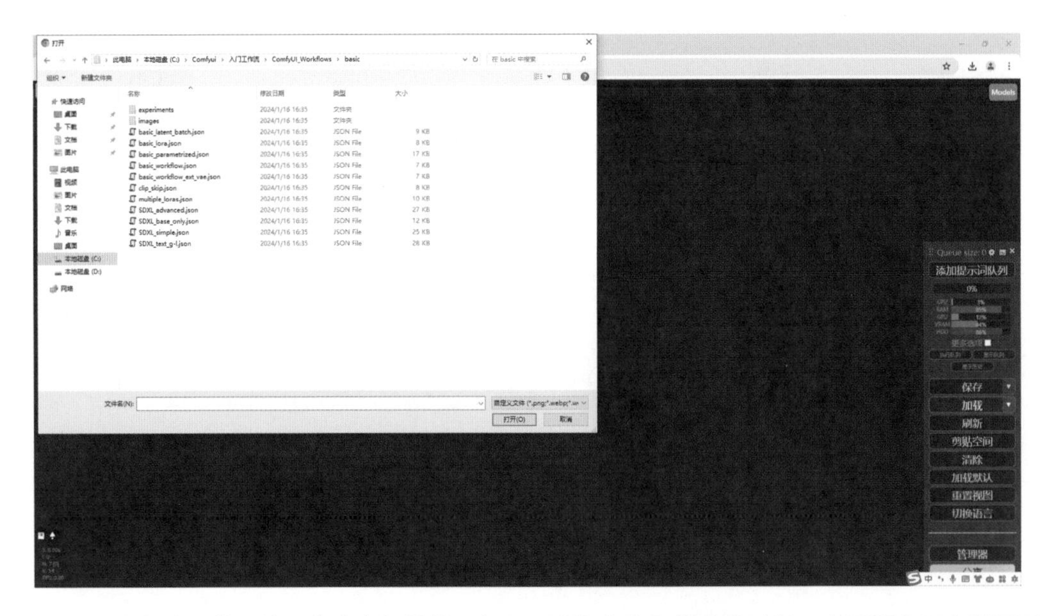

虽然直接使用他人的工作流方便快捷，但是因为没有参与搭建的过程，在后期出图中想要更改设置或出现问题可能不太容易操作，所以导入工作流可以作为参考和学习的例子，并不建议直接使用出图。

文生图工作流讲解

文生图工作流的节点选择

文生图工作流就是根据输入的文字生成图片，使用过 WebUI 的创作者对它肯定不陌生，文生图工作流中用到的节点在核心节点都有详细讲解，这里只讲解节点选择，不详细详解节点。

（1）创建一个潜在的空间。SD 的绘图都是建立在潜空间绘制的，所以最重要的就是建立一个潜在的空间，也就是采样器，这里选择的是“K 采样器”，所以创建一个“K 采样器”节点，如下左图所示。

（2）潜空间输入。通过“K 采样器”节点可以看到，潜空间的输入默认为 4 项，分别是“模型”“正面条件”“负面条件”“Latent”。“模型”需要一个去噪潜在变量的模型，也就是“Checkpoint 加载器（简易）”节点；“正面条件”是在生成图片中想要出现的内容，就需要一个“CLIP 文本编辑器”节点作为条件输入；“负面条件”与“正面条件”相反是在生成图片中不想出现的内容，但同样需要一个“CLIP 文本编辑器”节点作为条件输入；“Latent”是指潜空间绘图在多大的画布上绘制，也就是生成图片的尺寸，这就需要一个“空 Latent”节点来调整画布大小；新建节点如下右图所示。

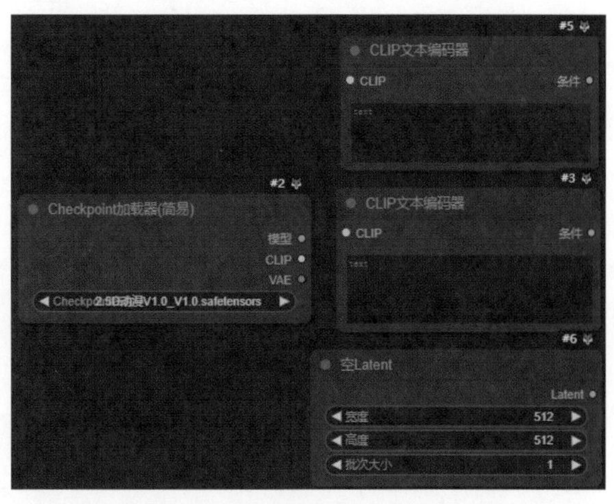

（3）潜在空间图像解码并预览。将潜在空间绘制的图片进行解码，需要新建“VAE 解码”节点，需要注意是“VAE 解码”节点只有输入、输出并没有任何组件，所以需要连接 VAE 解码模型，一般情况下直接用大模型里的 VAE 解码；为了能看到最终的生成图像，还需要新建“预览图像”节点来显示生成的图像效果；新建节点如下图所示。

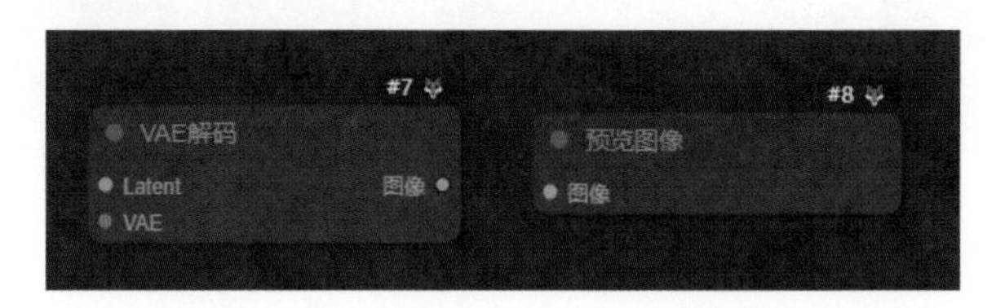

文生图工作流的节点连接

文生图工作流所需的节点已经创建好了，接下来就是将这些节点按照文生图的生图流程连接在一起，完成工作流的搭建，具体操作如下。

（1）在“Checkpoin 加载器（简易）”节点选择一个符合生图类型的 Checkpoint 模型，将“模型”输出端口连接到“K 采样器”的“模型”输入端口，这里的连接就是为采样器提供一个去噪潜在变量的模型，将“CLIP”输出端口分别连接到两个“CLIP 文本编辑器”节点的“CLIP”输入端口，这里的连接是将正反向提示词框中输入的英文通过 CLIP 模型将文本提示编码成嵌入，将“VAE”输出端口连接到“VAE 解码”节点的“VAE”输入端口，这里的连接是将潜在空间绘制的图片通过 Checkpoint 模型进行解码，具体连接如下图所示。

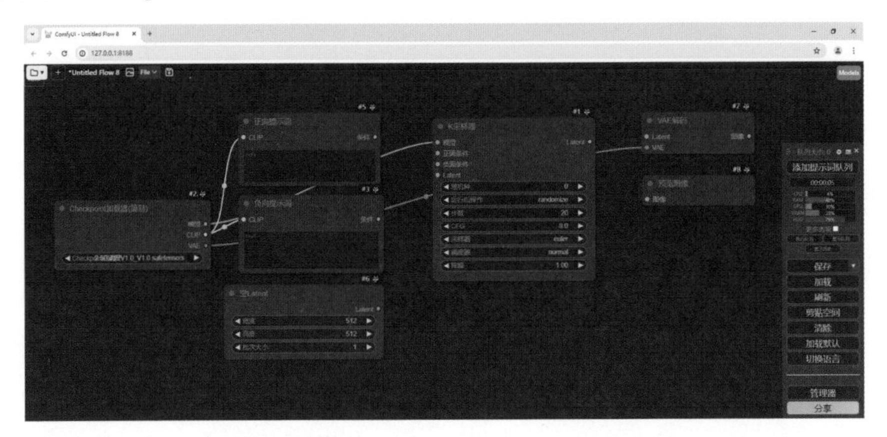

（2）分别给 2 个“CLIP 文本编辑器”节点命名为“正向提示词”和“反向提示词”，在“正向提示词”节点输入图像中想要出现的内容，在“反向提示词”中输入图像中不想出现的内容，再将“正向提示词”节点的“条件”输出端口连接到“K 采样器”节点的“正面条件”输入端口，将“负向提示词”节点的“条件”输出端口连接到“K 采样器”节点的“负面条件”输入端口，这里的连接是告诉采样器生成目标图像，具体连接如下图所示。

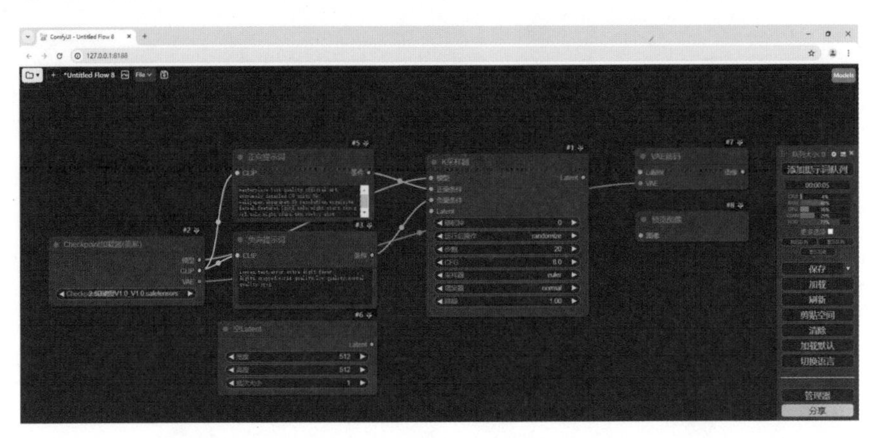

（3）在“空 Latent”节点设置生成图片的大小以及生图的批次，将“Latent”输出端口连接到“K 采样器”节点的“Latent”输入端口，这里的连接是设置生图的尺寸以及生图的批次，具体连接如下图所示。

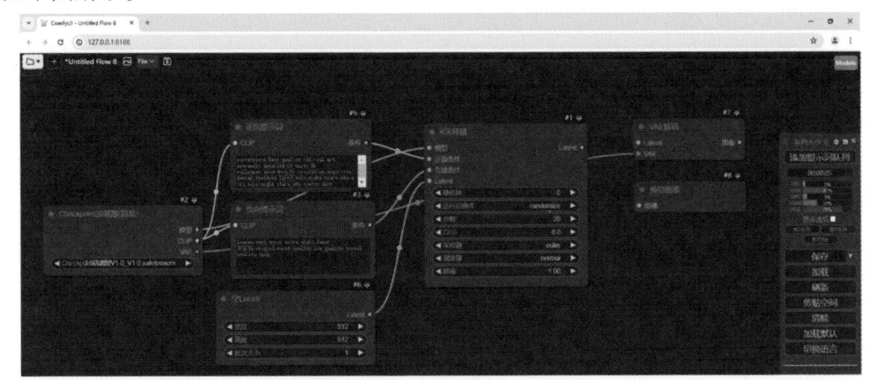

（4）在“K 采样器”节点设置生图的参数，再将“Latent”输出端口连接到“VAE 解码”节点的“Latent”输入端口，这里的连接是为潜在空间绘制的图片输入到“VAE 解码”节点进行解码，具体连接如下图所示。

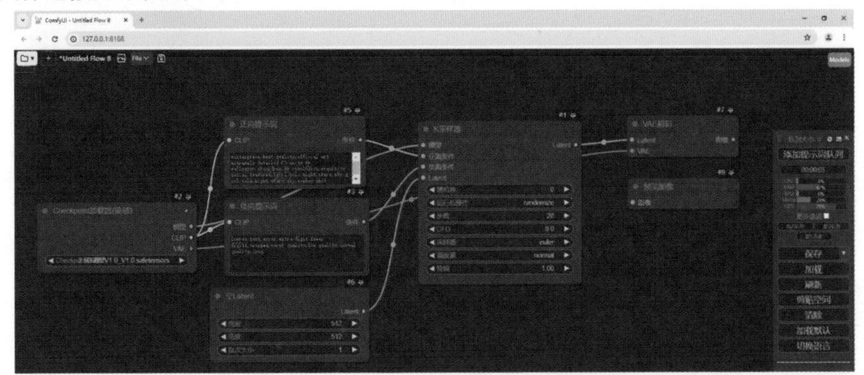

（5）将“VAE 解码”节点的“图像”输出端口连接到“预览图像”节点的“图像”输入端口，这里的连接是为了将解码后的图片显示出来，提供给创作者判断效果是否满意，具体连接如下图所示。这样，整个文生图的流程就完成了，所有的节点也都连接完成了，设置好参数后，点击“添加提示词队列”即可生图。

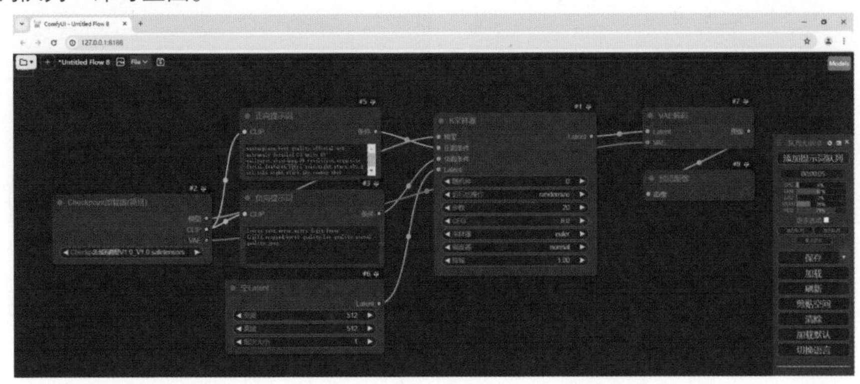

文生图工作流案例实操

文生图工作流的搭建已经完成，具体的节点设置及操作方法通过生成动漫女孩案例实操来进一步掌握文生图的工作流的使用，具体操作如下。

（1）因为要生成动漫类型的图片，所以 Checkpiont 模型选择“counterfeitV30_v30.safetensors”，如下图所示。

（2）在正向提示词框中输入对动漫女孩的描述，这里输入的是“masterpiece,best quality, official art,extremely detailed CG unity 8k wallpaper,absurdres,8k resolution,exquisite facial,features,1girl,solo,night,stars,sky,girl,solo,night,stars,sky,cowboy shot”，在负向提示词框中输入坏的画面质量提示词，这里输入的是“lowres,text,error,extra digit,fewer digits,cropped,worst quality,low quality,normal quality,jpeg”，如下左图所示。

（3）在“空 Latent”节点设置生图的尺寸，这里设置的是 512×768，生图的批次设置为 1，如下右图所示。

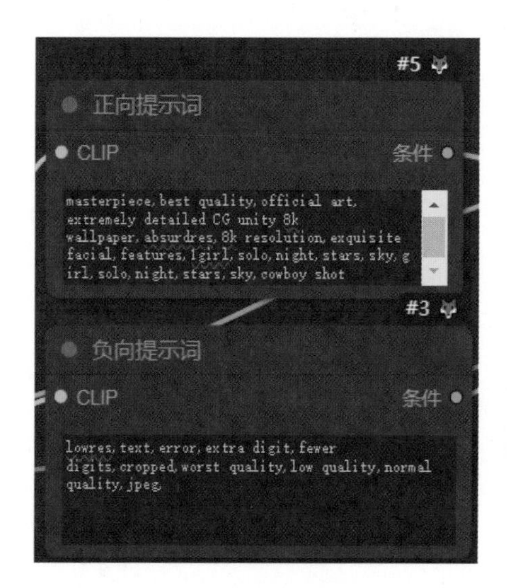

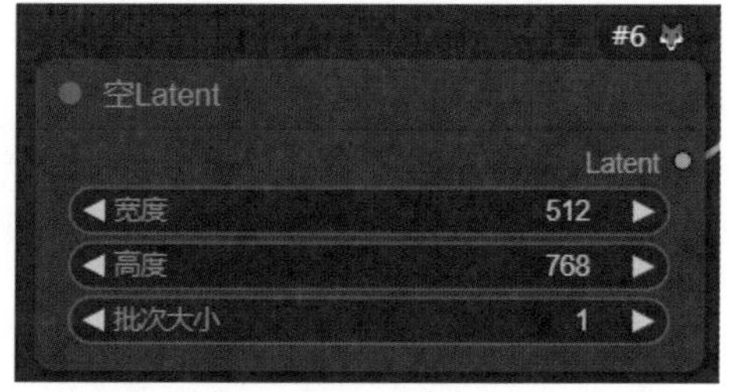

（4）在“K采样器”节点，“随机种”设置为0，“运行后操作”设置为“随机”，“步数”设置为“25”，“CFG”设置为7，“采样器”设置为“dpmpp_2m”，“调度器”设置为“karras”，“降噪”设置为1，如下图所示。

（5）点击“添加提示词队列”按钮，一张动漫女孩的图片就生成了，如下图所示。如果想要保存图像，在“预览图像”节点点击鼠标右键，在弹出的选项列表中选择“保存图像”选项即可。

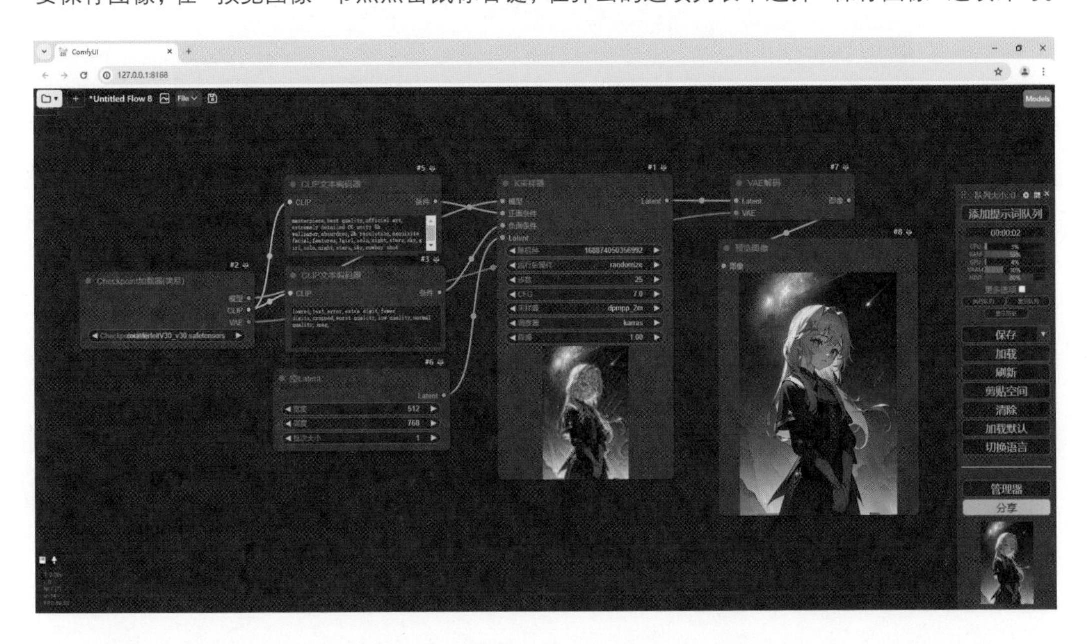

这样一个完整的文生图工作流的搭建就完成了，大部分内容都是以文生图工作流为基础，在文生图的基础上添加节点，其实整体整个流程是没变的，就是缺什么添加什么，把添加后的节点再连接到采样器进行处理即可，所以文生图工作流的熟练掌握对后面的学习是相当重要的。

图生图工作流讲解

图生图工作流的节点选择

前文中讲解了文生图工作流的内容，其实图生图工作流和文生图工作流多了一个图片上传和图片编码的过程，其他的部分几乎没有改变，这里还是先来讲解图生图的节点选择。

（1）上传图像并编码。既然是图生图就需要用图片生成图片，因此上传图片是必不可少的，在ComfyUI中上传图片也就是加载图像，所以新建“加载图像”节点，它的新建位置就在“新建节点”“图像”“加载图像”，图像加载后输出为像素图像，但是“K采样器”节点只能接受数字化图像，因此还需要对图像进行数字编码，这就需要新建一个新的节点“VAE编码”，它的新建位置在“新建节点”“Latent”“VAE编码”，需要注意的是，前文在核心节点部分讲解的是“VAE解码”节点，它们的功能是相反的，不要混淆。新建的“加载图像”节点和“VAE编码”节点如下图所示。

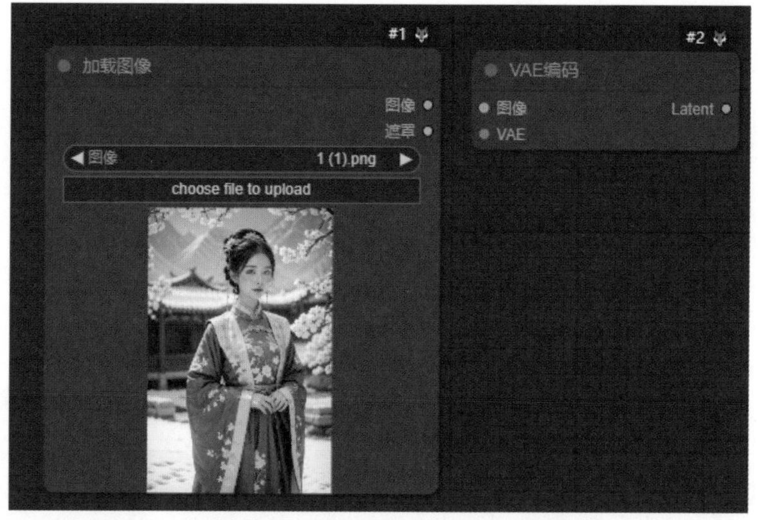

（2）创建一个潜在的空间。SD的绘图都是建立在潜空间绘制的，所以最重要的就是建立一个潜在的空间，也就是采样器，这里选择的是“K采样器”，所以，会创建一个“K采样器”节点，如下页左图所示。

（3）潜空间输入。通过“K采样器”节点可以看到，潜空间的输入默认为四项，分别是“模型”“正面条件”“负面条件”“Latent”。“模型”需要一个去噪潜在变量的模型，也就是“Checkpoint加载器（简易）”节点；“正面条件”是在生成图片中想要出现的内容，就需要一个“CLIP文本编辑器”节点作为条件输入；“负面条件”与“正面条件”相反是在生成图片中不想出现的内容，但同样需要一个“CLIP文本编辑器”节点作为条件输入；“Latent”是指潜空间绘图在多大的画布上绘制，也就是生成图片的尺寸，因为是图生图，这里上传图片的尺寸就是生成图片的尺寸，因此这里就不用新建“空Latent”节点了，直接使用编码后的图像即可；新建节点如下右图所示。

（4）潜在空间图像解码并预览。将潜在空间绘制的图片进行解码，需要新建“VAE 解码”节点，需要注意是“VAE 解码”节点只有输入输出并没有任何组件，所以需要连接 VAE 解码模型，一般情况下，都是直接用大模型里的 VAE 解码；为了能看到最终的生成图像，还需要新建“预览图像”节点来显示生成的图像效果；新建节点如下图所示。

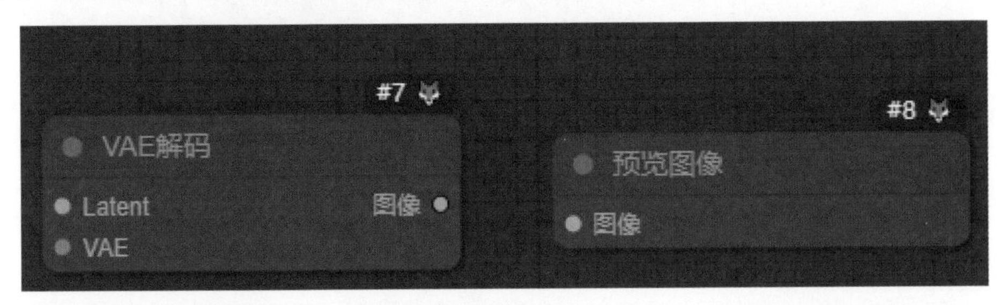

（5）下图所示为使用此工作流处理的图像示例。

图生图工作流的节点连接

图生图工作流所需的节点已经创建好了，接下来就是将这些节点按照图生图的流程连接在一起，完成工作流的搭建，具体操作如下。

（1）在“Checkpoin 加载器（简易）”节点选择一个符合生图类型的 Checkpoint 模型，将“模型”输出端口连接到“K 采样器”的“模型”输入端口，这里的连接就是为采样器提供一个去噪潜在变量的模型，将“CLIP”输出端口分别连接到 2 个“CLIP 文本编辑器”节点的“CLIP”输入端口，这里的连接是将正反向提示词框中输入的英文通过 CLIP 模型将文本提示编码成嵌入，将“VAE”输出端口分别连接到“VAE 编码”和“VAE 解码”节点的“VAE”输入端口，这里的连接是先将上传的图片编码为数字化图片，然后再将潜在空间绘制的图片进行解码，具体连接如下图所示。

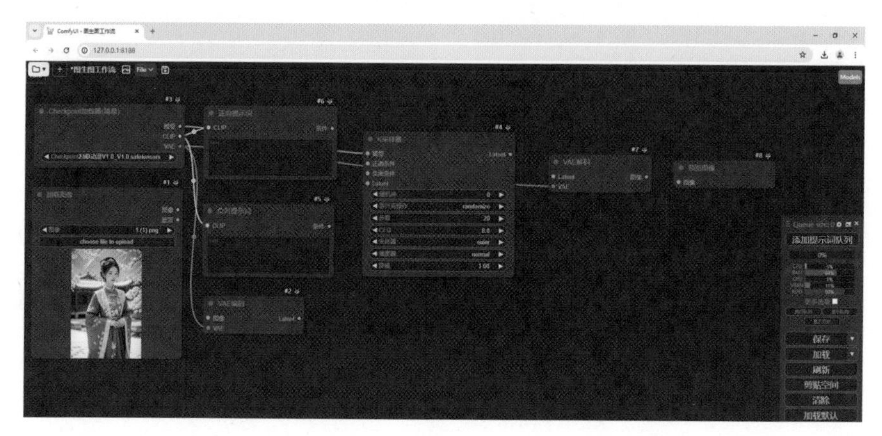

（2）分别给 2 个“CLIP 文本编辑器”节点命名为“正向提示词”和“反向提示词”，在“正向提示词”节点输入图像中想要出现的内容，在“反向提示词”中输入图像中不想出现的内容，再将“正向提示词”节点的“条件”输出端口连接到“K 采样器”节点的“正面条件”输入端口，将“负向提示词”节点的“条件”输出端口连接到“K 采样器”节点的“负面条件”输入端口，这里的连接是告诉采样器生成目标图像，具体连接如下图所示。需要注意的是，虽然是图生图，但是只靠一张图片出图是不够的，还需要文本来辅助图片出图。

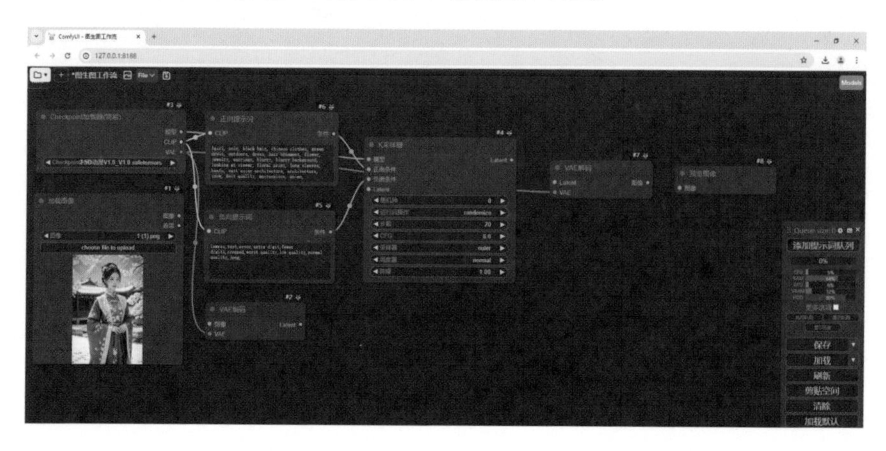

（3）在“加载图像”节点上传一张准备好的素材图片，将“图像”输出端口连接到“VAE 编码”节点的“图像”输入端口，再将“VAE 编码”节点的“Latent”输出端口连接到“K 采样器”节点的“Latent”输入端口，这里的连接是将上传的图像通过编码转换为“K 采样器”节点能识别的数字化图片，并根据上传图片尺寸大小确定生成图片的尺寸大小。如下图所示。

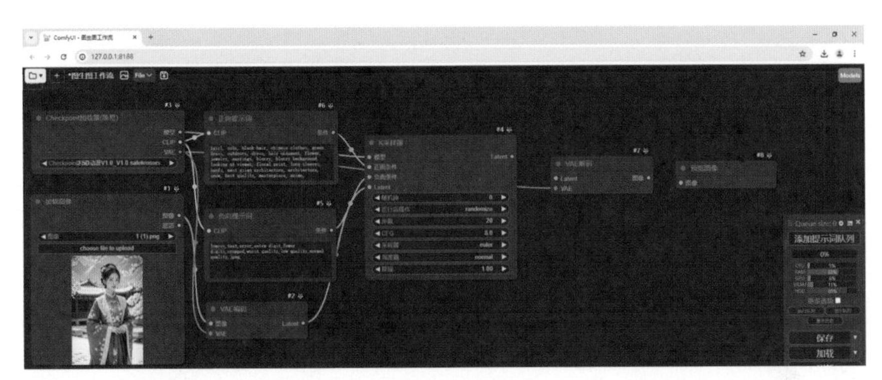

（4）在“K 采样器”节点设置生图的参数，再将“Latent”输出端口连接到“VAE 解码”节点的“Latent”输入端口，这里的连接是为潜在空间绘制的图片输入到“VAE 解码”节点进行解码，具体连接如下图所示。

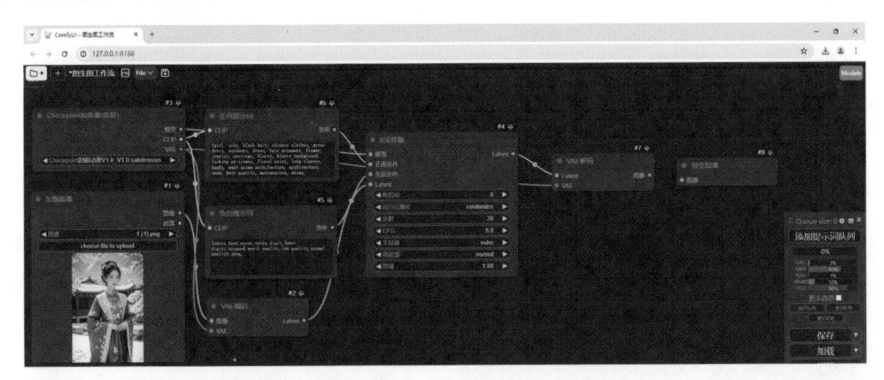

（5）将“VAE 解码”节点的“图像”输出端口连接到“预览图像”节点的“图像”输入端口，这里的连接是为了将解码后的图片显示出来，提供给创作者判断效果是否满意，具体连接如下图所示。这样，整个文生图的流程就完成了，所有的节点也就都连接完成了，设置好参数后，点击“添加提示词队列”即可生图。

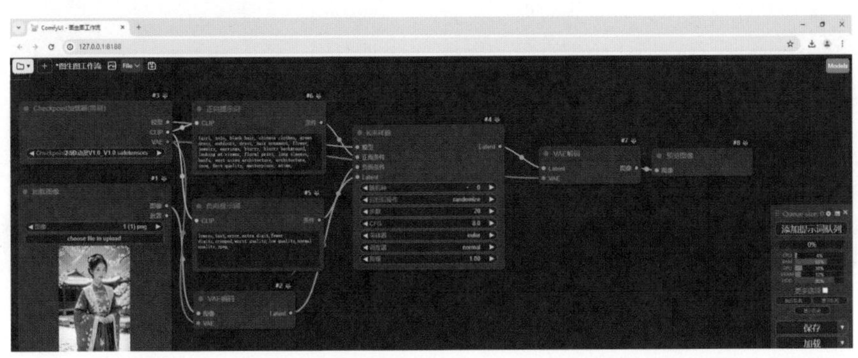

图生图工作流案例实操

图生图工作流的搭建已经完成，具体的节点设置及操作方法通过真人转动漫案例实操来进一步掌握图生图工作流的使用，具体操作如下。

（1）因为要将真人图片转成动漫类型的图片，所以Checkpiont模型选择“meinamix_meinaV11.safetensors”，如下图所示。

（2）在“加载图像”节点点击“choose file to upload”按钮上传准备好的素材图片，这里准备了一张真人汉服图片，如下左图所示。

（3）在正向提示词框中输入对真人汉服图片的描述，并加上动漫描述词语，这里输入的是“1girl, solo, black hair, chinese clothes, green dress, outdoors, dress, hair ornament, flower, jewelry, earrings, blurry, blurry background, looking at viewer, floral print, long sleeves, hanfu, east asian architecture, architecture, snow, Best quality, masterpiece, anime”，在负向提示词框中输入坏的画面质量提示词，这里输入的是“lowres,text,error,extra digit,fewer digits,cropped,worst quality,low quality,normal quality,jpeg”，如下右图所示。

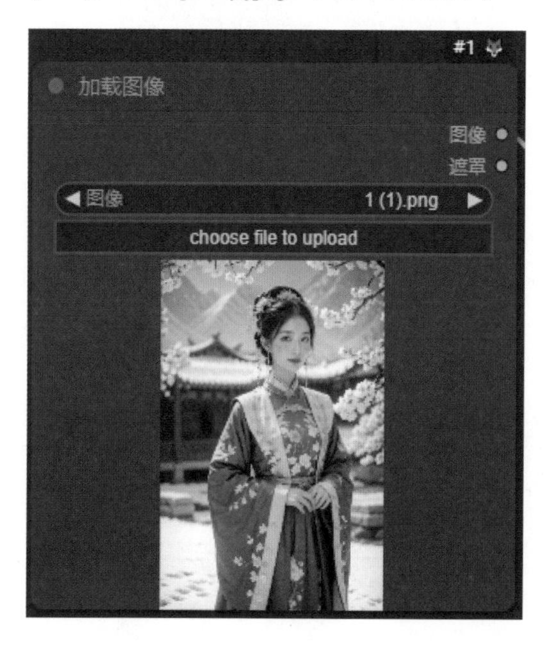

（4）在“K 采样器”节点，“随机种”设置为 0，“运行后操作”设置为“随机”，“步数”设置为“25”，“CFG”设置为 7，“采样器”设置为“dpmpp_2m”，“调度器”设置为“karras”，“降噪”设置为 0.6，如下图所示。

（5）点击“添加提示词队列”按钮，真人转动漫的图片就生成了，如下图所示。如果想要保存图像，在“预览图像”节点点击鼠标右键，在弹出的选项列表中选择“保存图像”选项即可。

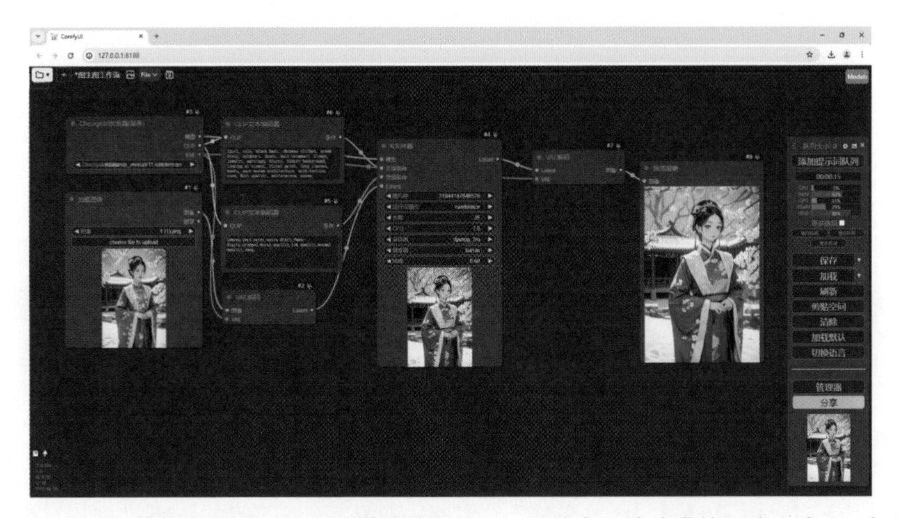

这样，一个完整的图生图工作流的搭建就完成了，虽然真人转动漫的图片生成了，但是图片的尺寸只能和上传的图片一样，没有将图片的尺寸放大，生成的图片不够清晰，包括生成图片的动作和表情也发生了轻微的变化，这些问题在后面的图像放大工作流讲解和 Controlnet 章节中都会解决，这里只重点讲解图生图工作流的搭建。

Lora 模型工作流讲解

LoRA 加载器节点的介绍与连接

Lora 模型工作流其实就是在文生图的基础上添加了一个“LoRA 加载器”节点，需要注意的是必须与 Checkpoint 模型一起使用，可使用权重控制，不能单独使用。

“LoRA 加载器”节点在前文核心节点中已经详细介绍过，该节点用于加载 Lora 模型，并且可以设置 Lora 模型的权重，它的新建位置在“新建节点”“加载器”“LoRA 加载器”，新建以后，发现“LoRA 加载器”节点的输入输出端口都是“模型”和“CLIP”，如下图所示。

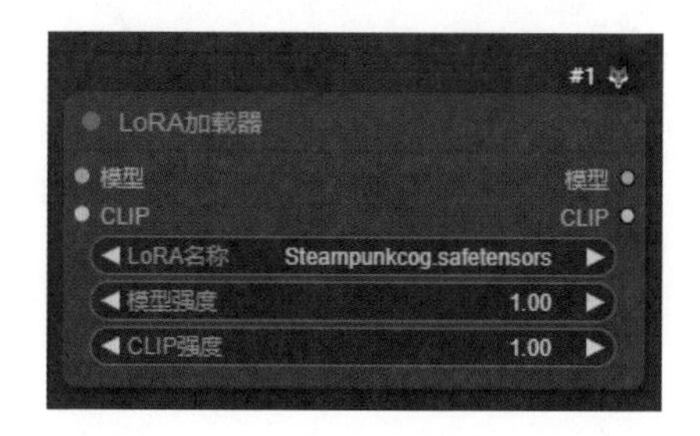

由此可以看出，“LoRA 加载器”节点应该就在“Checkpoint 加载器（简易）”节点和“CLIP 文本编辑器”节点之间，所以“Checkpoint 加载器（简易）”节点的“模型”和“CLIP”输出端口分别连接到“LoRA 加载器”节点的“模型”和“CLIP”输入端口，LoRA 加载器”节点的“模型”和“CLIP”输出端口就替代“Checkpoint 加载器（简易）”节点分别连接到“CLIP 文本编辑器”节点的“CLIP”输入端口和“K 采样器”节点的“模型”输入端口，如下图所示。

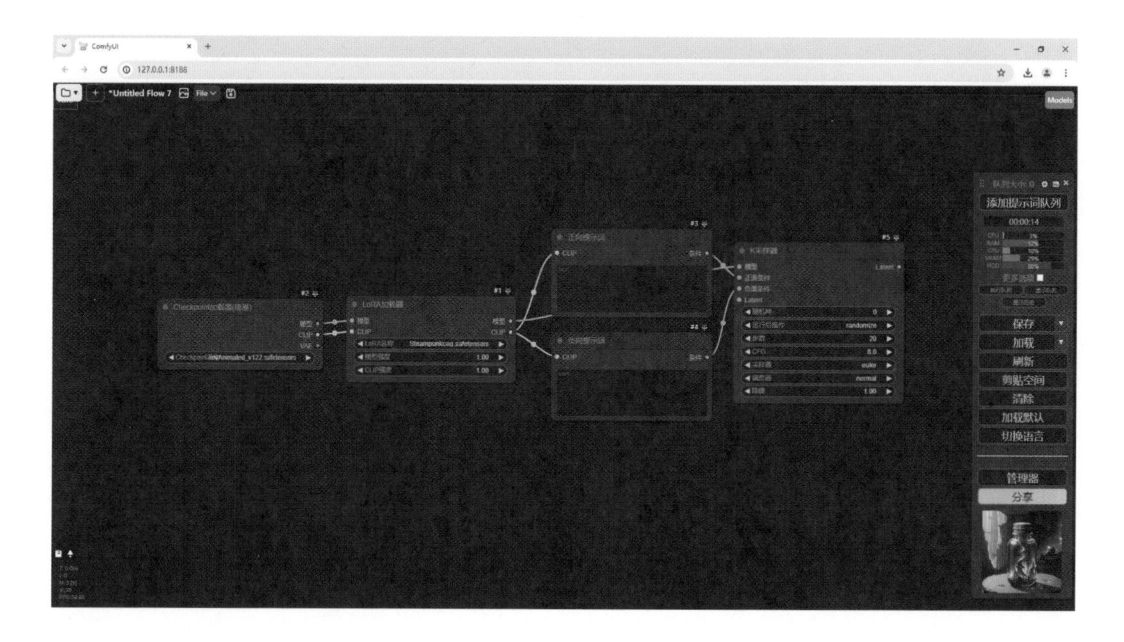

再按照文生图工作流将节点补充完整并连接好，一个 Lora 模型工作流就搭建完成了，如下图所示。

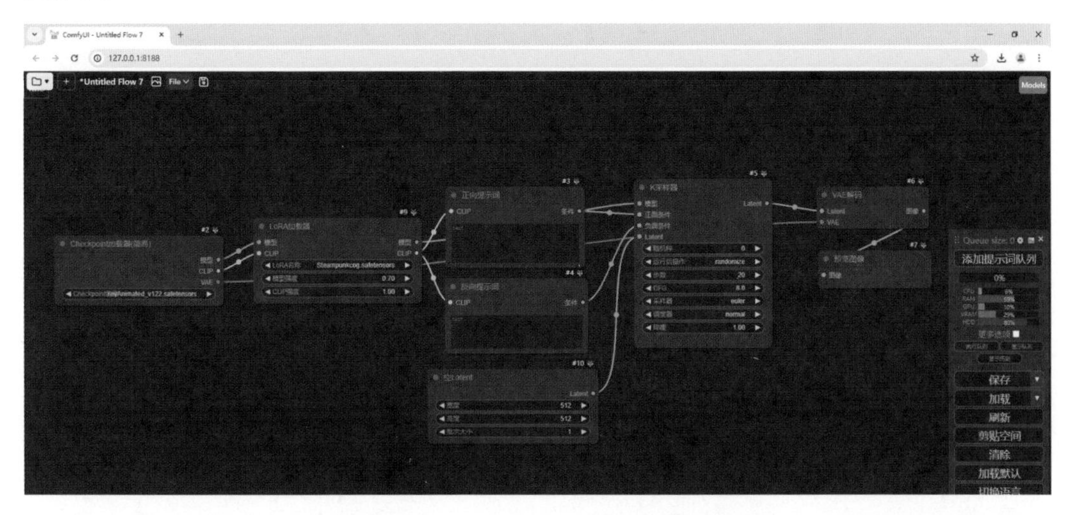

虽然 Lora 模型工作流已经搭建完成，但是这个工作流却只能使用 1 个 Lora 模型，如果想用多个 Lora 模型怎么办呢？其实通过“LoRA 加载器”节点就能看出来，“LoRA 加载器”节点是可以多个串在一起的，想用几个就新建几个串在一起即可，比如，笔者想用三个 Lora 模型，新建三个“LoRA 加载器”节点连在一起，再将最右边一个“LoRA 加载器”节点按照原来的连接就可以了，如下图所示。

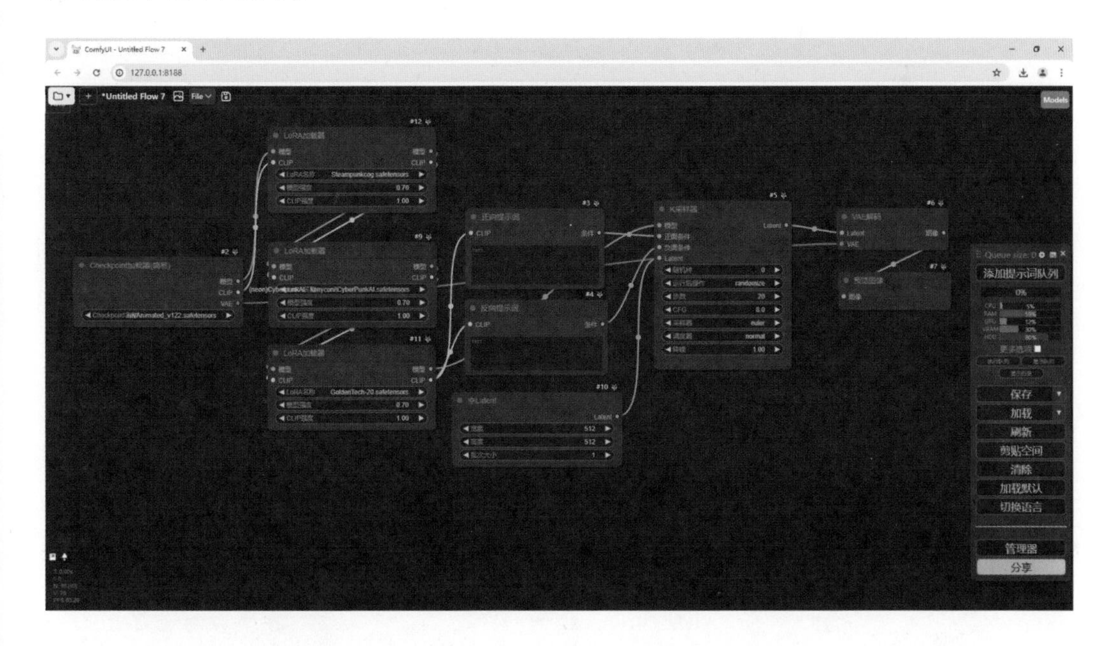

Lora 模型工作流案例实操

Lora 模型工作流的搭建已经完成，具体的节点设置及操作方法，通过生成国风插画案例实操来进一步掌握 Lora 模型工作流的使用，具体操作如下。

（1）因为要生成插画类型的图片，所以 Checkpiont 模型选择“meinamix_meinaV11.safetensors”，如下左图所示。

（2）因为要生成国风插画风格的图片，所以需要添加一个国风插画类型的 Lora 模型，在“LoRA 加载器”节点选择“好机友国风插画 _1.0.safetensors”，将“模型强度”设置为 0.7，“CLIP 强度”不变，如下右图所示。

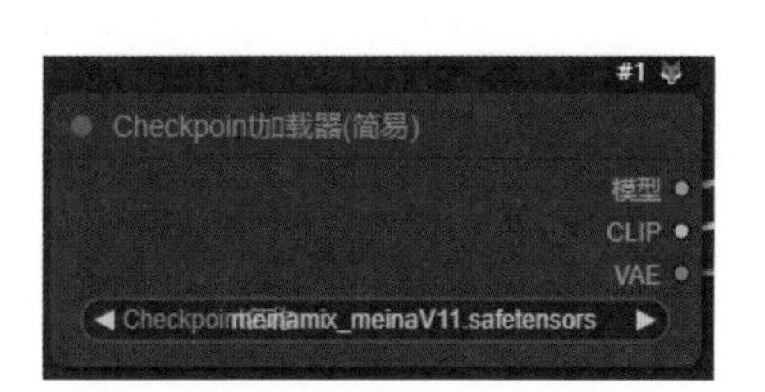

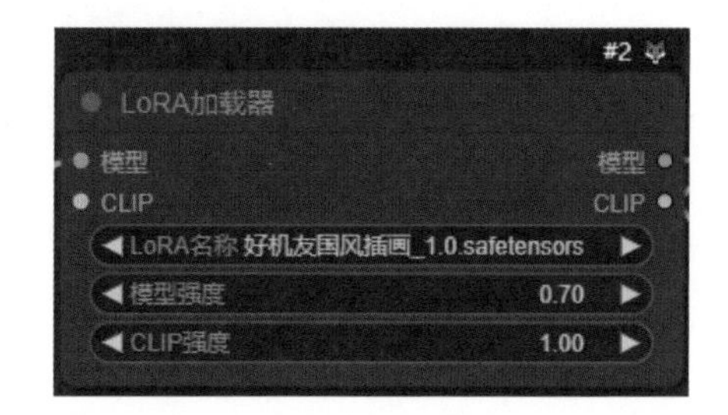

（3）在正向提示词框中输入对国风插画的描述，这里输入的是“masterpiece，best quality，((hanfu)),1girl,white plum blossom on one side,1girl,solo,front view,close up”，在负向提示词框中输入坏的画面质量提示词，这里输入的是“lowres,text,error,extra digit,fewer digits,cropped,worst quality,low quality,normal quality,jpeg”，如下左图所示。

（4）在“空 Latent”节点设置生图的尺寸，这里设置的是 512×768，生图的批次设置为 1，如下右图所示。

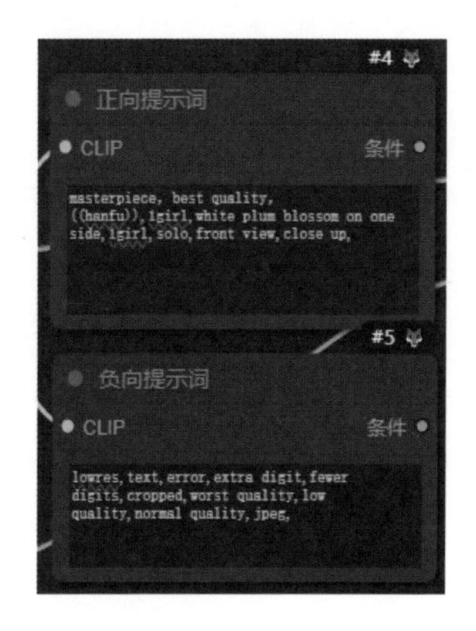

（5）在“K 采样器”节点，“随机种”设置为 0，“运行后操作”设置为“随机”，“步数”设置为“25”，“CFG”设置为 7，“采样器”设置为“dpmpp_2m”，“调度器”设置为“karras”，“降噪”设置为 1，如下图所示。

（6）点击“添加提示词队列”按钮，一张国风插画风格的图片就生成了，如下图所示。如果想要保存图像，在“预览图像”节点点击鼠标右键，在弹出的选项列表中选择“保存图像”选项即可。

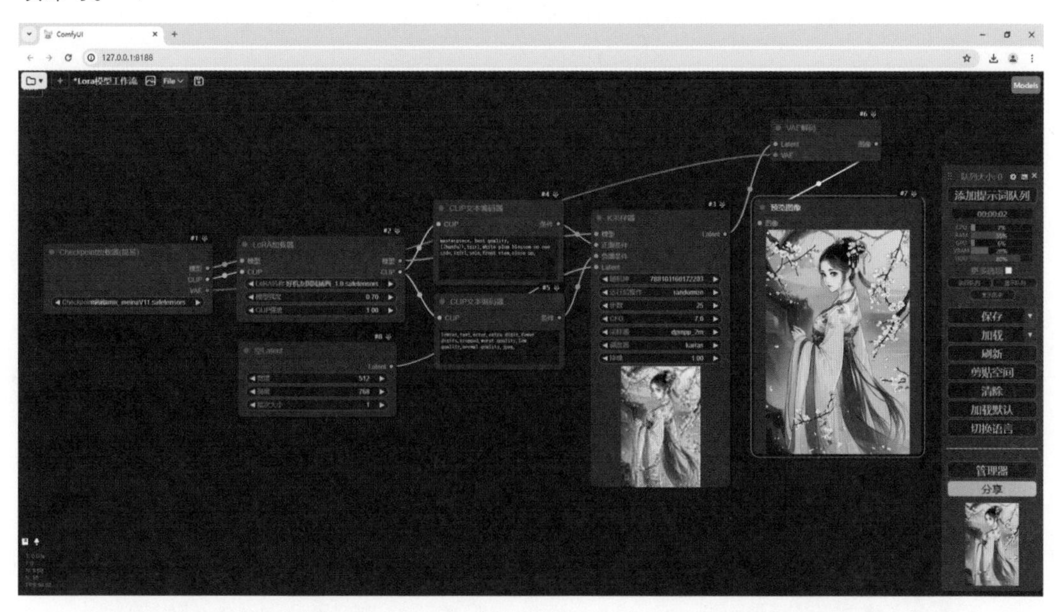

这样一个完整的 Lora 模型工作流的搭建就完成了，大部分内容还是以文生图工作流为基础，只是添加了一个“LoRA 加载器”节点，需要注意的是，“LoRA 加载器”节点的连接，不要忘记连接“CLIP 文本编码器”节点和“K 采样器”节点。

局部重绘工作流讲解

为图片增加遮罩

使用过 WebUI 的创作者应该知道在 WebUI 中局部重绘是在图生图界面下的功能，在 ComfyUI 中也不例外，它的局部重绘也是需要在图生图工作流中操作，所以要搭建局部重绘工作流，首先需要加载图生图工作流，如下图所示。

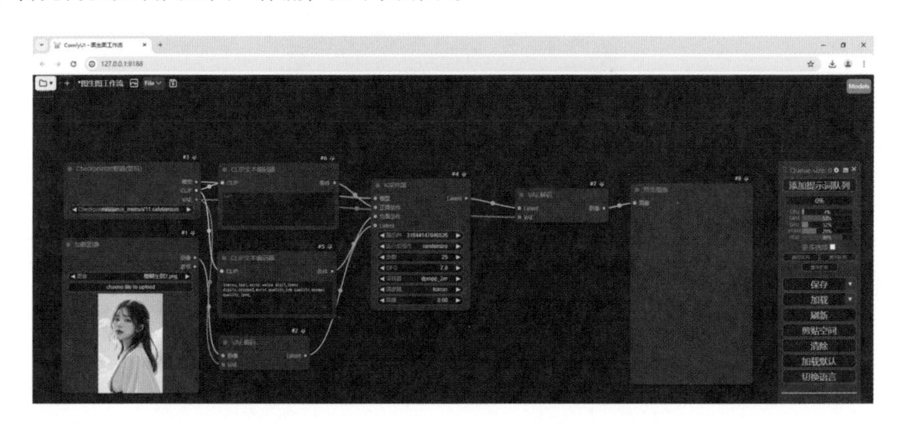

为图片增加遮罩是局部重绘最核心的部分，在“加载图像”节点中可以看到，“遮罩”输出端口并没有连接任何输入端口，这就说明“加载图像”节点是有遮罩功能的，在前文的核心节点中就已经介绍过“加载图像”节点的遮罩功能，所以在“加载图像”节点上传一张素材图片，在“加载图像”节点点击鼠标右键，在弹出的选项列表中点击“在遮罩编辑器中打开”选项，就会弹出遮罩编辑器窗口，如下图所示。

在窗口中调整画笔大小，用画笔涂抹需要重绘的部分，这里想要重绘背景，所以将背景部分全部涂抹，涂抹完成后点击右下角“Save to node”按钮即可在“加载图像”显示出来，如下图所示。

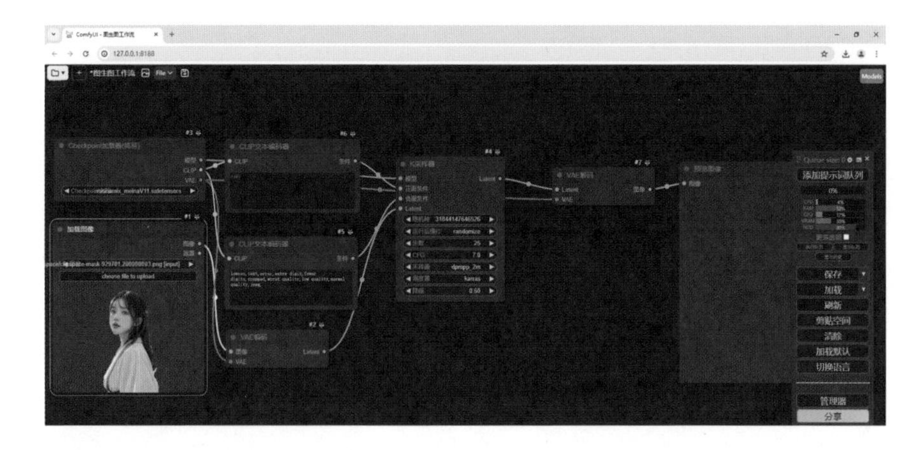

增加遮罩编码节点

如果使用遮罩后的图像直接生成图片，只会把剩余的图像重绘，并不是想要的局部重绘效果，所以这里明显还缺少一个读取遮罩的节点，这里就需要新建一个“VAE 内补编码器”节点，并把“VAE 编码”节点删除，它的新建位置在“新建节点”“Latent”“内补”“VAE 内补编码器”，如下图所示。

“VAE 内补编码器”节点的连接除了“遮罩”输入端口以外其余端口的连接与“VAE 编码”节点一样，“遮罩”输入端口连接到“加载图像”节点的“遮罩”输出端口，这样“加载图像”节点中的遮罩信息就能通过编码传入采样器中了，“VAE 内补编码器”节点中的“遮罩延展”数值设置为 6 的效果最合适，具体连接与节点设置如下图所示。

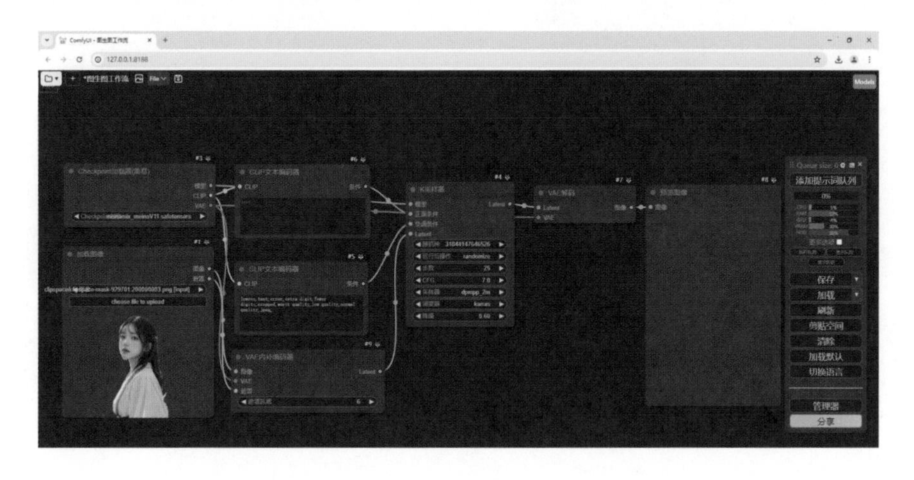

局部重绘工作流案例实操

局部重绘工作流的搭建已经完成，具体的节点设置及操作方法通过更换模特换衣案例实操来进一步掌握局部重绘模型工作流的使用，具体操作如下。

（1）在“加载图像”节点点击“choose file to upload”按钮上传准备好的素材图片，在“加载图像”节点点击鼠标右键，在弹出的选项列表中选择“在遮罩编辑器中打开”选项，打开遮罩编辑器窗口，如下图所示。

（2）在遮罩编辑器窗口使用画笔涂抹模特的衣服部分，使模特的衣服部分完全被画笔涂抹覆盖，点击窗口右下角的“Save to node”按钮，遮罩后的图像即可在“加载图像”显示出来，如下左图所示。

（3）因为局部重绘的图片是写实类型的图片，所以Checkpiont模型选择“majicmixRealistic_v7.safetensors”，如下右图所示。

（4）在正向提示词框中输入对新衣服的描述，这里输入的是“masterpiece,best quality,white_dress,”，在负向提示词框中输入坏的画面质量提示词，这里输入的是“lowres,text,error,extra digit,fewer digits,cropped,worst quality,low quality,normal quality,jpeg”，如下左图所示。

（5）在“K 采样器”节点，“随机种”设置为 0，“运行后操作”设置为“随机”，“步数”设置为“25”，“CFG”设置为 7，“采样器”设置为“dpmpp_2m”，“调度器”设置为“karras”，“降噪”设置为 0.8，如下右图所示。需要注意的是，“降噪”的数值不能设置低于 0.5，否则重绘效果非常不明显。

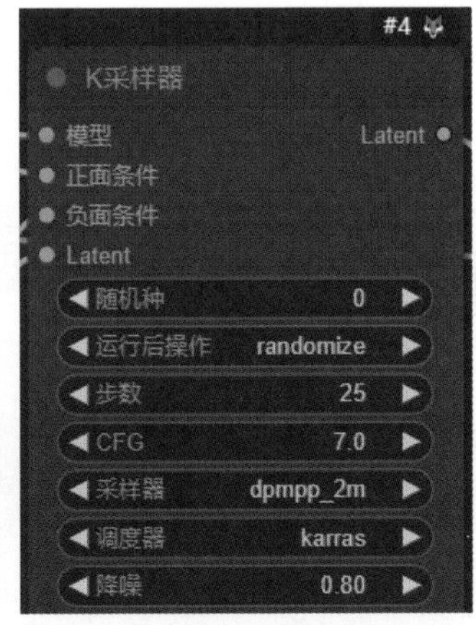

（6）点击“添加提示词队列”按钮，一张模特换装后的图片就生成了，如下图所示。如果想要保存图像，在“预览图像”节点点击鼠标右键，在弹出的选项列表中选择“保存图像”选项即可。

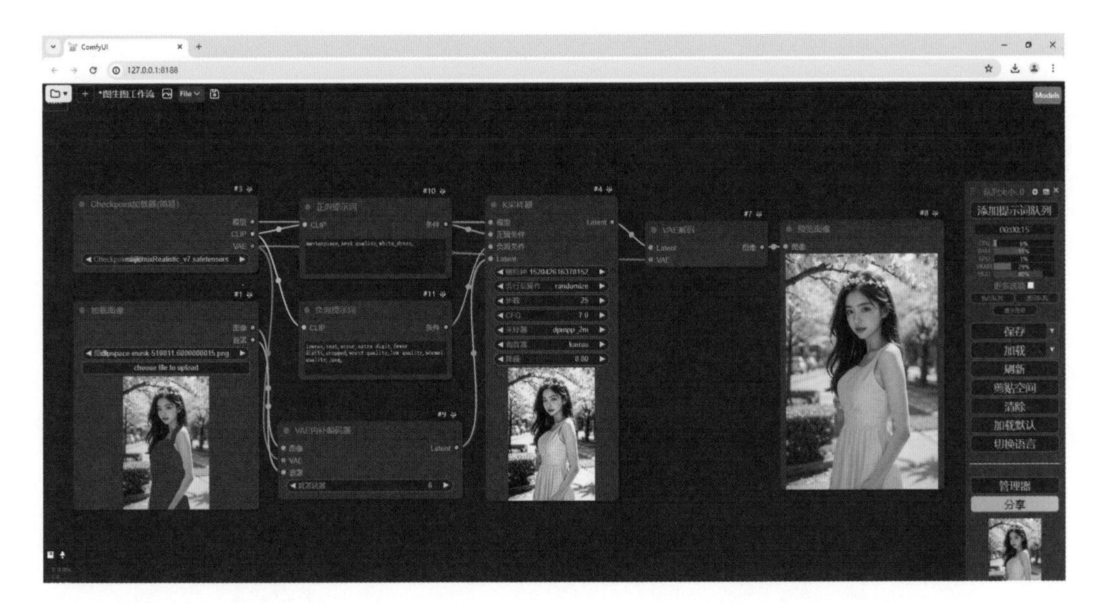

高清放大工作流讲解

当生成的图片像素较低时，如果直接改变生成图像的尺寸，虽然图像尺寸变大了，但是图像依旧模糊，这个时候就需要将图像高清放大，在 ComfyUI 中有多种高清放大方式，这里笔者介绍三种从简单到复杂的高清放大方式，具体如下。

非模型高清放大

非模型高清放大指，不需要借助任何模型进行放大，直接将图像通过“图像缩放”节点的缩放方式放大图像，需要注意的是，有些方式放大后图像效果并不好，但是相比其他放大方法，它的生图速度极快，如果对图像要求不算高可以使用这种方法。

“图像缩放”节点在前文的核心节点中介绍过，当时只介绍了 1 种形式，其实它一共有 3 种缩放形式，也就是有 3 个缩放节点，除了“图像缩放”节点，还有“图像按系数缩放”节点和“图像按像素缩放”节点，如下图所示。它们的新建位置都在“新建节点”“图像”“放大”列表中。

节点中的“缩放方法”包含了近邻-精准、双线性插值、区域、双三线插值和 lanczos 这 5 种方式，它们都是一些函数，不需要去了解原理，每张图可能对应的出图效果最好的方式不同，所以还需要创作者去尝试，这里笔者使用 5 种方法一起对一张图片进行了放大，发现效果差别并不是很大，如下图所示，但如果放大仔细看，还是“近邻 - 精准”更为清晰。

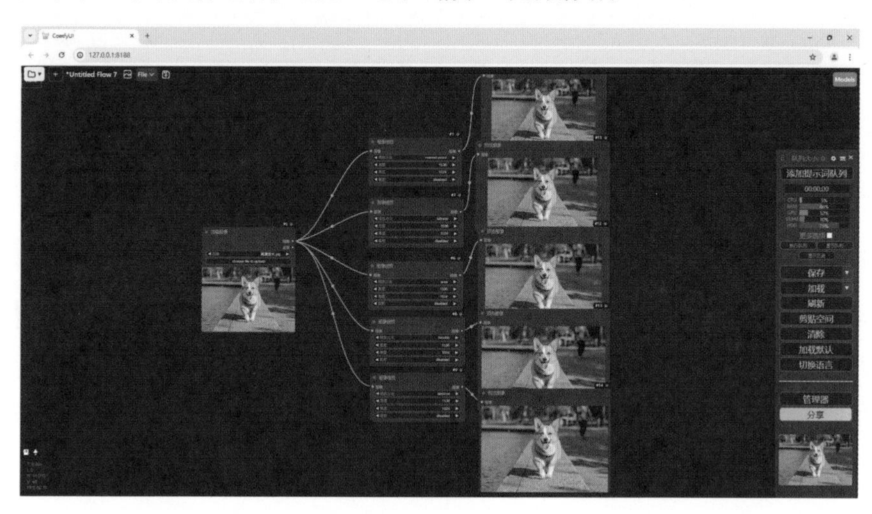

“图像缩放”节点可以直接调整图像的宽高像素进行缩放，同时还有两种裁剪方式，一种是不裁剪，也就是对图片进行拉伸，还有一种是中心，也就是从中心位置向外裁剪掉多余的边缘。“图像按系数缩放”节点，系数值就是原图像素的倍数，值为 1 不缩放，值为 2 放大 2 倍。“图像按像素缩放”节点，可以直接调整图像像素值，值为 1 就是 100 万像素，也就是 1024×1024，值为 2 就是 200 万像素。

图像缩放系列节点的工作流搭建也非常简单，一般在工作流的最后“VAE 解码”节点将像素图像输出给图像缩放节点就可以了，然后再通过图像缩放节点连接到“预览图像”节点，显示放大后的图片，这里将“图像缩放”节点添加到了文生图工作流中，如下图所示。

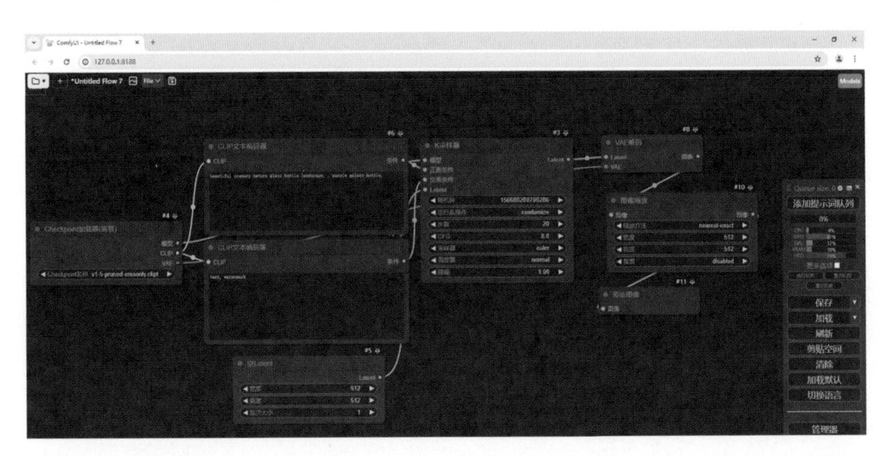

对工作流进行简单设置，添加提示词，点击“添加提示词队列”，生成了一张花朵的放大后的图像，如下图所示。

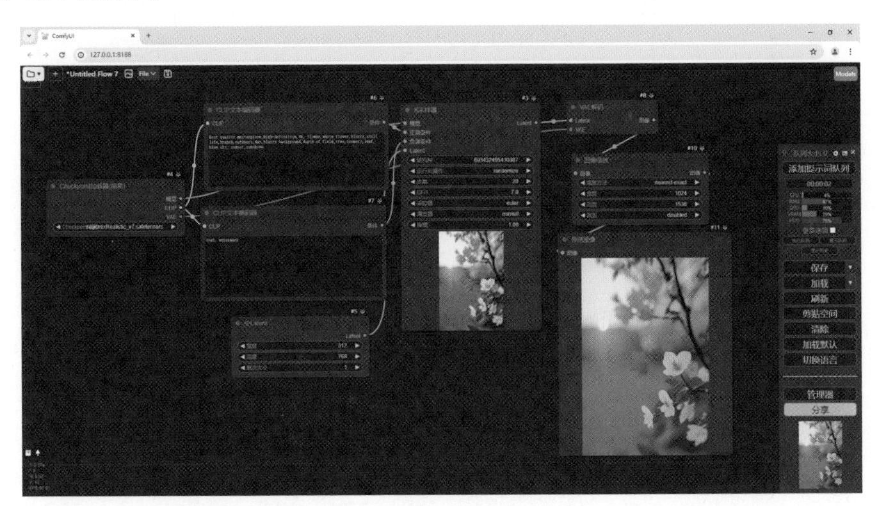

模型高清放大

模型高清放大就是通过放大模型的算法，对图像进行放大，需要注意的是，通过模型放大后的图像虽然会变清晰，但是并不会修复图像的细节，所以图像中会有些不合理的地方，但是生图速度也是比较快的，可以作为一种高清放大的尝试。

“图像通过模型放大”节点在前文的核心节点中也介绍过，它的新建位置在“新建节点”“图像”“放大”“图像通过模型放大”，它比“图像缩放”节点多了一个“放大模型”输入端口，也就是意味着它还需要连接一个放大模型的节点，即“放大模型加载器”节点，它的新建位置在“新建节点”“加载器”“放大模型加载器”，“放大模型加载器”节点只有“放大模型”输出端口，也就正好连接在“图像通过模型放大”节点的“放大模型”输入端口，如下图所示。

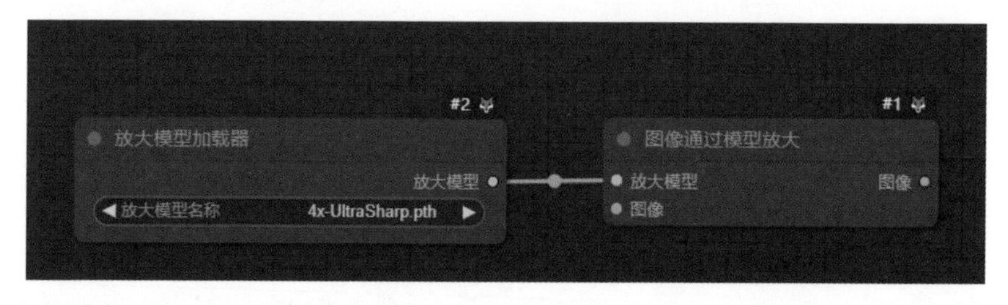

两个节点中只有“放大模型加载器”节点可以设置，“放大模型名称”即选择使用的放大模型，一般放大模型的名称中带有放大的倍数，比如 4x-UltraSharp.pth 就表示对原始图片进行 4 倍放大，如果没有放大模型或需要更多的放大模型，可以在管理器中的“安装模型”中搜索类型为“upscale”放大模型安装即可。

“图像通过模型放大”节点的工作流搭建和图像缩放系列一样，都是在工作流的最后“VAE 解码”节点将像素图像输出给“图像通过模型放大”节点就可以了，然后再通过“图像通过模型放大”节点连接到“预览图像”节点，显示放大后的图片，这里将“图像缩放”节点添加到了文生图工作流中，如下图所示。

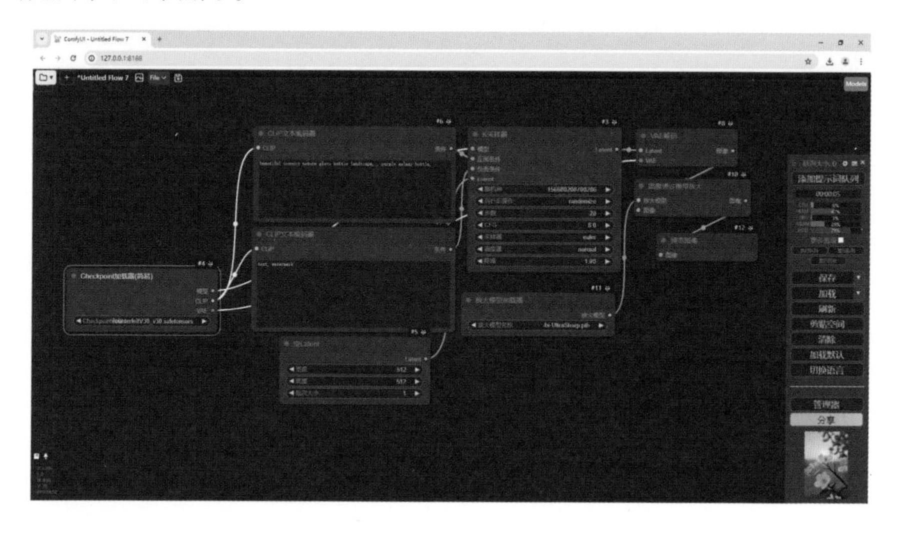

对工作流进行简单设置，添加提示词，点击“添加提示词队列”，生成了一张动漫人物放大后的图像，如下图所示。

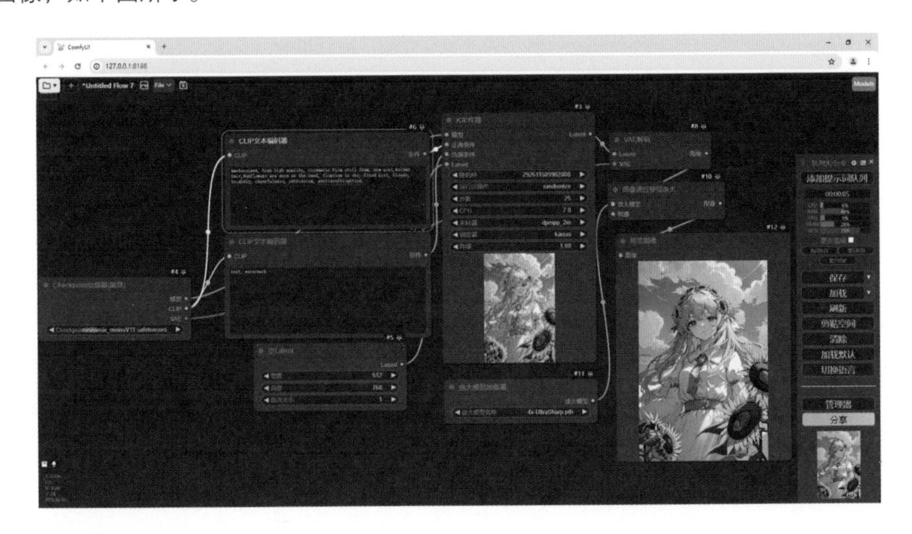

高清修复放大

在前面两种高清放大方式中，只是对图像进行放大，但都不会修复细节，比如图像中放大后不协调的部分、坏手、坏脸都无法修复，但是使用过 WebUI 的创作者应该都知道，WebUI 中的“高分辨率修复”功能是可以修复一些坏手、坏脸和图像细节的，所以在 ComfyUI 中也是可以实现的，只是对比另外两种放大方法，它的生图速度会慢很多。

高清修复放大的工作原理是通过将潜在空间的生成的数字图像传送给潜在空间缩放进行放大，即在潜在空间对图片进行放大，然后将放大的数字图像再交给“K 采样器”节点进行二次降噪生成图像，最后就得到高清修复图了，这里需要用到新的节点“Latent 缩放”，它的作用主要是将第一次生成的图像在潜在空间对图片进行放大，然后再传输给第 2 个“K 采样器”节点。它的新建位置在“新建节点”“Latent”“Latent 缩放”。如下图所示。

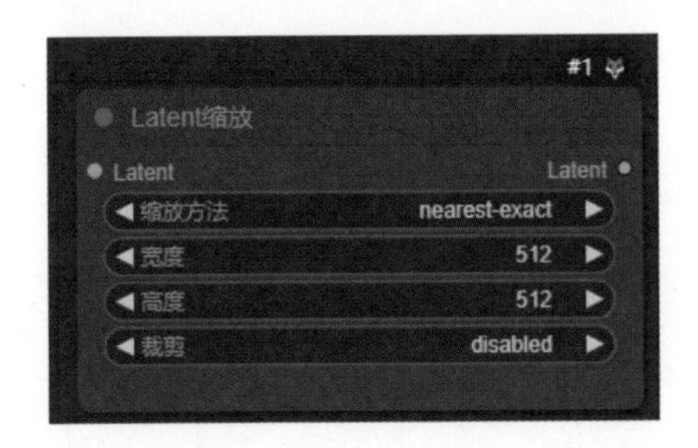

“Latent 缩放”缩放节点与“图像缩放”节点除了输入端口和输出端口不一样以外，其他功能参数方面相同，所以这里不再过多介绍。

高清修复放大工作流可能看起来比较复杂，但是理解了高清修复放大的工作原理后，再搭建就感觉没有那么复杂了，就是增加了一个潜空间图片放大和二次处理图片的过程，具体操作如下。

（1）这里以文生图工作流为基础，将“VAE 解码”节点的“Latent”输入端口与“K 采样器”节点的“Latent”输出端口断开连接，其他节点连接不变，如下图所示。

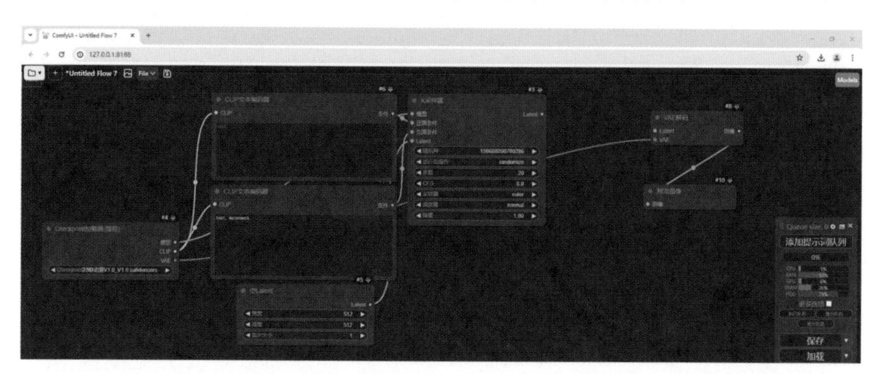

（2）新建“Latent 缩放”节点，将“K 采样器”节点的“Latent”输出端口连接到“Latent 缩放”节点的“Latent”输入端口，如下图所示。

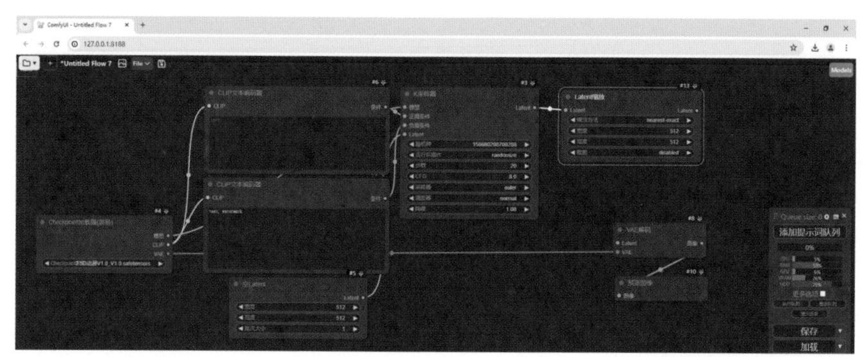

（3）新建“K 采样器”节点，将“Latent 缩放”节点的“Latent”输出端口连接到“K 采样器”节点的“Latent”输入端口，再将“Checkpoint 加载器 (简易)”节点的“模型”输出端口连接到“K 采样器”节点的“模型”输入端口，这里虽然是二次处理图片，但是处理的模型依旧还需要使用 Checkpoint 大模型，同样正负条件端口与第一个“K 采样器”节点连接一样，最后将“K 采样器”节点的“Latent”输出端口连接到“VAE 解码”节点的“Latent”输入端口，如下图所示。

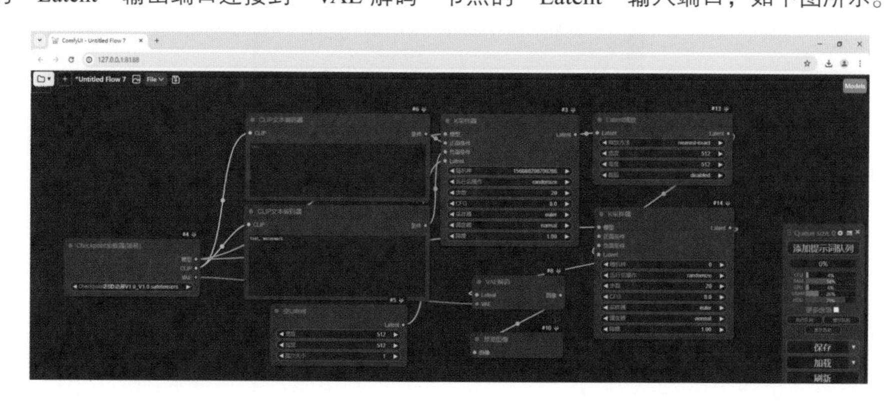

（4）这样高清修复放大工作流就搭建完成了，但是有些参数设置与之前不一样，这里利用高清修复放大写实人像案例，具体介绍工作流中的参数设置。因为要生成写的人像，所以 Checkpiont 模型选择“majicmixRealistic_v7.safetensors”，如下图所示。

（5）在正向提示词框中输入对人像的描述，这里输入的是“masterpiece，best quality，happy girl holding cat,1girl,happy,sitting,intricate details,sharp focus,cinematic lighting,high quality,realistic,detailed,look at the audience”，在负向提示词框中输入坏的画面质量提示词，这里输入的是“lowres,text,error,extra digit,fewer digits,cropped,worst quality,low quality,normal quality,jpeg”，如下左图所示。

（6）在“空 Latent”节点设置第一次生图的尺寸，这里设置的是 512×768，生图的批次设置为 1，如下右图所示。

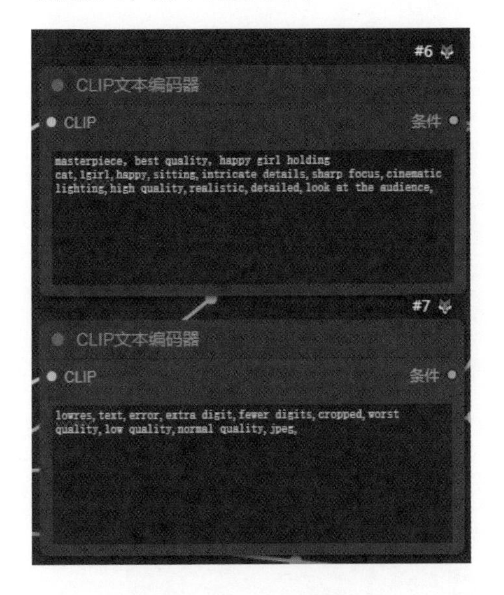

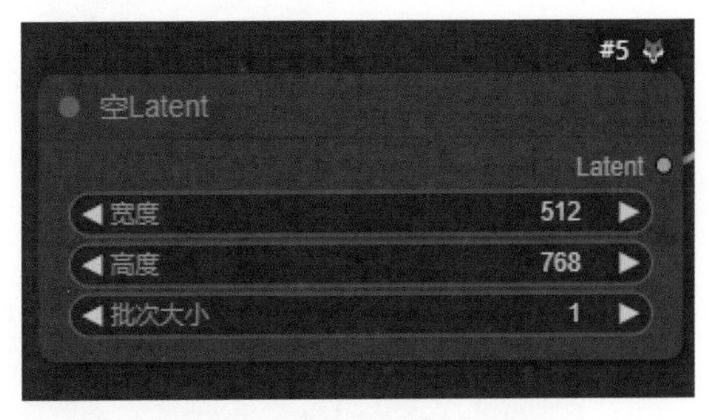

（7）在第 1 个“K 采样器”节点，“随机种”设置为 0，“运行后操作”设置为“随机”，“步数”设置为“25”，“CFG”设置为 7，“采样器”设置为“dpmpp_2m”，“调度器”设置为“karras”，“降噪”设置为 1，如下页左图所示。

（8）在“Latent 缩放”节点，“缩放方法”设置为“邻近 - 精确”，“宽度”设置为 1024，“高度”设置为 1536，这里的设置为，先将图像放大，再做二次处理，“裁剪”设置为关闭即可，如下页右图所示。

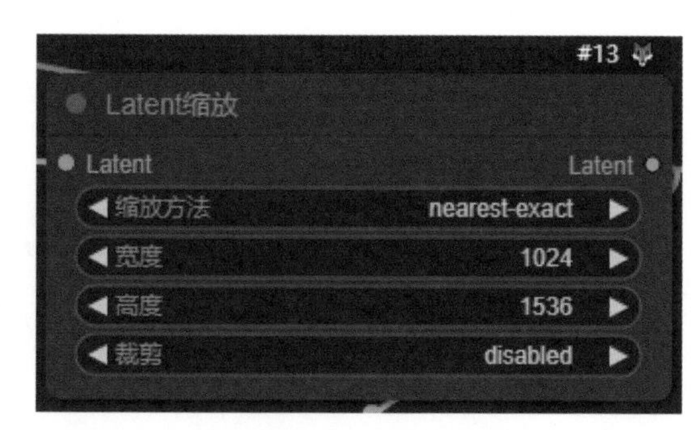

（9）在第2个“K采样器”节点，“随机种”设置为0，“运行后操作”设置为“固定”，“步数”设置为“25”，“CFG”设置为7，“采样器”设置为“dpmpp_2m”，“调度器”设置为“karras”，“降噪”设置为0.6，如下图所示。

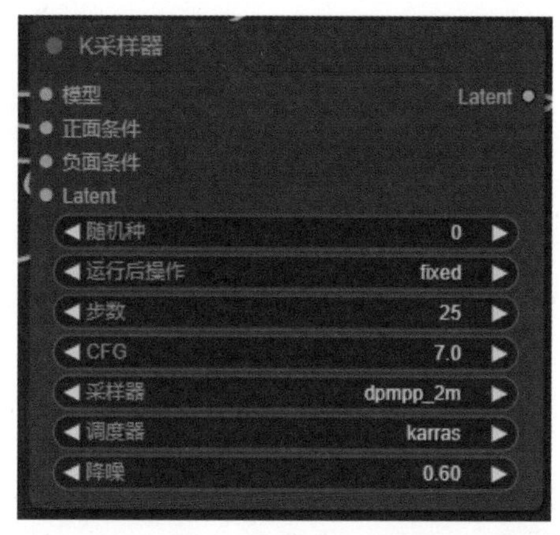

（10）点击“添加提示词队列”按钮，一张写实人像高清修复放大后的图像就生成了，如下图所示。如果想保存图像，在“预览图像”节点点击鼠标右键，在弹出的选项列表中选择“保存图像”选项即可。

SDXL 标准工作流讲解

SDXL 标准工作流搭建

在搭建 SDXL 标准工作流之前，需要先下载配置 SDXL 工作流必需的 SDXL 模型以及 VAE 模型，这里一共需要用到两个 SDXL 大模型，分别是 Base 模型和 Refiner 模型，VAE 模型用到的是 SDXL VAE 模型。

SDXL 标准工作流实际上需要运行两个模型，先运行 Base 模型根据全局设定生成图像，然后运行 Refiner 模型对生成的图像添加更精细的细节，当然也可以选择单独运行基本模型，为了对 SDXL 的工作流理解更全面，这里搭建的两个模型的 SDXL 标准工作流，具体操作如下。

（1）打开 ComfyUI 界面，新建 2 个“Checkpoint 加载器 (简易)”节点，分别加载 Base 模型和 Refiner 模型，为了方便区分两个加载器，可以给它们更改节点名字和颜色，如下图所示。

（2）新建 2 个“K 采样器（高级）”节点，分别对应 Base 模型和 Refiner 模型节点，它的新建位置在“新建节点”“采样”“K 采样器（高级）”，同样为了容易区分，给它们分别更改相应的颜色，如下图所示。“K 采样器 (高级)”节点与“K 采样器”节点对比，在组件上多了“添加噪波”“开始降噪步数”“结束降噪步数”“返回噪波”，少了“降噪”，作用上“添加噪波”是用来控制是否要生成随机种子，“开始降噪步数”“结束降噪步数”代表从第几步开始降噪和第几步结束降噪，作为 base 模型连接的采样器当然要从第 0 步就开始降噪，但是对于 refiner 模型连接的采样器来说，它的开始步数就要和 base 模型的结束步数相对应，“返回噪波”就是把随机种子返回下一个采样器。

（3）新建 4 个“CLIP 文本编辑器”节点，既然是两个大模型，所以每个模型都需要对应一组“CLIP 文本编码器”，这里两组正负向提示词保持一致即可，同时为了容易区分，给它们更改节点名字和颜色，如下图所示。

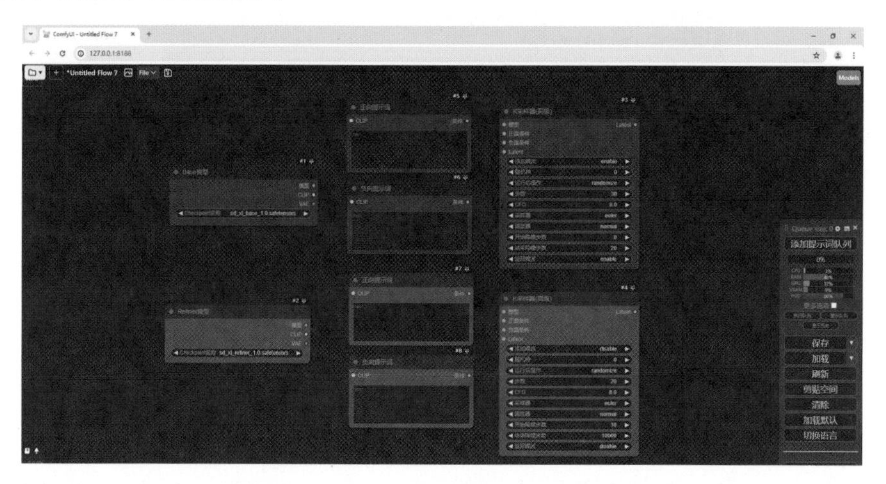

（4）新建 1 个“VAE 加载器”节点，这个节点主要是加载 SDXL 的专用 VAE 模型，在之前的工作流中，“VAE 解码”的“VAE”输入端口都连接在了“Checkpoint 加载器 (简易)”节点的“VAE”输出端口上，因为那是大模型自带 VAE 模型，如果大模型没有自带 VAE 模型，就需要“VAE 加载器”节点加载 1 个对应的 VAE 模型，这里加载的就是 SDXL 专用的“sdxl_vae1.0.safetensors”模型，如下图所示。

（5）剩下的所需节点和文生图工作流中的就一样了，需要注意的是，两个采样器如何连接在一起，在创建完“空 Latent”节点后，将“空 Latent”节点的“Latent”输出端口连接到 Base 模型采样器的“Latent”输入端口，这里的图像在采样器中是没有完全处理完的，所以再将 Base 模型采样器的“Latent”输出端口连接到 Refiner 模型采样器的“Latent”输入端口，两个采样器就连接起来了，再将剩余的节点连接，SDXL 的标准工作流就搭建完成了，如下图所示。

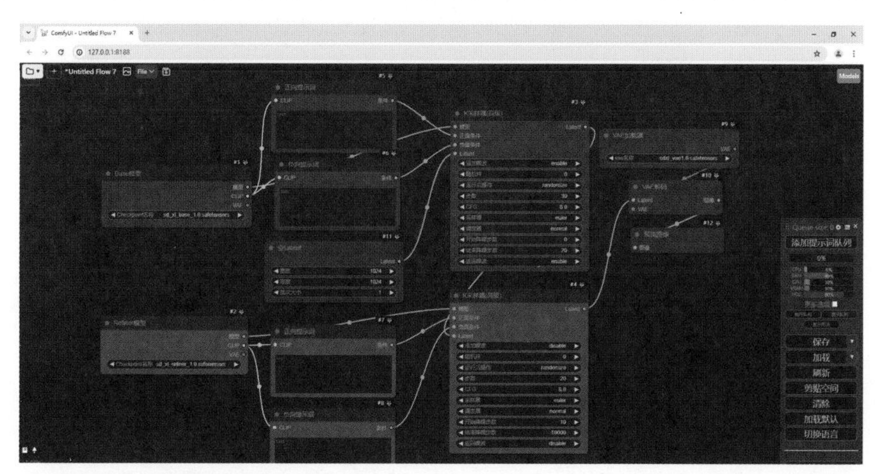

SDXL 标准工作流案例实操

SDXL 标准工作流的搭建已经完成，具体的节点设置及操作方法通过生成写实人像案例实操来进一步掌握 SDXL 标准工作流的使用，具体操作如下。

（1）因为是 SDXL 标准工作流，所以“Checkpoint 加载器（简易）”节点分别选择 Base 模型和 Refiner 模型，当然这里的 Base 模型是可以更换为其他 XL 大模型的。

（2）在两组正向提示词框中输入对写实人像的描述，这里输入的是“Digital color photography portrait of a woman working at a flower gardon, smiling at the camera, minimal, bright light ,film,graininess,smile,cold,Grainy”，在两组负向提示词框中输入坏的画面质量提示词，这里输入的是“lowres,text,error,extra digit,fewer digits,cropped,worst quality,low quality,normal quality,jpeg”，如下图所示。

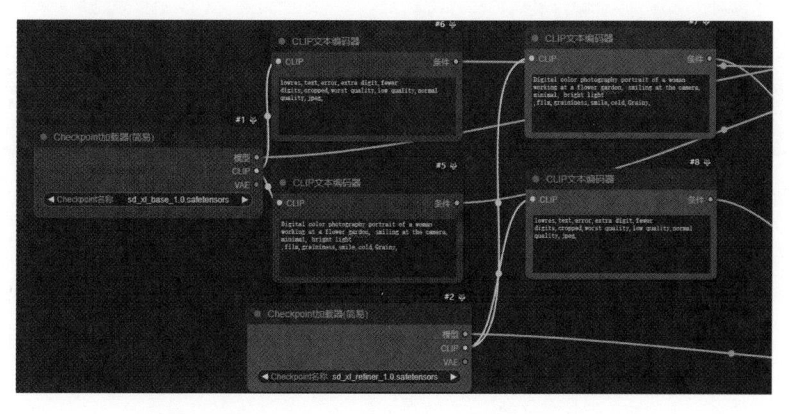

（3）在“空 Latent”节点设置生图的尺寸，这里设置的是1024×1024，生图的批次设置为1，这里需要注意，因为是SDXL的工作流，所以生图尺寸最低设置为1024×1024，否则生图效果一般，如下图所示。

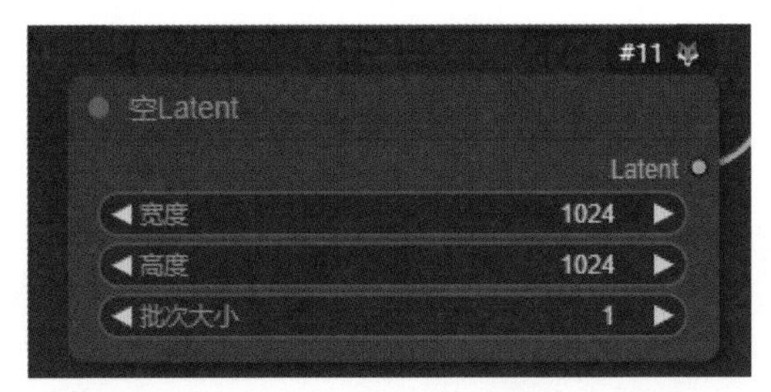

（4）在Base模型的“K采样器（高级）”节点，启用“添加噪波”“返回噪波”，“随机种”设置为0，“运行后操作”设置为“随机”，“步数”设置为30，“CFG”设置为7，“采样器”设置为“dpmpp_2m”，“调度器”设置为“karras”，“开始降噪步数”设置为0，“结束降噪步数”设置为20，如下左图所示。

（5）在Refiner模型的“K采样器（高级）”节点，关闭“添加噪波”“返回噪波”，“随机种”设置为0，“运行后操作”设置为“随机”，“步数”设置为30，“CFG”设置为7，“采样器”设置为“dpmpp_2m”，“调度器”设置为“karras”，“开始降噪步数”设置为20，“结束降噪步数”设置为100，“结束降噪步数”大于“步数”即可，如下右图所示。

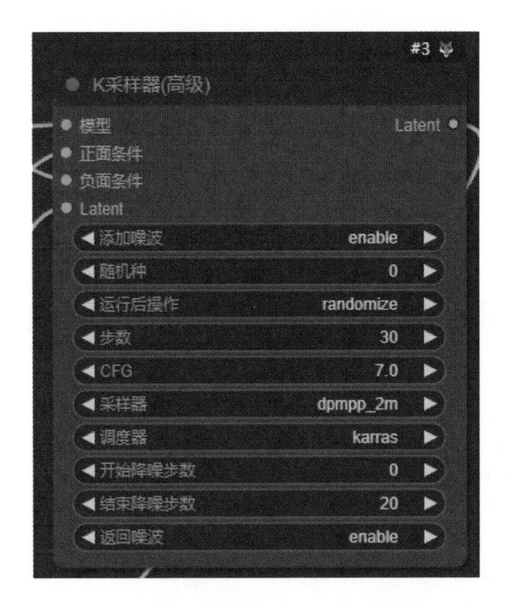

（6）点击“添加提示词队列”按钮，一张写实人像图片就生成了，如下图所示。如果想要保存图像，在“预览图像”节点点击鼠标右键，在弹出的选项列表中选择“保存图像”选项即可。

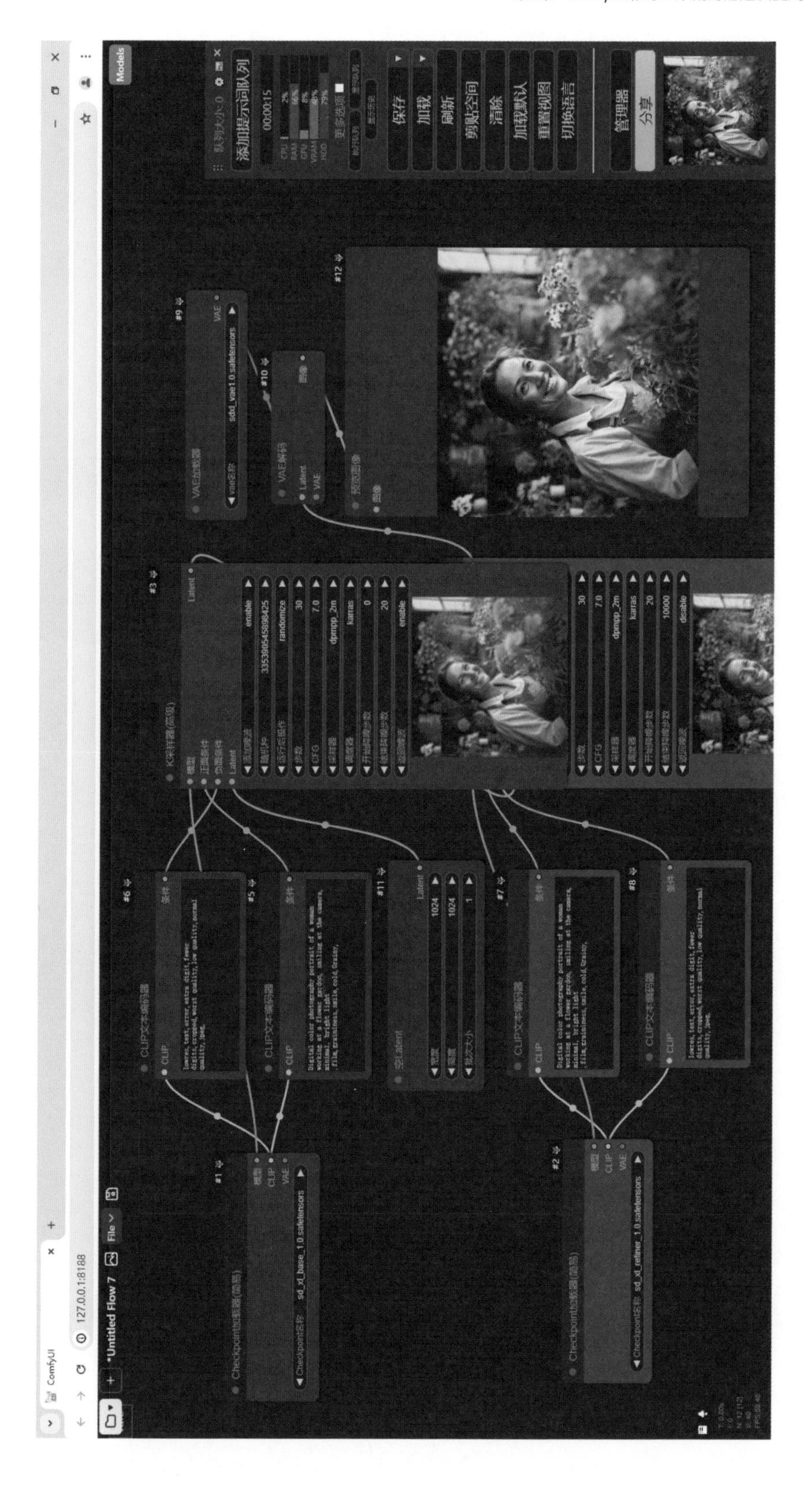

第4章

在ComfyUI中使用 ControlNet

安装 ControlNet

ControlNet 是一款专为 SD 设计的插件，其核心在于采用了 Conditional Generative Adversarial Networks（条件生成对抗网络）技术，可以为创作者提供更为精细的图像生成控制，这意味着，创作者能够更加精准地调整和控制生成的图像，以达到理想的视觉效果。

在 ControlNet 出现之前，很多时候能不能出来一个好看的画面，只能通过大量的“抽卡”实现，以数量去对冲概率，而随着 ControlNet 的出现，创作者得以通过其精准的控制功能，规范生成的图像的细节，如控制人物姿态，控制图片细节等等。

在 ComfuyUI 中想要使用 ControlNet，需要分别安装 ControlNet 预处理器和 ControlNet 模型，“预处理器”可以将图片的结构通过各种预处理器进行处理，“模型”处理好的预处理图片交给对应模型进行生图控制，下面逐一进行介绍。

ControlNet 预处理器安装

进入 ComfyUI 界面，点击右侧菜单栏中的“管理器”按钮，打开“ComfyUI 管理器”窗口，在窗口中点击“安装节点”按钮，打开安装节点窗口，在右上角搜索框中输入“ControlNet”，点击“搜索”按钮，窗口中就出现了关于 ControlNet 的节点，如下图所示。

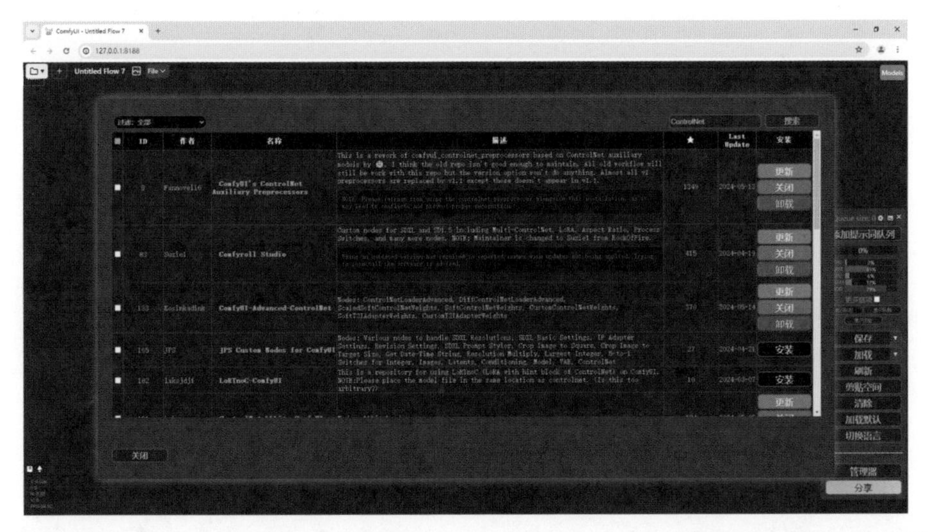

这里安装名称为“ComfyUI's ControlNet Auxiliary Preprocessors”的节点，需要注意的是，在节点的介绍里一段红色的文字，大概意思是，不能和“comfy_controlnet_preprocessors”插件共存，会报错，在旧版本的整合包中插件的版本也是比较旧的，当时安装的 ControlNet 预处理器是“comfy_controlnet_preprocessors”节点，现在作者已经声明旧的节点已经不更新了，“ComfyUI's ControlNet Auxiliary Preprocessors”节点是目前在更新的也是最适合的 ControlNet 预处理器插件，如果要安装“ComfyUI's ControlNet Auxiliary Preprocessors”节点必须先卸载之前的“comfy_controlnet_preprocessors”节点。

安装成功后，重启 ComfyUI 新安装的 ControlNet 节点才生效，这样在 ComfyUI 界面中点击鼠标右键，在“新建节点”选项列表中就多了一个“ControlNet 预处理器”选项，在“ControlNet 预处理器”选项列表中包含了大部分常用的预处理器，如下图所示。

ControlNet 模型安装

ControlNet 模型安装也是在“ComfyUI 管理器”窗口中，在窗口中点击“安装模型”按钮，打开安装模型窗口，在右上角搜索框中输入“ControlNet”，点击“搜索”按钮，窗口中就出现了关于 ControlNet 的模型了，如下图所示。

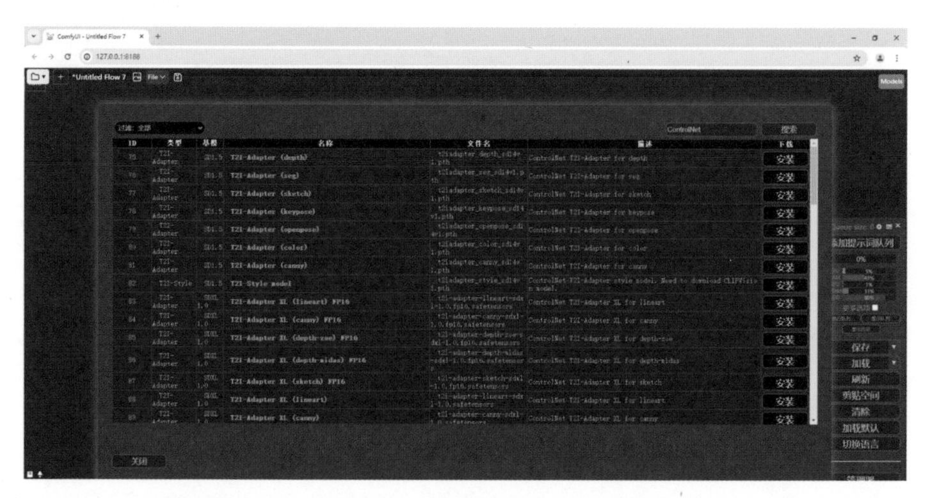

在 ControlNet 模型列表中，可以根据“基模”列表内容判断是 SD1.5 还是 SDXL 的模型，再通过模型的描述判断是哪个处理的模型，再根据需要安装即可。需要注意的是，使用管理器安装模型，需要特殊的网络环境，大概率安装会失败，如果之前使用过 WebUI 的创作者，在前文安装模型时，如果路径没有问题的话，那么 ControlNet 的模型也会继承到 ComfyUI 中，需要使用 ControlNet 模型时，就会显示 WebUI 已经安装的模型。

如果之前没有使用过 ComfyUI，其实在前文安装模型时也已经讲解了，只需要把模型文件放在相应的文件夹即可，在官方 ControlNet 模型地址 https://huggingface.co/lllyasviel/ControlNet-v1-1/tree/main 下载需要的模型，如果无法访问可以在云盘中（云盘地址）下载需要的模型到本地，再将下载好的模型文件放置到 ComfyUI 根目录下的 \models\controlnet 文件夹中，这里以 control_v11f1p_sd15_depth 模型为例，如下图所示。

« 本地磁盘 (C:) › Comfyui › ComfyUI-aki-v1.3 › models › controlnet　　在 controlnet 中搜索

名称	修改日期	类型	大小
control_v11f1p_sd15_depth.pth	2024/6/6 23:38	PTH 文件	1,411,363...
control_v11p_sd15_lineart.pth	2024/6/6 23:34	PTH 文件	1,411,363...
control_v11p_sd15_scribble.pth	2024/6/6 23:32	PTH 文件	1,411,363...
put_controlnets_and_t2i_here	2023/9/18 22:36	文件	0 KB

将模型文件放置完成后，在 ComfyUI 界面新建“ControlNet 加载器”节点，点击“ControlNet 名称”即可显示已经安装的 ControlNet 模型，如下图所示。因为之前笔者使用过 WebUI，所以已经继承了 WebUI 的 ControlNet 模型，但是在之前的模型中没有下载 control_v11f1p_sd15_depth 模型，这里却把在 ComfyUI 根目录安装的模型和继承的模型都显示出来了，因此后面再安装新的模型时可以直接在 ComfyUI 根目录安装，不只 ControlNet 模型是这样，其他模型也一样。

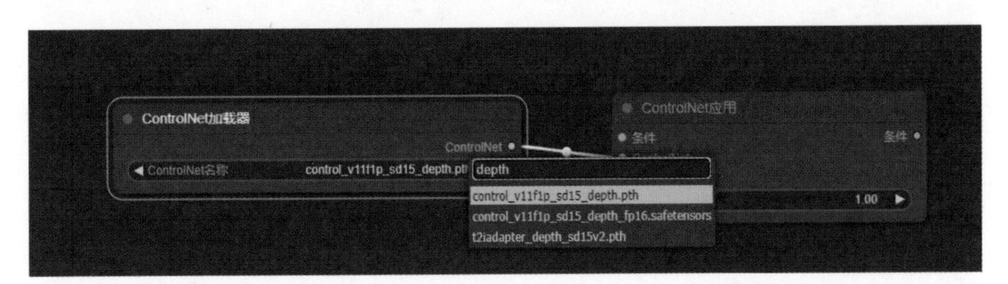

在 ControlNet 升级至 V1.1 版本后，为了提升使用的便利性和管理的规范性，开发者对所有的标准 ControlNet 模型按照标准模型命名规则进行了重命名。下面这张图详细讲解了模型名称包含的当前模型的版本、类型等信息。

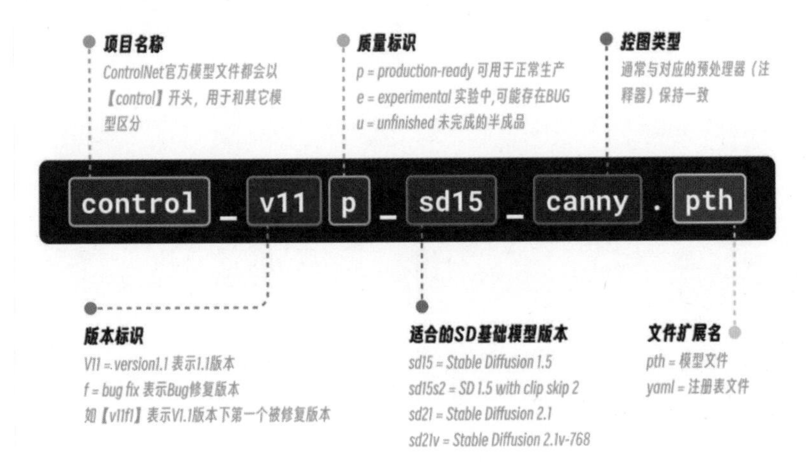

ControlNet 节点介绍

ControlNet 应用

在 ComfyUI 中，“条件”被用来引导扩散模型生成特定的输出，所有的“条件”都开始于一个由 CLIP 进行嵌入编码的文本提示，这个过程使用了“CLIP 文本编码器”节点，这些“条件”可以连接其他节点进行进一步增强或修改。“ControlNet 应用”节点能够为扩散模型提供更深层次的视觉引导，通过连接多个节点，可以使用多个 ControlNet 来引导扩散模型。例如，通过提供一个包含边缘检测的图像和一个人体姿势检测图像，可以向扩散模型提示在最终图像中的边缘应该在哪里，人物位置已经姿势是什么，所以“ControlNet 应用”节点作为条件，应该连接在“CLIP 文本编码器”节点和“K 采样器”节点之间，如下图所示。

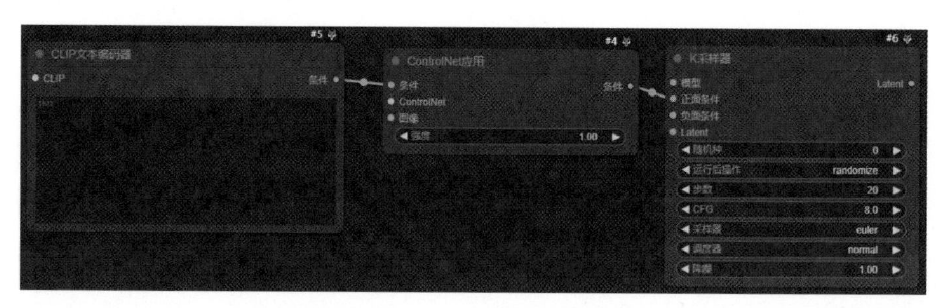

“ControlNet 应用”节点的新建位置在“新建节点”“条件”“ControlNet 应用”。在输入端口，“条件”输入端口可以由另一个“条件”输入进来，最常连接的就是“CLIP 文本编码器”节点的“条件”输出端口，如果同时使用多个 ControlNet 时，另一个“ControlNet 应用”节点的“条件”输出端口就需要与此相连接；“ControlNet”输入端口连接的就是之前安装过的 ControlNet 模型，也就是“ControlNet 加载器”节点的“ControlNet”输出端口；“图像”输入端口就是连接预处理好的引导图像，一般连接在预处理器节点的“图像”输出端口。在输出端口，既然 ControlNet 是创作者想要生成的图像，那肯定就要连接在采样器的“正面条件”输入端口，具体连接如下图所示。

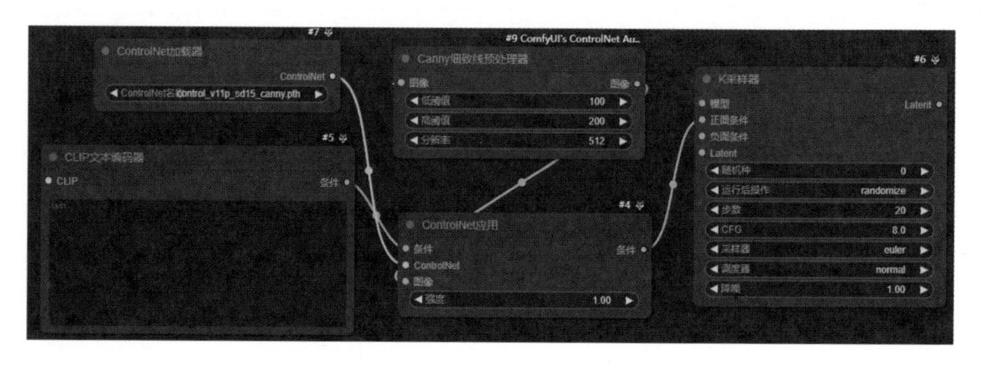

ControlNet 加载器

看到加载器，前面讲过了“Checkpoint 加载器 (简易)”节点和“LoRA 加载器”节点，它们的作用都一样，用于加载模型文件，所以“ControlNet 加载器”就是用于加载 ControlNet 模型。它的新建位置在“新建节点”“加载器”“ControlNet 加载器”，它也只有一个“ControlNet”输出端口，连接在“ControlNet 应用”节点“ControlNet”输入端口。

ControlNet 预处理器

预处理器节点是将上传的图片预处理成每个 ControlNet 对应的引导图像输出给“ControlNet 应用”节点，它的新建位置在安装时就已经介绍过了，由于预处理器的种类比较多，根据需要新建即可。

预处理器节点的输入输出端口都是“图像”，就说明传进来的图像处理过后传出去依然是图像，既然传入的是图像，那么预处理器的“图像”输入接口就应该连接到“加载图像”节点的“图像”输出端口，根据前文，知道了预处理器的“图像”输出接口连接在“ControlNet 应用”节点的“图像”输入接口，但如果想要查看图片的预处理效果，预处理器的“图像”输出接口还可以连接在“预览图像”节点的“图像”输入接口，这里以“Canny 细致线预处理器”为例，预处理节点连接如下图所示。

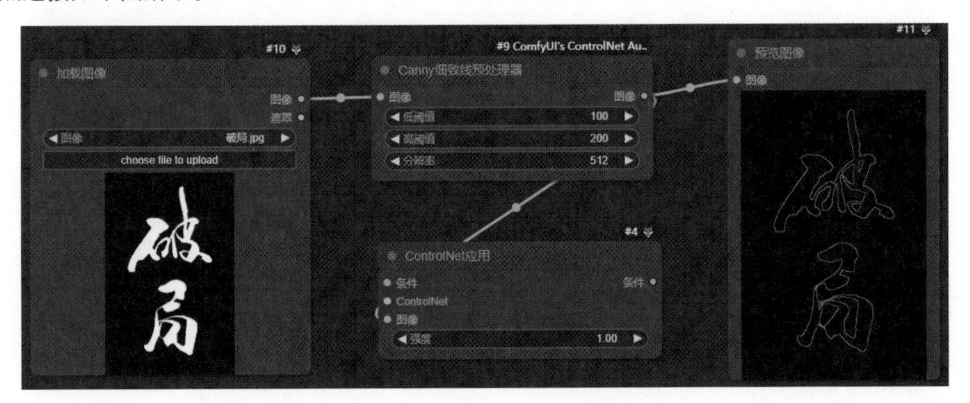

由于 ControlNet 种类繁多，作用也各不相同，在后面的内容中，笔者将对每一种类型的 ControlNet 进行详细讲解，并搭建相应的工作流，通过实例操作进一步掌握 ControlNet 的作用和在 ComfyUI 中的使用。

Canny

Canny 被誉为 ControlNet 技术的核心之一，使用率很高。它基于图像处理领域的边缘检测算法，可以对图像的边缘轮廓精准捕捉，并通过这些信息有效控制新图像的生成过程。

Canny 模型也叫硬边缘检测模型，只有 1 个预处理器节点“Canny 细致线预处理器”节点，Canny 预处理可以对图片内的所有元素通过类似 PS 中的硬笔工具进行勾勒出轮廓和细节，再通过 Canny 模型作用于绘图中，生成类似于原图轮廓和细节的图片，如下所示，左图为写实风格的原图，中间的图片为 Canny 预处理的线稿图，右图为处理后生成的动漫风格的图像。

Canny 预处理器

“Canny 细致线预处理器”节点一共由三个组件组成，“低阈值”和“高阈值”这两个参数是“Canny 细致线预处理器”节点特有的参数，阈值参数控制的是图像边缘线条被识别的区间范围，以控制预处理时提取线稿的复杂程度，两者的数值范围都限制在 1 ~ 255 之间，简单来说数值越低预处理生成的图像线条越复杂，数值越高图像线条越简单。

从算法来看，一般的边缘检测算法用一个阈值来滤除噪声或颜色变化引起的小的灰度梯度值，而保留大的灰度梯度值。Canny 算法应用双阈值，即一个高阈值和一个低阈值来区分边缘像素。

如果边缘像素点色值大于高阈值，则被认为是强边缘像素点会被保留。

如果小于高阈值，大于低阈值，则标记为弱边缘像素点。

如果小于低阈值，则被认为是非边缘像素点，SD 会消除这些点。

对于弱边缘像素点，如果彼此相连接，则同样会被保存下来。

所以，如果将这两个数值均设置为 1，可以得到图像中所有边缘像素点，而如果将这两个数值均设置为 255，则可以得到图像中最主要、最明显的轮廓线条。

创作者要做的是，根据自己需要的效果，动态调整这两个数值，以得到最合适的线稿。

因为，不同复杂程度的预处理线稿图会对绘图结果产生不同的影响，复杂度过高会导致绘图结果中出现分割零碎的斑块，但如果复杂度太低又会造成 ControlNet 控图效果不够准确，因此需要调节阈值参数来达到比较合适的线稿控制范围，以下为复杂度由低到高的 Canny 预处理线稿图。

除了“低阈值”和“高阈值”，还有“分辨率”组件，它指的是预处理后图像的分辨率，分辨率大小这里直接影响出图的效果，建议和原图设置相同的分辨率，也就是与原图的高度保持一致，如下图所示。

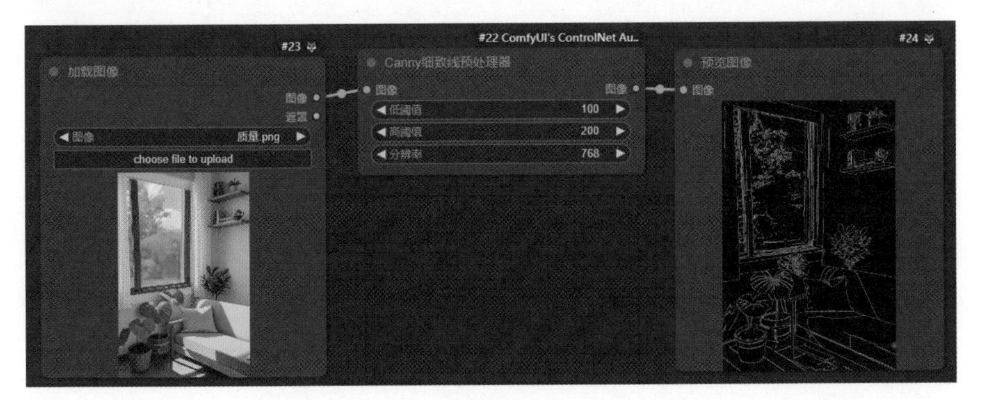

实例操作

Canny 的内容已经介绍得差不多了，具体的使用还是要连接在工作流中，这里笔者通过真人转动漫案例详细介绍 Canny 的工作流搭建以及真人转动漫的参数设置，具体操作如下。

（1）进入 ComfyUI 界面，加载文生图工作流，新建“Canny 细致线预处理器”节点，并连接“加载图像”和“预览图像”节点，在“加载图像”节点点击“choose file to upload”按钮上传准备好的写实人像素材图片，如下图所示。

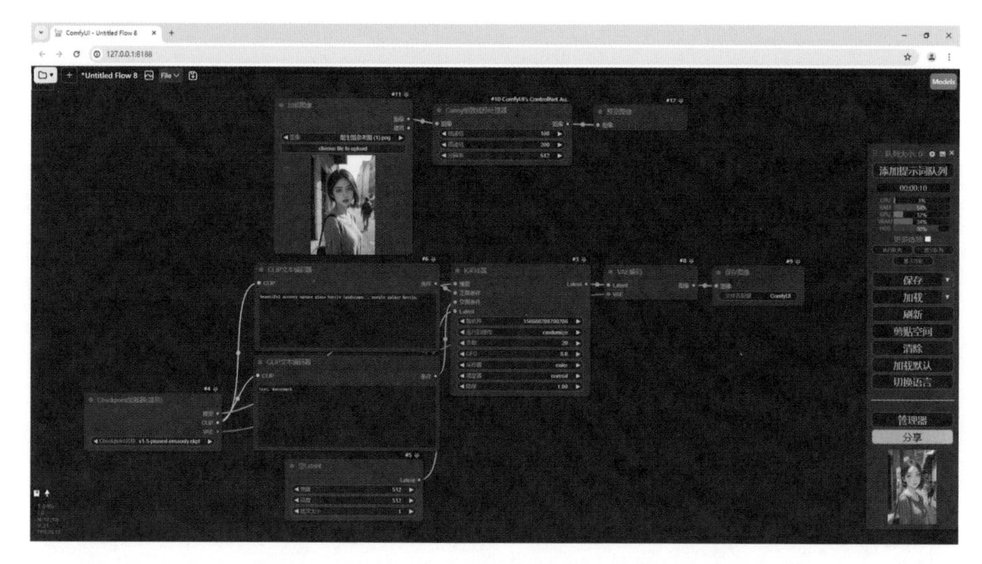

（2）新建“ControlNet 应用”和“ControlNet 加载器”节点并连接，在“ControlNet 加载器”选择“control_ v11p_sd15_canny.pth”Canny 模型，将“ControlNet 应用”节点的“图像”输入端口与“Canny 细致线预处理器”节点的“图像”输出端口连接，如下图所示。

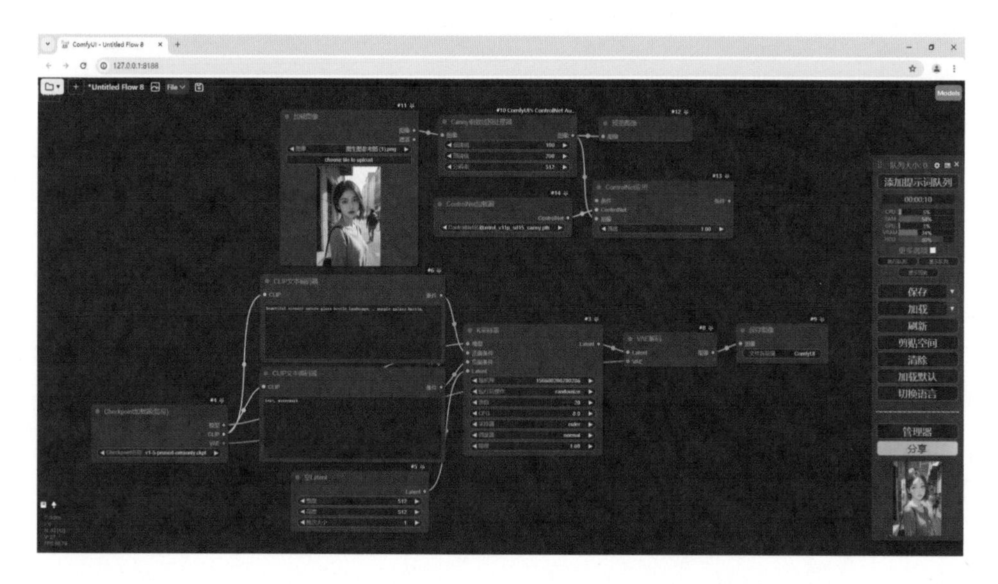

（3）在工作流中，“ControlNet 应用”节点作为正面条件参与绘图引导，因此将“ControlNet 应用”节点的“条件”端口串接在“CLIP 文本编码器”节点和“K 采样器”之间，如下图所示。这样 Canny 的工作流就搭建完成了，接下来是剩余参数的设置。

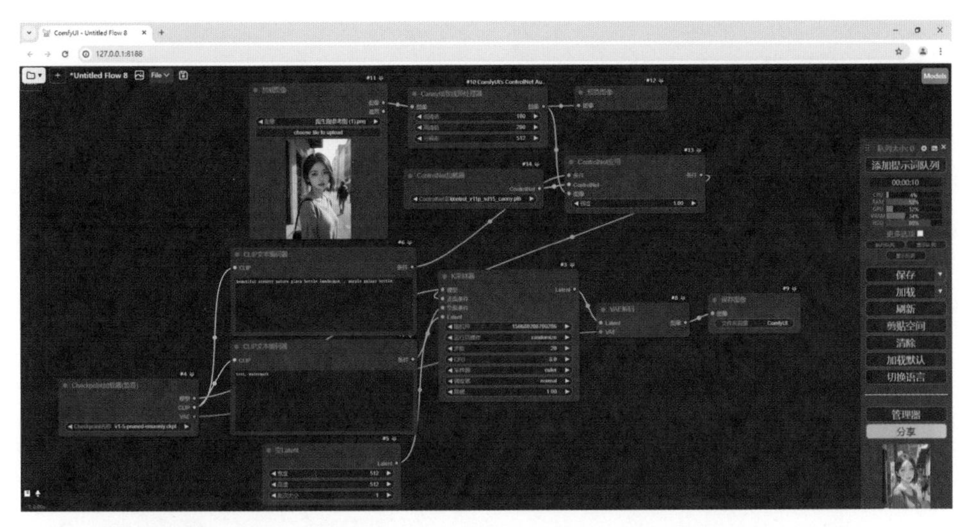

（4）因为要把真人转成动漫，所以 Checkpiont 模型选择动漫类模型“counterfeitV30_v30.safetensors”，如下左图所示。

（5）在正向提示词框中输入对女孩的描述，并添加动漫风格的提示词，这里输入的是“anime,1girl, solo focus, blurry, bag, outdoors, looking at viewer, brown hair, blurry background, short hair, parted lips, green shirt, realistic, shirt, lips, street, brown eyes, day, upper body, depth of field, road, 1boy, sweater”，在负向提示词框中输入坏的画面质量提示词，这里输入的是“lowres,text,error,extra digit,fewer digits,cropped,worst quality,low quality,normal quality,jpeg”，如下右图所示。

（6）“Canny 细致线预处理器”节点的阈值范围设置为 100 ~ 200，“分辨率”设置为上传图像的高度，这里为 768，“ControlNet 应用”节点的“强度”设置为 1，如下页左图所示。

（7）在“空 Latent”节点设置生图的尺寸，这里设置的是 512×768，生图的批次设置为 1，如下页右图所示。

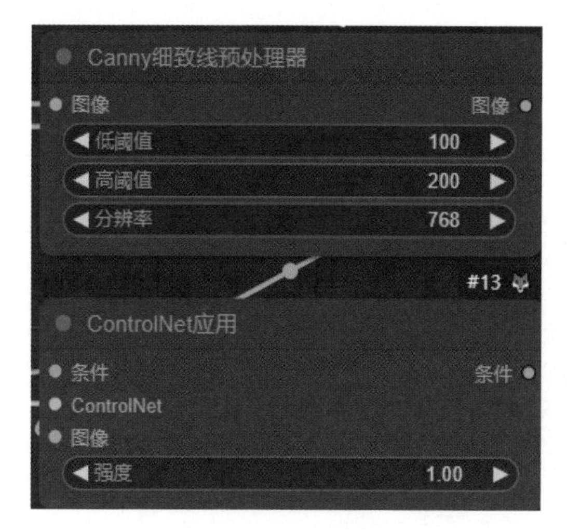

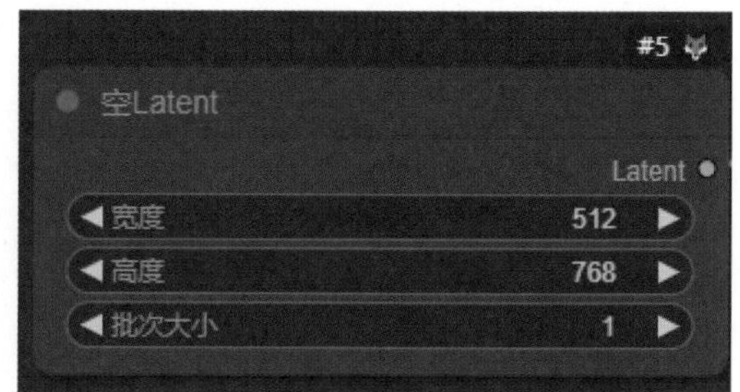

（8）在“K 采样器”节点，“随机种”设置为0，“运行后操作”设置为“随机”，“步数”设置为25，“CFG”设置为7，“采样器”设置为“dpmpp_2m”，“调度器”设置为“karras”，“降噪”设置为1，如右图所示。

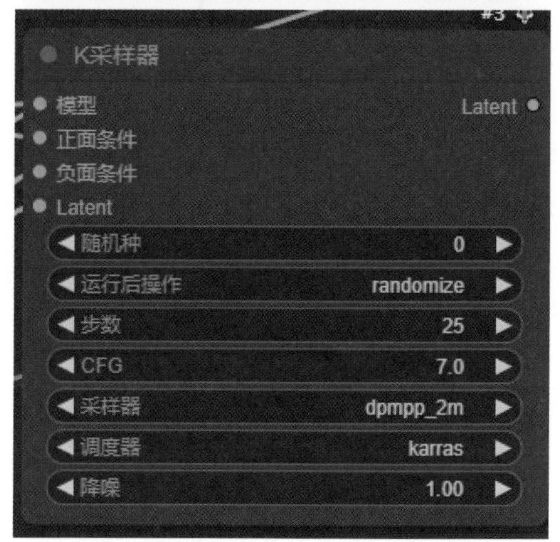

（9）点击“添加提示词队列”按钮，一张真人转动漫的图像就生成了，如下图所示。

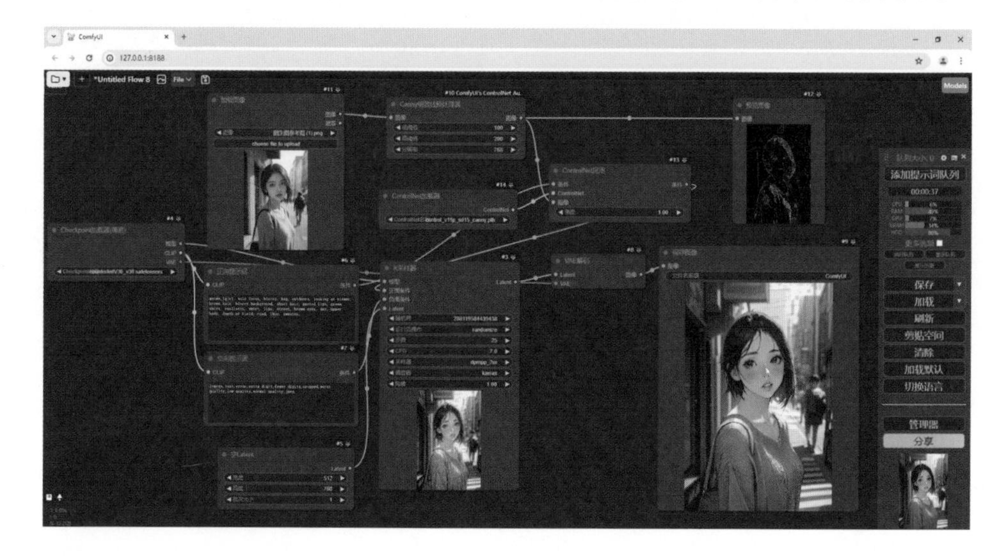

Softedge

SoftEdge也是边缘线稿提取模型，它的特点是，可以获得有模糊效果的边缘线条，因此生成的画面看起来更加柔和，且过渡非常自然，如下所示，左图为小猫的原图，中间的图片为SoftEdge预处理的线稿图，右图为处理后生成3D动漫风格的小猫图像。

Softedge预处理器

Softedge有2个预处理器节点，分别是“HED模糊线预处理器”节点和“PidiNet模糊线预处理器”节点，两个节点的组件相同，都是由“增稳”和“分辨率”组成，“增稳”的主要作用是使提取的线条明暗对比更明显，同时减少模糊内容，这样可以让生成的线条更加清晰、突出，有助于后续的图像处理或分析，“分辨率”的作用与Canny中一样，这里就不详细介绍了。

“HED模糊线预处理器”节点和“PidiNet模糊线预处理器”节点的不同之处在于HED模糊线预处理器采用Holistically-Nested Edge Detection（HED）算法，该算法擅长像真人一样生成轮廓，它可以从图像中提取边缘线，同时提供边缘过渡，保留更多柔和的边缘细节，生成类似手绘的效果；PidiNet模糊线预处理器使用Pixel Difference Network（Pidinet）算法，该算法也用于从图像中提取边缘，但由于算法不同，其效果与HED略有差异；所以HED模糊线预处理器适合处理需要保留柔和边缘和手绘效果的图像，如艺术画作、插画等，PidiNet模糊线预处理器可能更适合需要清晰边缘线条的场景，但具体适用情况还需根据实际需求来判断。这里分别用“HED模糊线预处理器”节点和“PidiNet模糊线预处理器”节点对同一张图像提取线稿图，具体效果对比如下图所示。

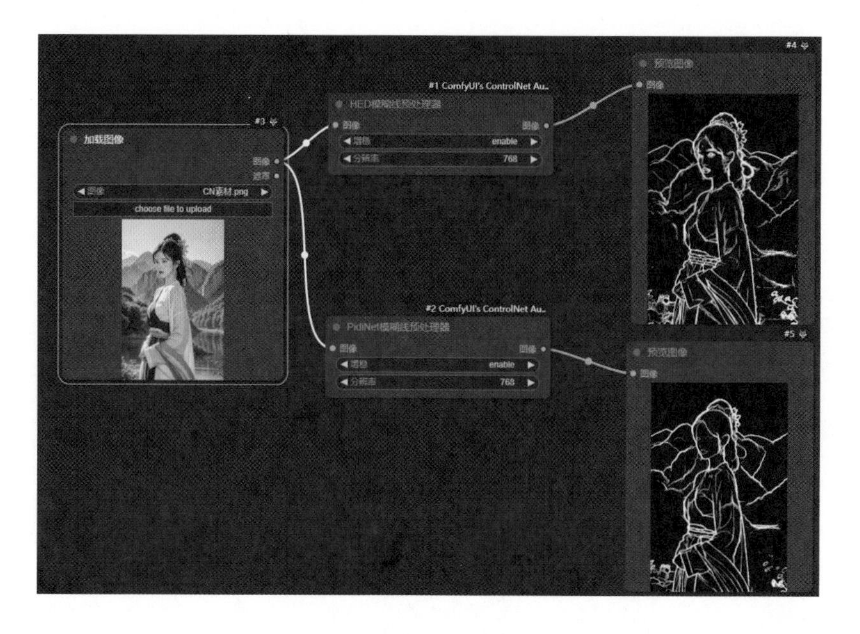

实例操作

Softedge 的工作流与 Canny 的工作流搭建差不多，只需要把“Canny 细致线预处理器”节点换成 Softedge 的节点即可，这里，笔者通过真人图像风格变换案例实操一遍 Softedge 的工作流，具体操作如下。

（1）进入 ComfyUI 界面，加载文生图工作流，新建“HED 模糊线预处理器”节点，并连接“加载图像”和“预览图像”节点，在“加载图像”节点点击“choose file to upload”按钮上传准备好的写实人像素材图片，如下图所示。

（2）新建“ControlNet 应用”和“ControlNet 加载器”节点并连接，在“ControlNet 加载器”选择“control_v11p_sd15_softedge_fp16.safetensors”Softedge 模型，将“ControlNet 应用”节点的“图像”输入端口与“HED 模糊线预处理器”节点的“图像”输出端口连接，如下图所示。

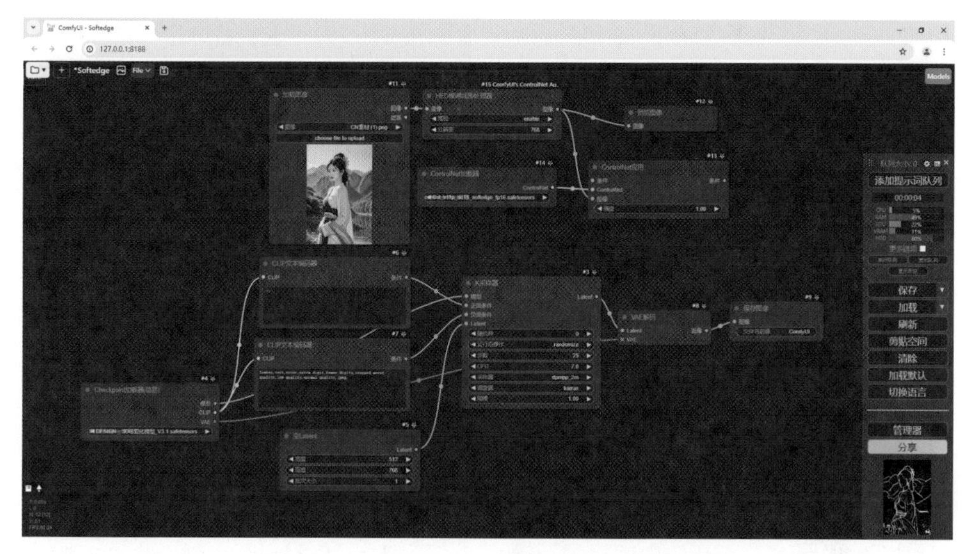

（3）在工作流中，“ControlNet 应用”节点作为正面条件参与绘图引导，所以将“ControlNet 应用”节点的“条件”端口串接在“CLIP 文本编码器”节点和“K 采样器”之间，如下图所示。这样 Softedge 的工作流就搭建完成了，接下来是剩余参数的设置。

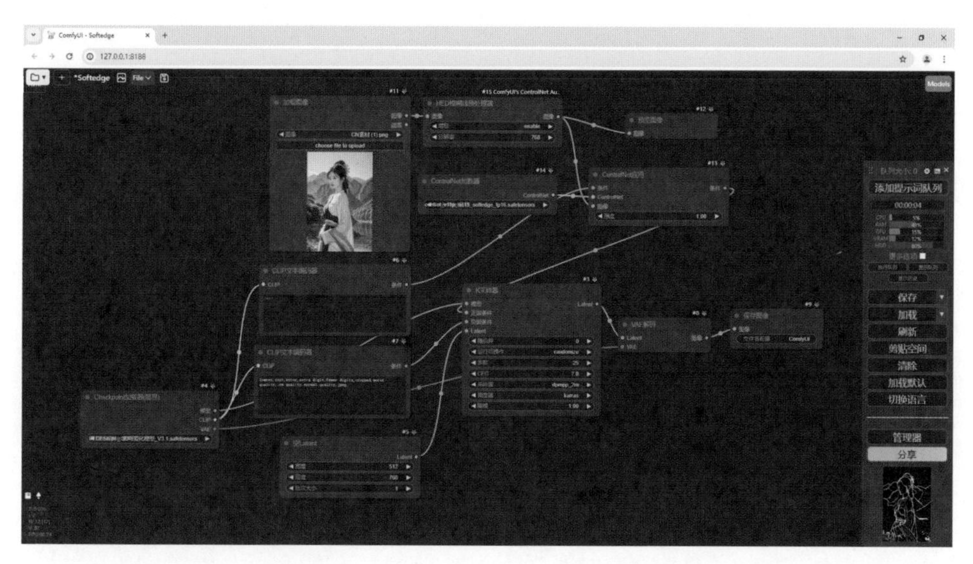

（4）因为要变换真人图像风格，所以 Checkpiont 模型选择绘画风格模型“SHMILY 油画风_v2.1.safetensors”，如下页左图所示。

（5）在正向提示词框中输入对女孩的描述，这里输入的是“1girl, jewelry, solo, earrings, flower, outdoors, water, black hair, facial mark, forehead mark, mountain, hair ornament, sky, chinese clothes, hanfu, long sleeves, looking at viewer, see-through, lake, from side, day, red lips, upper body, sash, dress, long hair, hair flower, parted lips, waterfall”，在负向提示词框中输入坏的画面质量提示词，这里输入的是“lowres,text,error,extra digit,fewer digits,cropped,worst quality,low quality,normal quality,jpeg”，如下页右图所示。

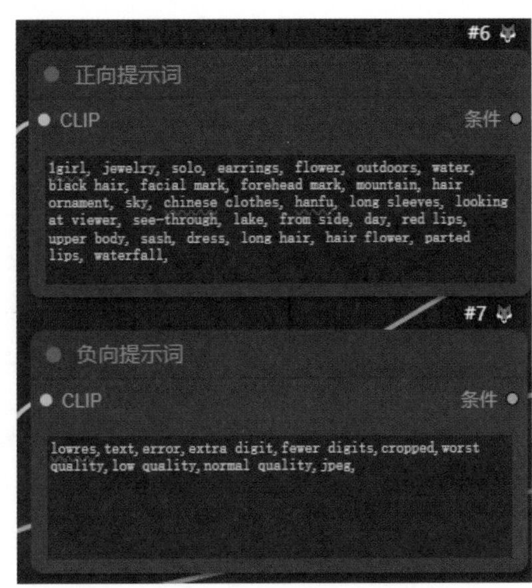

（6）“HED 模糊线预处理器”节点的“增稳”设置为“启用”，“分辨率”设置为上传图像的高度，这里是 768，“ControlNet 应用”节点的“强度”设置为 1，如下左图所示。

（7）在“空 Latent”节点设置生图的尺寸，这里设置的是 512×768，生图的批次设置为 1，如下右图所示。

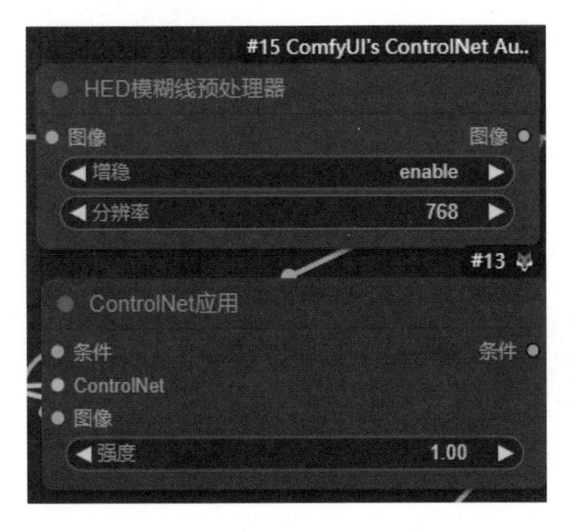

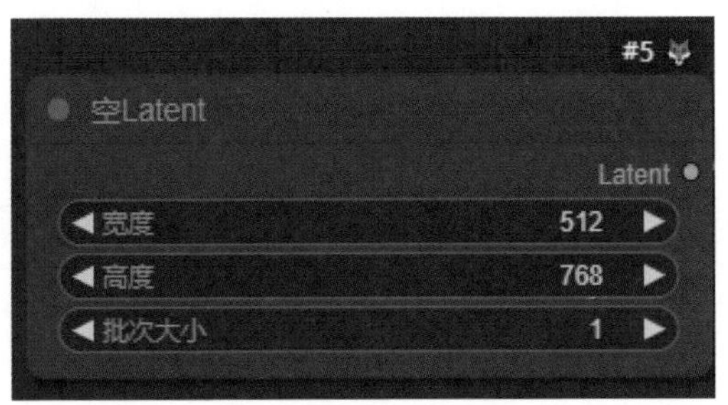

（8）在“K 采样器”节点，“随机种”设置为 0，“运行后操作”设置为“随机”，“步数”设置为 25，“CFG”设置为 7，“采样器”设置为“dpmpp_2m”，“调度器”设置为“karras”，“降噪”设置为 1，如下图所示。

（9）点击“添加提示词队列”按钮，一张油画风格的人像图像就生成了，如下图所示。

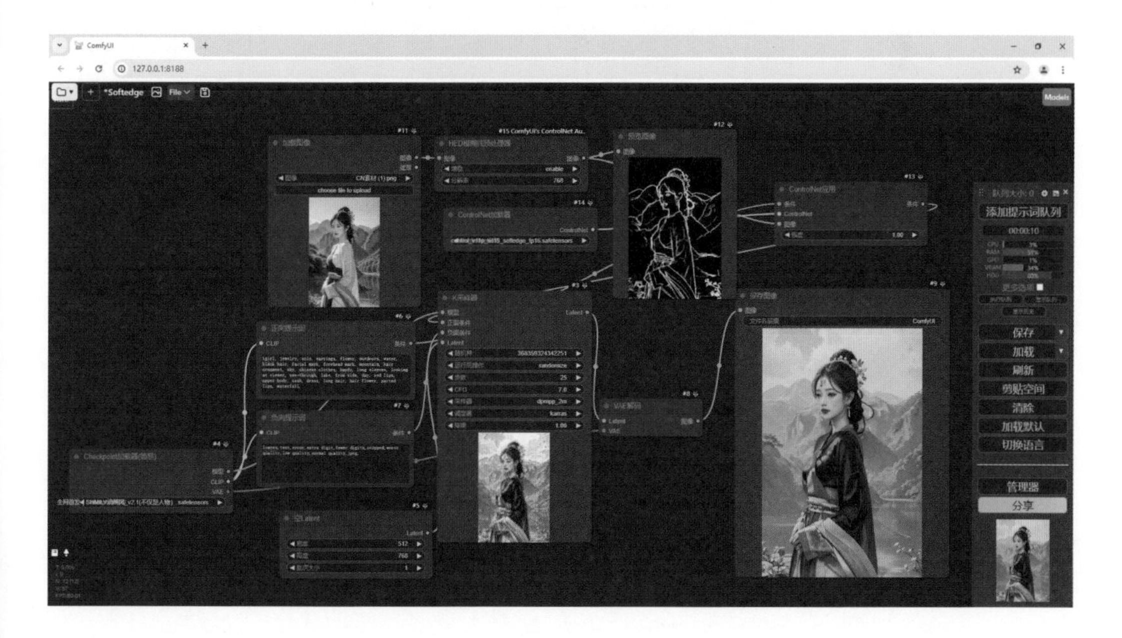

Scribble

Scribble 也是边缘线稿提取模型，与前面所学习过的各种线稿提取模型不同，Scribble 模型是一款手绘风格效果的控图类型，检测生成的预处理图更像是蜡笔涂鸦的线稿，由于线条较粗、精确度较低，因此适合于生成不需要精确控制细节，只需要大致轮廓与参考原图差不多，在细节上需要 SD 自由发挥的场景。

Scribble 预处理器

Softedge有4个预处理器节点可以选择，分别是“FakeScribble伪涂鸦预处理器”节点、“Scribble涂鸦预处理器”节点、“ScribbleXDoG涂鸦预处理器”节点和“ScribblePiDiNet涂鸦预处理器”节点，这些节点中的组件在前面的预处理器中已经详细讲解了，这里唯一不同的是，“ScribbleXDoG涂鸦预处理器”节点只有一个“阈值”选项，它确定的是一个值而不是一个范围，当阈值设置得较低时，会检测到更多的边缘，包括一些较弱的、不显著的边缘，因此生成的涂鸦或草图会包含更多的细节和线条。当阈值设置得较高时，只有较强的、显著的边缘才会被检测到，生成的涂鸦或草图则会更加简洁和抽象，细节和线条较少。

这 4 个预处理器节点各自具有不同的功能和特性，FakeScribble 伪涂鸦预处理器是一个模拟涂鸦效果的工具，但并非基于真实的涂鸦或草图生成算法；Scribble 涂鸦预处理器是一个用于生成涂鸦或草图效果的预处理器，它可以将输入的图像转换为类似于涂鸦或草图的形式，使图像看起来更加简洁和抽象；ScribbleXDoG 涂鸦预处理器使用 Extended Difference of Gaussian（XDoG）方法进行边缘检测，它可以通过调整阈值参数来控制边缘检测的细节程度；ScribblePiDiNet 涂鸦预处理器基于 Pixel Difference network（Pidinet）技术，用于检测曲线和直边。这 4 种预处理器节点各自具有不同的功能和特点，适用于不同的场景和需求。这里分别用 4 个节点对同一张图像提取线稿图，具体效果对比如下图所示。

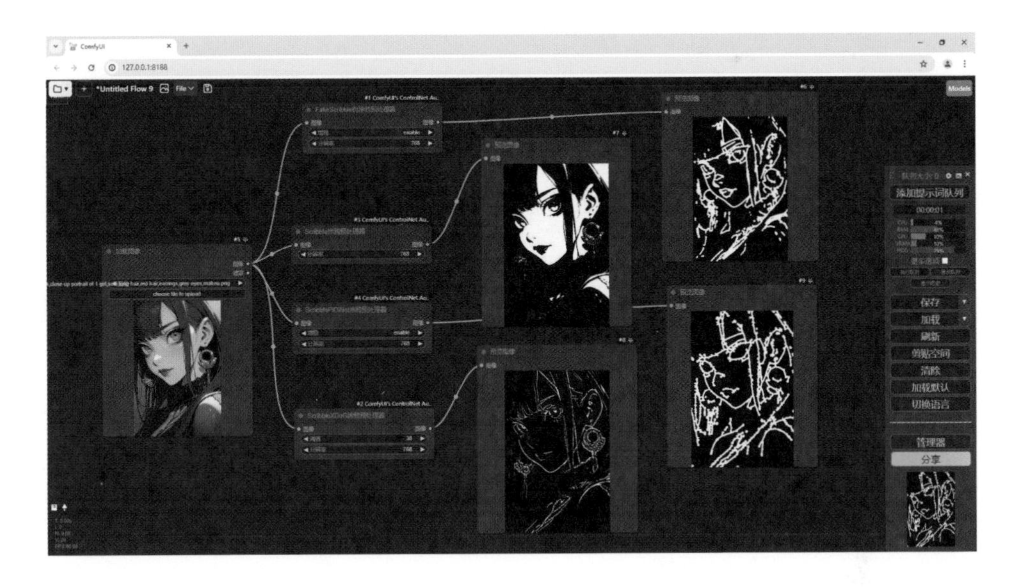

实例操作

同样地，Scribble 的工作流与前文两个模型的工作流搭建差不多，只需把预处理器节点换成 Scribble 的节点即可，这里笔者通过变换房屋季节案例实操一遍 Scribble 的工作流，具体操作如下。

（1）进入 ComfyUI 界面，加载文生图工作流，新建“FakeScribble 伪涂鸦预处理器”节点，并连接“加载图像”和“预览图像”节点，在“加载图像”节点点击“choose file to upload”按钮上传准备好的房屋素材图，如下图所示。

（2）新建“ControlNet 应用”和“ControlNet 加载器”节点并连接，在“ControlNet 加载器”选择“control_v11p_sd15_scribble.pth”Scribble 模型，将“ControlNet 应用”节点的“图像”输入端口与“FakeScribble 伪涂鸦预处理器”节点的“图像”输出端口连接，如下图所示。

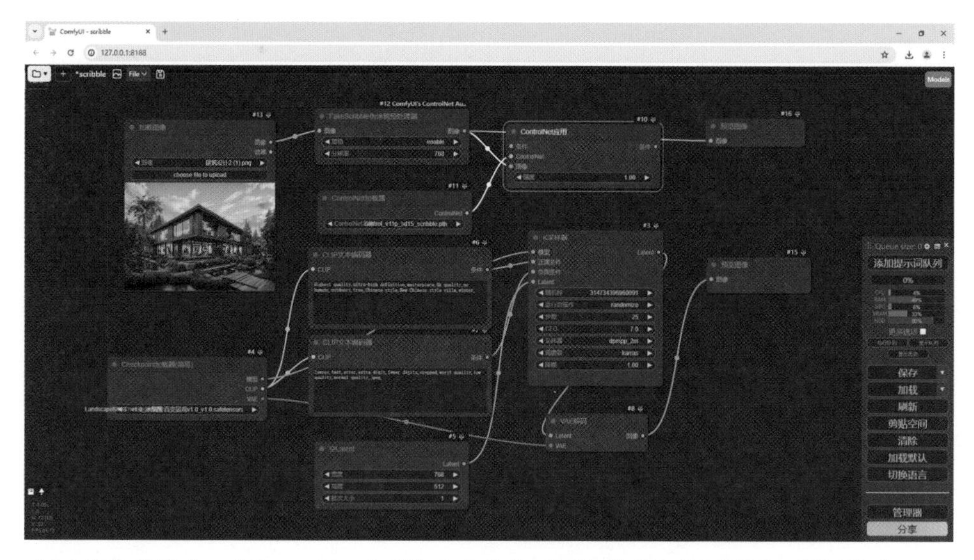

（3）在工作流中，“ControlNet 应用”节点作为正面条件参与绘图引导，所以将“ControlNet 应用”节点的“条件”端口串接在“CLIP 文本编码器”节点和“K 采样器”之间，如下图所示。这样 Scribble 的工作流就搭建完成了，接下来是剩余参数的设置。

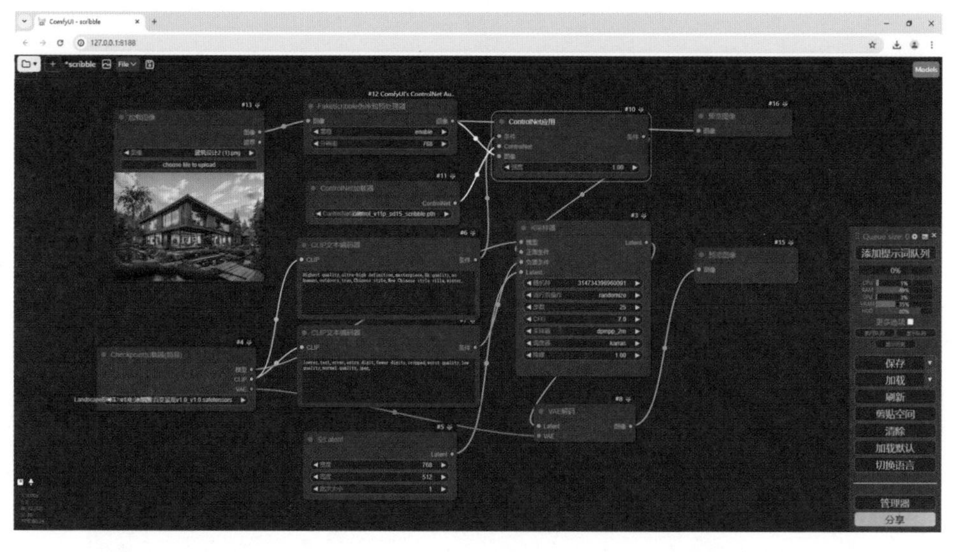

（4）因为要变换房屋季节，所以 Checkpiont 模型选择绘画风格模型“LandscapeBINGv_1.0.safetensors”，如下页左图所示。

（5）在正向提示词框中输入对女孩的描述，这里输入的是“Highest quality,ultra-high definition,masterpiece,8k quality,no humans,outdoors,tree,Chinese style,New Chinese style villa,winter”，在负向提示词框中输入坏的画面质量提示词，这里输入的是“lowres,text,error,extra digit,fewer digits,cropped,worst quality,low quality,normal quality,jpeg”，如下页右图所示。

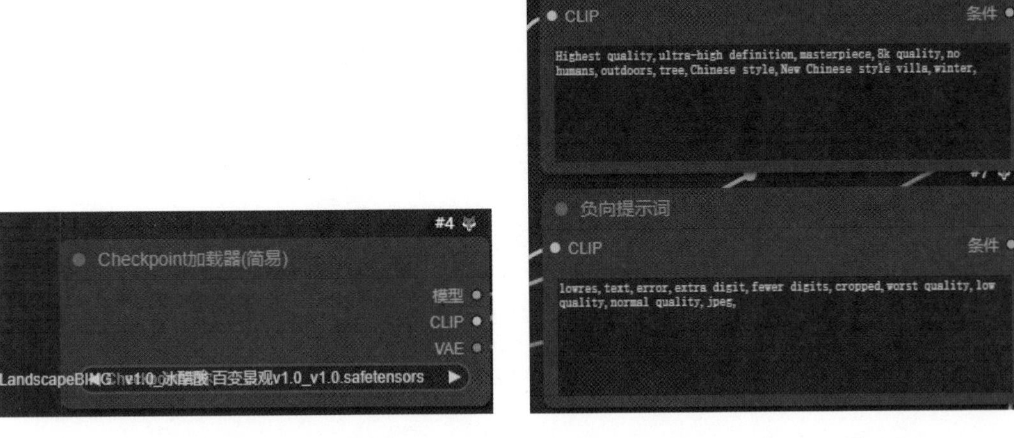

(6)“FakeScribble 伪涂鸦预处理器”节点的“增稳”设置为“启用”，“分辨率”设置为上传图像的高度，这里是 768，“ControlNet 应用”节点的“强度”设置为 1，如下左图所示。

(7)在“空 Latent”节点设置生图的尺寸，这里设置的是 768×512，生图的批次设置为 1，如下右图所示。

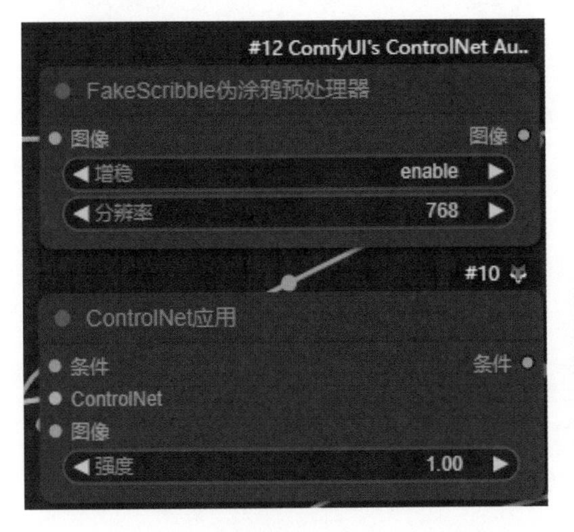

(8)在“K 采样器”节点，“随机种”设置为 0，“运行后操作”设置为“随机”，“步数”设置为 25，“CFG”设置为 7，“采样器”设置为“dpmpp_2m”，“调度器”设置为“karras”，“降噪”设置为 1，如下图所示。

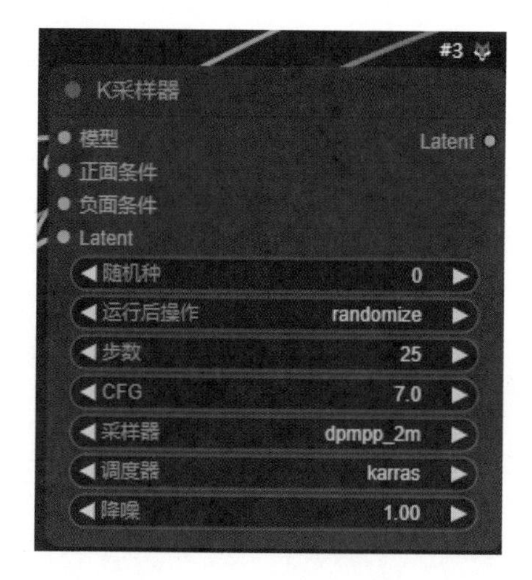

（9）点击“添加提示词队列”按钮，一张冬天的房屋图像就生成了，如下图所示。

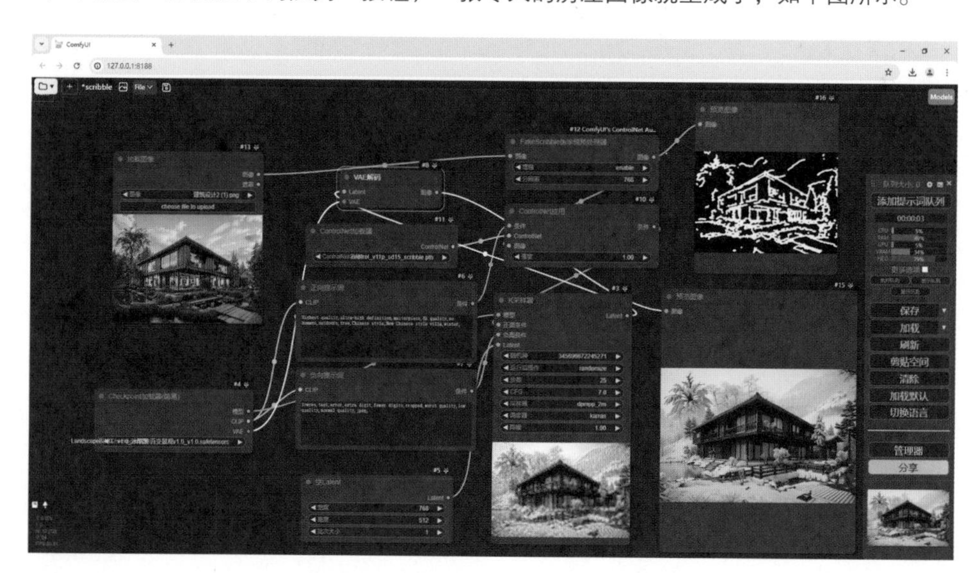

Lineart

Lineart 同样也是对图像边缘线稿的提取，但它的使用场景会更加细分，包括 realistic 真实系和 anime 动漫系两个方向，其中带有 anime 字段的预处理器用于动漫类图像特征提取，其他的则是用于写实图像。和 Canny 控制类型不同的是，Canny 提取后的线稿类似电脑绘制的硬直线，粗细统一都是 1 像素，而 Lineart 则是有的明显笔触痕迹线稿，更像是现实的手绘稿，可以明显观察到不同边缘下的粗细过渡，例如下面中间的预览图为 canny 生成，下右图为 lineart 生成。

Lineart 预处理器

Lineart 同样也有 4 个预处理器节点可以选择，分别是“LineArt 艺术线预处理器”节点、“LineArtStandard 艺术线预处理器”节点、“AnimeLineArt 动漫艺术线预处理器”节点和“MangaAnime 漫画艺术线预处理器”节点。“LineArt 艺术线预处理器”节点的“粗糙化”选项启用后，预处理器会模拟手绘线条的粗糙和不规则性，使生成的线稿更接近真实手绘作品的效果；“LineArtStandard 艺术线预处理器”节点的 guassian_sigma 选项数值主要用于控制高斯模糊的强度，guassian_sigma 参数决定了高斯模糊的程度，数值越小，模糊效果越弱，图像的亮暗面过渡区域越小，线条和细节保持得相对清晰，数值越大，模糊效果越强，图像的亮暗面过渡区域越大，线条和细节会变得更加平滑和模糊。

这 4 个节点在功能和应用场景上各有差异，“LineArt 艺术线预处理器”节点是一个专门提取线稿的模型，可以针对不同类型的图片进行不同的处理；“LineArtStandard 艺术线预处理器”节点是 LineArt 预处理器的一个标准或默认设置，用于生成标准的线稿效果；“AnimeLineArt 动漫艺术线预处理器”节点专门用于从动漫风格的图像中提取艺术线条；“MangaAnime 漫画艺术线预处理器”节点从漫画或动漫风格的图像中提取艺术线条，强调轮廓的凌厉和分明。这里分别用 4 个节点对同一张图像提取线稿图，具体效果对比如下图所示。

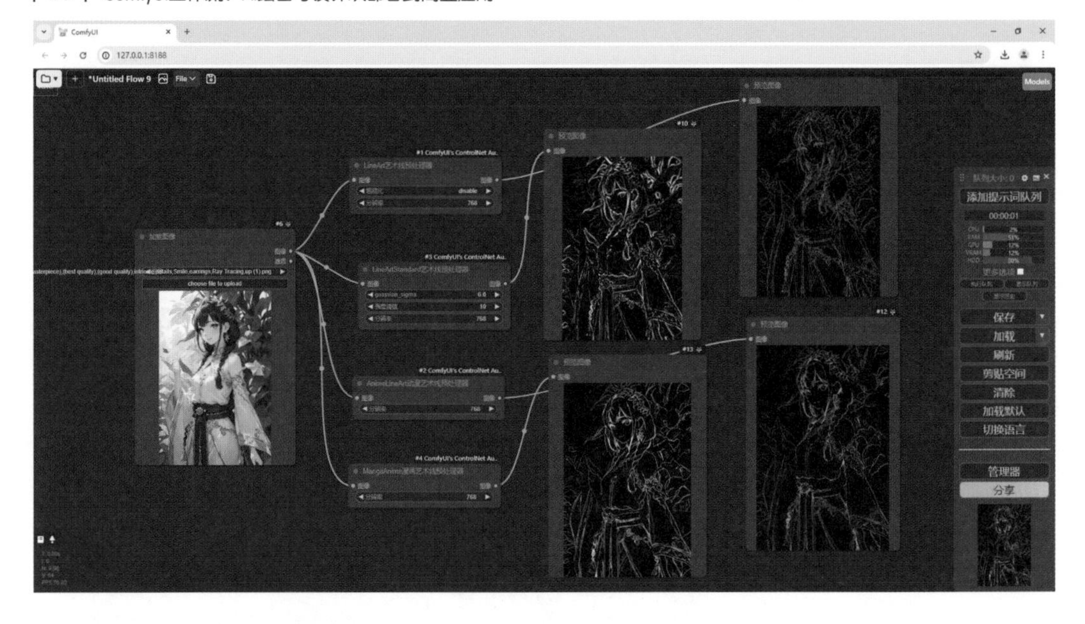

Lineart 工作流搭建

同样地 Lineart 的工作流与之前的 Controlnet 模型的工作流搭建相似，只需要把预处理器节点换成 Lineart 的节点即可，由于搭建和操作方法与前文的 Controlnet 模型相似，所以这里只放一个动漫人物换风格的案例完成图参考，如下图所示。

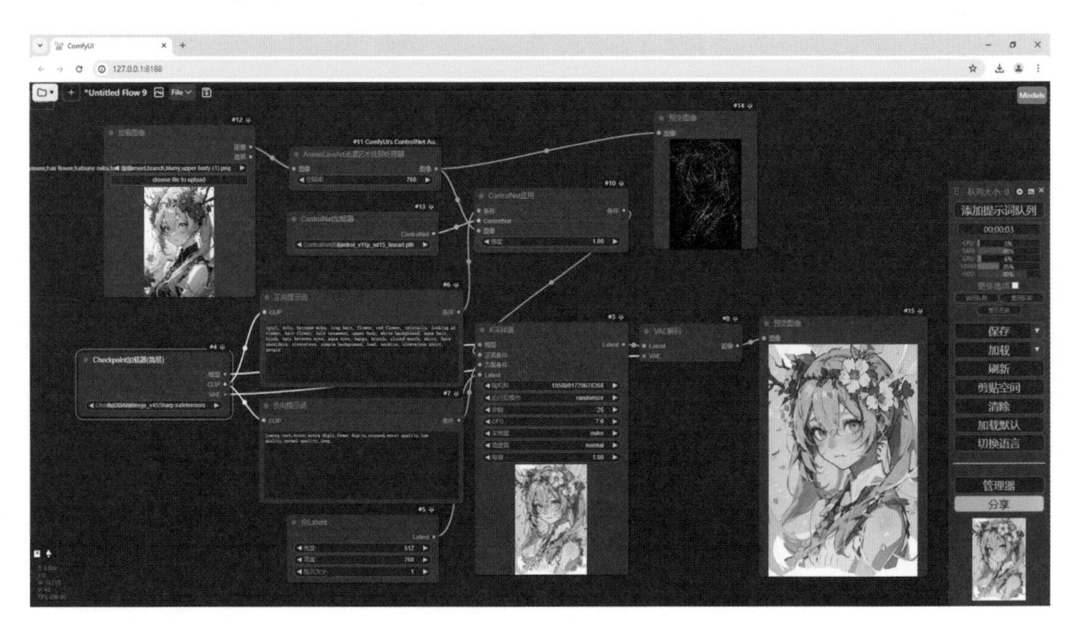

MLSD

MLSD 提取的都是画面中的直线边缘，MLSD 预处理后只会保留画面中的直线特征，而忽略曲线特征，因此 MLSD 多用于提取物体的线形几何边界，最典型的就是几何建筑、室内设计、路桥设计等领域，如下所示，左图为写实建筑的原图，中间的图像为 MLSD 预处理的线稿图，右图为处理后生成的动漫风格的建筑图像。

MLSD 预处理器

MLSD 一共只有 1 个预处理器节点，“M-LSD 线段预处理器”节点中，“刻痕阈值”和“距离阈值”这两个参数是特有的参数，它们的数值范围分别在 0 ~ 2 和 0 ~ 20 之间。

“刻痕阈值”用于筛选线稿的直线强度，简单来说就是过滤掉其他没那么直的线条，只保留最直的线条，随着“刻痕阈值”的增大，被过滤掉的线条也就越多，最终图像中的线稿逐渐减少。“距离阈值”则用于筛选线条的长度，即过短的直线会被筛选掉，在图像中，有些被识别到的短直线不仅对内容布局和分析没有太大帮助，还可能对最终图像造成干扰，通过长度阈值可以有效过滤掉它们。这里将两个参数设置为 0.1 和 0.5 分别对图片进行预处理，效果如下图所示。

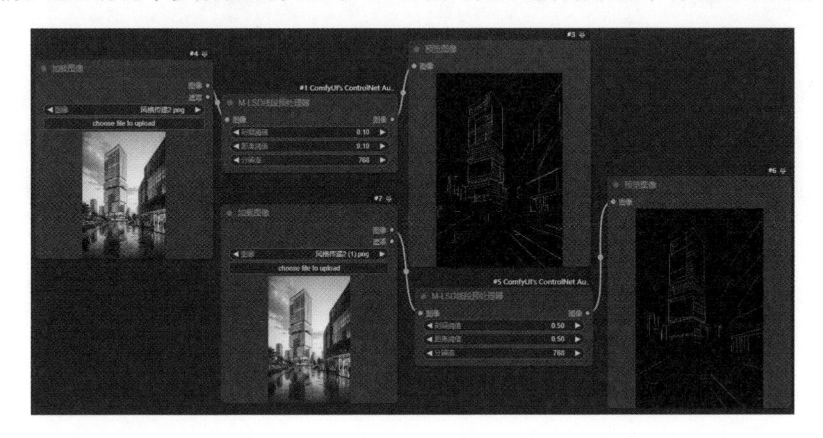

实例操作

MLSD 工作流的搭建和其他模型没有区别，更换预处理器和模型即可，因为 MLSD 的应用场景不同，这里主要通过毛坯房精装修案例实操一遍 MLSD 的工作流，并详细讲解案例的设置，具体操作如下。

（1）进入 ComfyUI 界面，加载文生图工作流，新建“M-LSD 线段预处理器”节点，并连接“加载图像”和“预览图像”节点，在“加载图像”节点点击“choose file to upload”按钮上传准备好的毛坯房素材图，如下图所示。

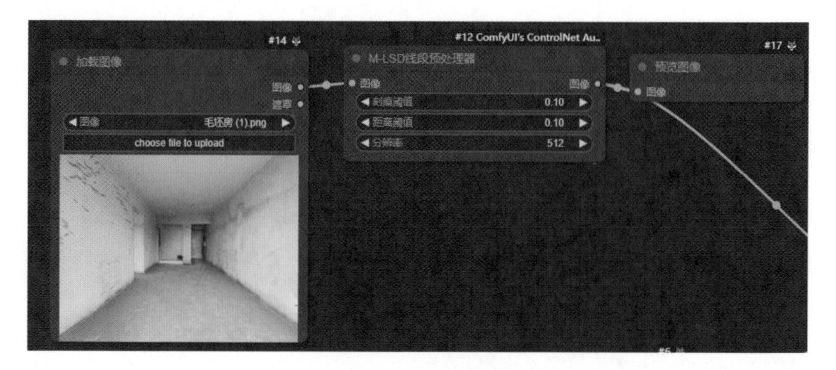

（2）新建“ControlNet 应用”和“ControlNet 加载器”节点并连接，在“ControlNet 加载器”选择“control_v11p_sd15_mlsd_fp16.safetensors”MLSD 模型，将“ControlNet 应用”节点的“图像”输入端口与“M-LSD 线段预处理器”节点的“图像”输出端口连接，如下图所示。

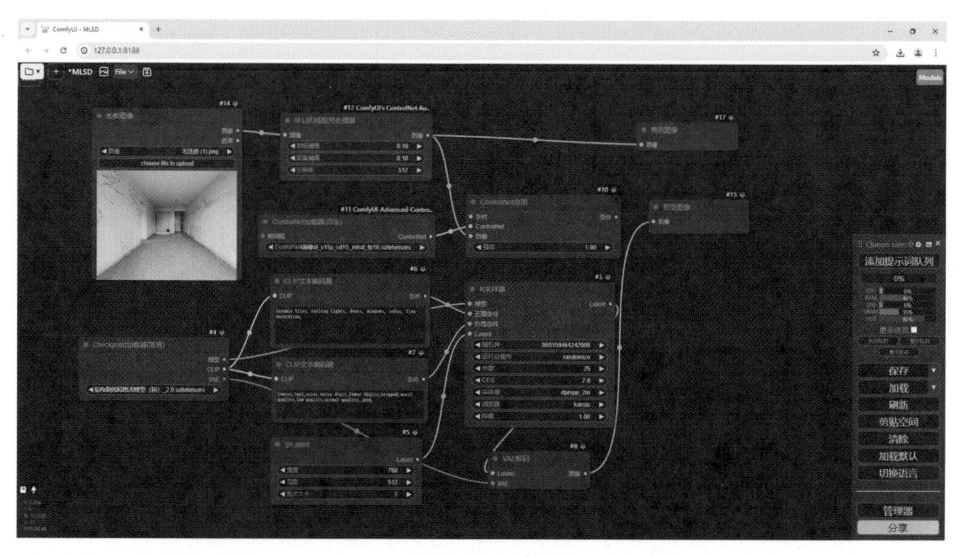

（3）在工作流中，“ControlNet 应用”节点作为正面条件参与绘图引导，所以将“ControlNet 应用”节点的“条件”端口串接在“CLIP 文本编码器”节点和“K 采样器”之间，如下图所示。这样 MLSD 的工作流就搭建完成了，接下来是剩余参数的设置。

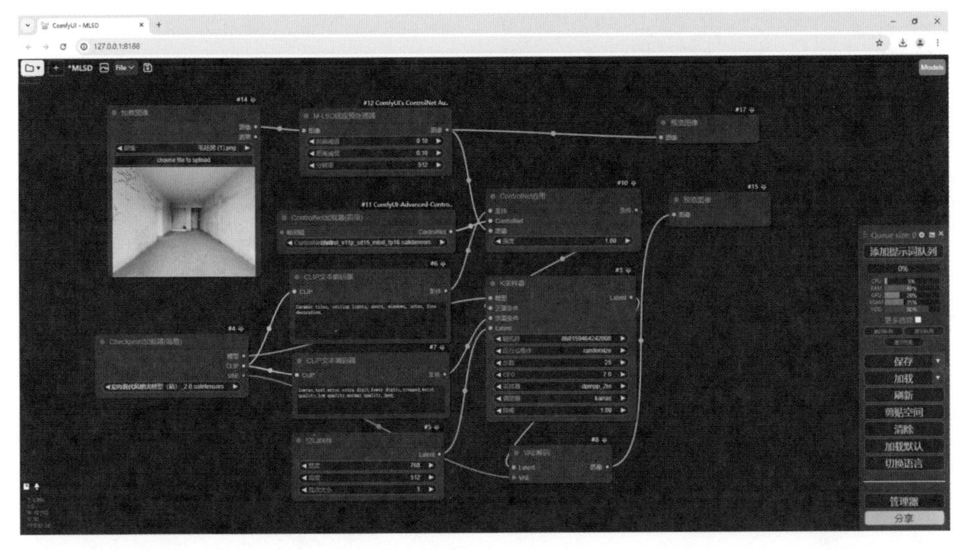

（4）因为与室内设计相关，所以Checkpiont模型选择设计风格模型“室内现代风格大模型(精)_2.0.safetensors”，如下左图所示。

（5）在正向提示词框中输入对精装修的描述，这里输入的是“Ceramic tiles, ceiling lights, doors, windows, sofas, fine decoration,”，在负向提示词框中输入坏的画面质量提示词，这里输入的是“lowres,text,error,extra digit,fewer digits,cropped,worst quality,low quality,normal quality,jpeg,”，如下右图所示。

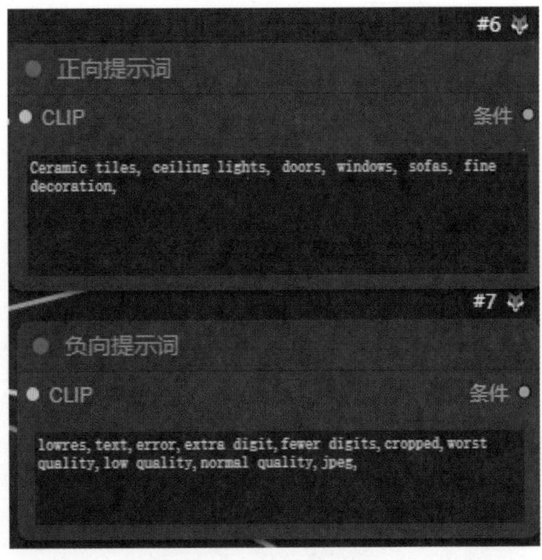

（6）“M-LSD线段预处理器”节点的“刻痕阈值”和“距离阈值”都设置为0.1，“分辨率”设置为上传图像的高度，这里是512，“ControlNet应用”节点的“强度”设置为1，如下页左图所示。

（7）在“空Latent”节点设置生图的尺寸，这里设置的是512×512，生图的批次设置为1，如下页右图所示。

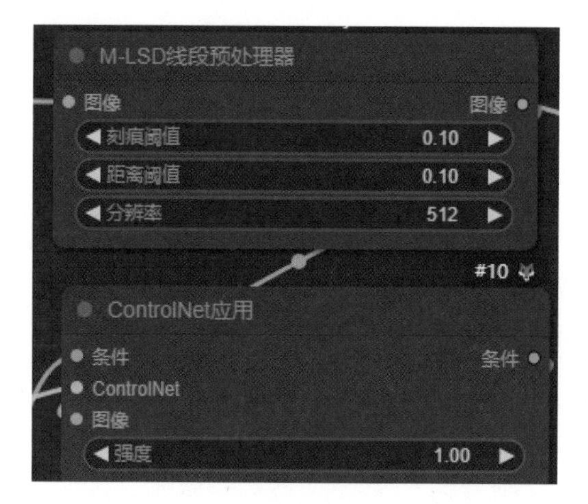

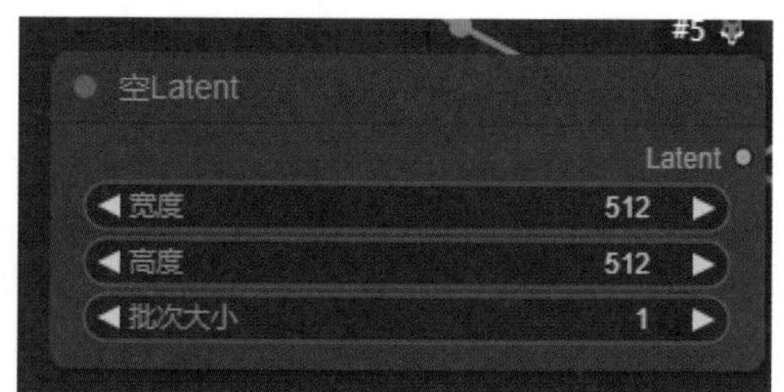

（8）在“K 采样器”节点，“随机种”设置为0，“运行后操作”设置为“随机”，“步数”设置为25，“CFG”设置为7，“采样器”设置为“dpmpp_2m”，“调度器”设置为“karras”，“降噪”设置为1，如右图所示。

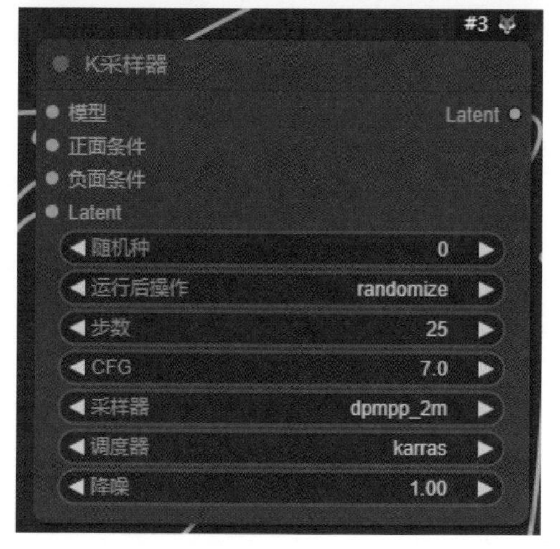

（9）点击“添加提示词队列”按钮，毛坯房变精装修的图像就生成了，如下图所示。这样不仅可以提前看到装修好的风格，还可以多换几种风格进行对比。

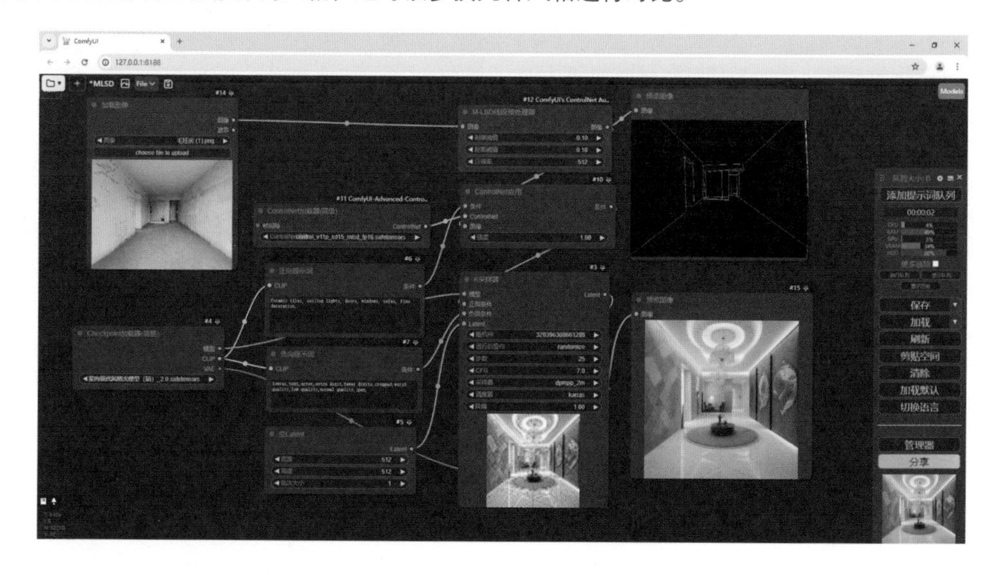

Depth

Depth 也是一种很常用的控制模型，用于依据参考图像生成深度图，深度图也被称为距离影像，可以直接体现画面中物体的三维深度关系，在深度图图像中只有黑白两种颜色，距离镜头越近颜色越浅（白色），距离镜头越远则颜色越深（黑色）。

Depth 模型可以提取图像中元素的前后景关系生成深度图，再将其复用到绘制图像中，因此当画面中物体前后关系不够清晰时，可以通过 Depth 模型来辅助控制。如下所示，左图为参考原图，中间的图像为深度图，右图为依据此深度图生成的新图像。可以看到通过深度图很好地还原了室内的空间景深关系。

Depth 预处理器

Depth 的预处理器节点有 3 个，分别是“LeReS 深度预处理器”节点、“MiDaS 深度预处理器”节点和“Zoe 深度预处理器”节点。在“LeReS 深度预处理器”节点中，“前景移除”和“背景移除”选项的作用分别是移除前景的深度图和移除背景的深度图，“强化”选项有助于在图像处理过程中更精确地识别和分离前景与背景，以及更清晰地展示中距离物品的边缘细节。在“MiDaS 深度预处理器”节点中，通过调整“角度”选项可以优化预处理器对不同视角或方向下深度信息的处理能力，从而提高深度估计的准确性和稳定性，“背景阈值”选项主要用于区分图像的前景和背景部分，进而在深度信息估计中提供更精确的结果。

这 3 个节点在图像处理中各自具有不同的特点和功能，LeReS 深度预处理器倾向于渲染背景，并在中距离物品边缘成像更清晰；MiDaS 深度预处理器是经典的深度预处理器，是官方默认的预处理器；Zoe 深度预处理器提取的细节介于 LeReS 和 Midas 之间。这 3 个节点在细节提取程度、应用场景、参数调整和使用方式等方面均有所不同，创作者可以根据具体需求和图像特点选择适合的预处理器使用。这里分别用 3 个节点对同一张图像生成深度图，具体效果对比如下图所示。

实例操作

Depth 工作流的搭建和其他模型没有区别，更换预处理器和模型即可，这里通过把三星堆面具“变成”建筑的案例实操一遍 Depth 的工作流，并详细讲解案例的设置，具体操作如下。

（1）进入 ComfyUI 界面，加载文生图工作流，新建“Zoe 深度预处理器”节点，并连接“加载图像”和“预览图像”节点，在“加载图像”节点点击“choose file to upload”按钮上传准备好的青铜文物素材图，如下图所示。

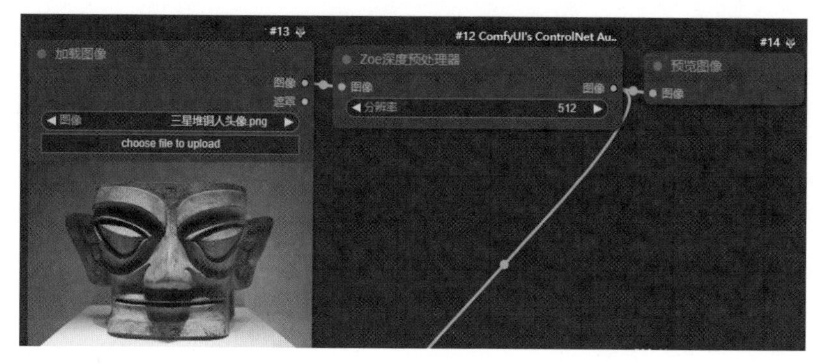

（2）新建“ControlNet 应用”和“ControlNet 加载器”节点并连接，在“ControlNet 加载器”选择“control_v11f1p_sd15_depth.pth”Depth 模型，将“ControlNet 应用”节点的“图像”输入端口与“Zoe 深度预处理器”节点的“图像”输出端口连接，如下图所示。

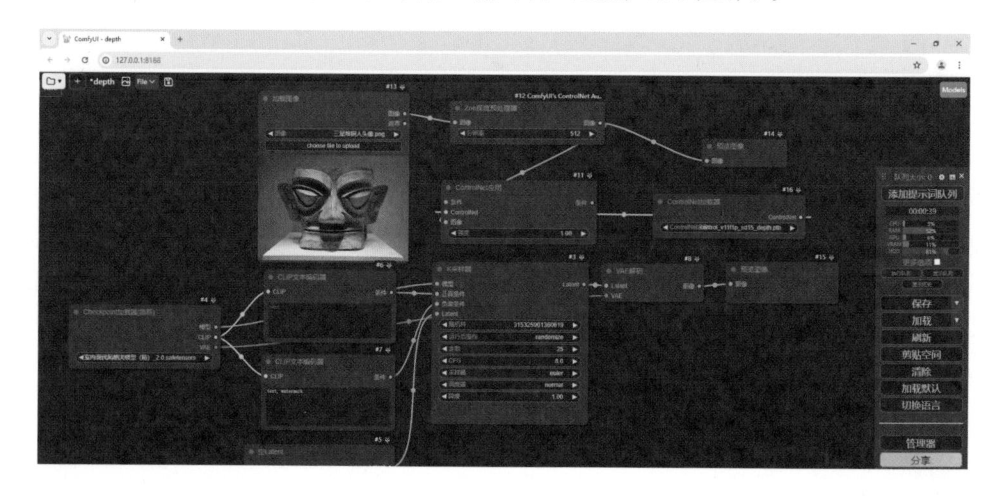

（3）在工作流中，“ControlNet 应用”节点作为正面条件参与绘图引导，所以将“ControlNet 应用”节点的“条件”端口串接在“CLIP 文本编码器”节点和“K 采样器”之间，如下图所示。这样 Depth 的工作流就搭建完成了，接下来是剩余参数的设置。

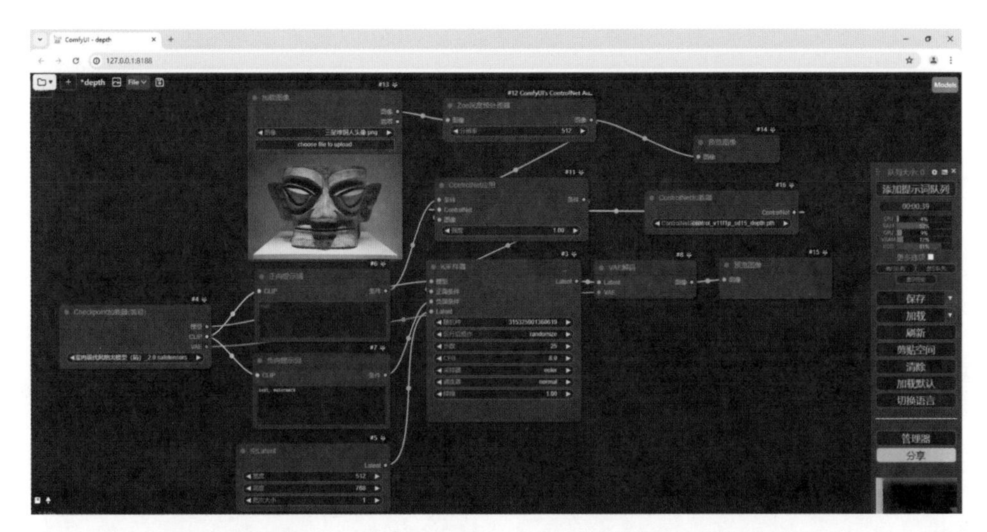

（4）因为是生成建筑图像，所以 Checkpiont 模型选择建筑风格模型“LandscapeBING_v1.0.safetensors”，Lora 模型选择“公建化立面建筑 _v1.0.safetensors”，“模型强度”设置为 0.8，如下左图所示。

（5）在正向提示词框中输入对精装修的描述，这里输入的是“masterpiece,best quality,ultra-high resolution,realistic,8k,nsanely detailed,buildings,residential,building,outdoors,scenery,sky,tree,no humans,day,real world location,blue sky,road,cloud,city,lamppost,scenery,outdoors,real world location,tree”，在负向提示词框中输入坏的画面质量提示词，这里输入的是“lowres,text,error,extra digit,fewer digits,cropped,worst quality,low quality,normal quality,jpeg”，如下右图所示。

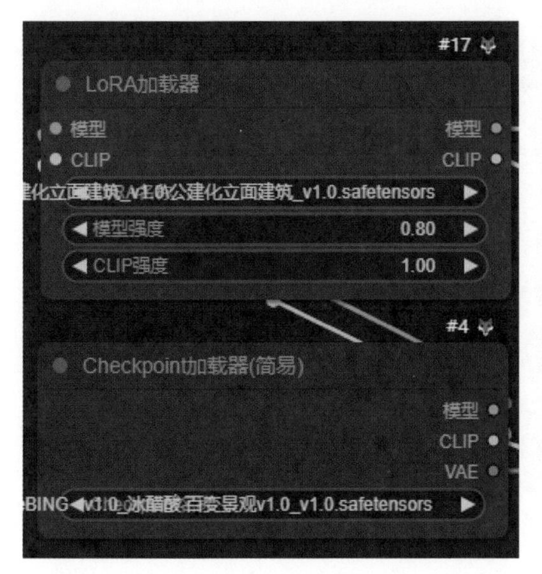

（6）“Zoe 深度预处理器”节点“分辨率”设置为上传图像的高度，这里是 448，“ControlNet 应用”节点的“强度”设置为 1，在“空 Latent”节点设置生图的尺寸，这里设置的是 624×448，生图的批次设置为 1，如下左图所示。

（7）在“K 采样器”节点，“随机种”设置为 0，“运行后操作”设置为“随机”，“步数”设置为 30，“CFG”设置为 7，“采样器”设置为“dpmpp_2m”，“调度器”设置为“karras”，“降噪”设置为 1，如下右图所示。

（8）点击“添加提示词队列”按钮，铜人头像形状的建筑图像就生成了，如下图所示。这样不仅为建筑设计提供了新方向，也极大地提高了建筑设计出图的效率。

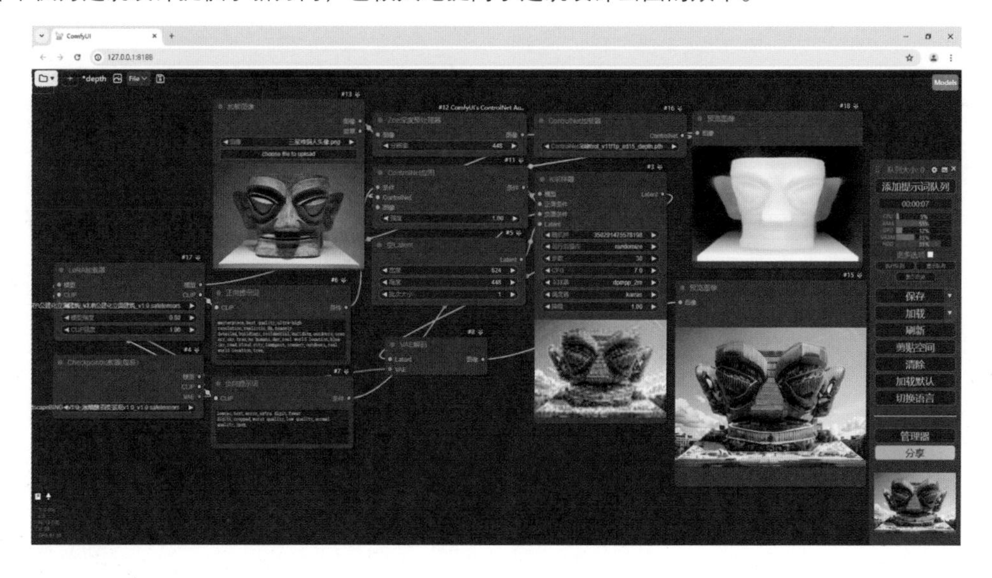

OpenPose

OpenPose 是重要的控制人像姿势模型，OpenPose 可以检测到人体结构的关键点，比如头部、肩膀、手肘、膝盖等位置，而将人物的服饰、发型、背景等细节元素忽略掉，它通过捕捉人物结构在画面中的位置来还原人物姿势和表情。如下所示，左图为人物原图，中间的图像为骨骼图，右图为依据此骨骼图生成的新图像。可以看到，通过骨骼图很好地还原了人物的动作。

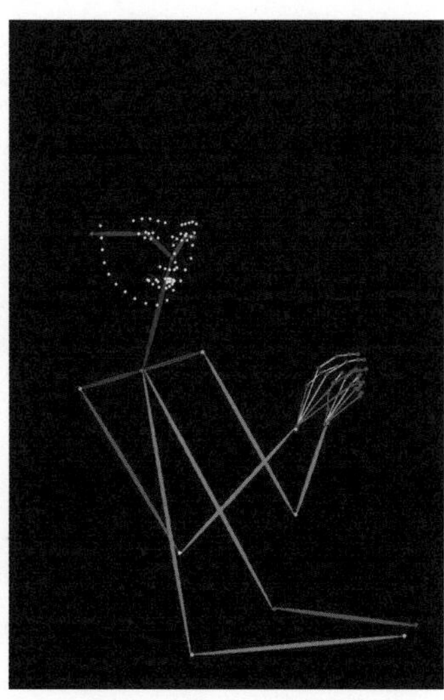

OpenPose 预处理器

OpenPose 的预处理器节点有 5 个，分别是"Dense 姿态预处理器"节点、"DW 姿态预处理器"节点、"MediaPipe 面部网格预处理器"节点、"Openpose 姿态预处理器"节点和"AnimalPose 动物姿态预处理器"节点。在"DW 姿态预处理器"节点和"Openpose 姿态预处理器"节点中，可以控制骨骼图生成的身体部分；"Dense 姿态预处理器"节点与其他的处理不同，它通过不同颜色来区分人体部位，以达到控制姿态的效果；"MediaPipe 面部网格预处理器"节点能够从输入的图像或视频中实时地检测并跟踪人脸，然后生成包含 468 个关键点的密集网格；"AnimalPose 动物姿态预处理器"节点就是检测动物身体结构的关键点，并生成相应的骨骼图，需要注意的是，上传人像是不会生成骨骼图的。

这 5 个节点功能、应用场景和特性上存在不小的区别，Dense 和 DW 姿态预处理器更侧重于全身姿态的分析和识别，而 MediaPipe 面部网格预处理器则专注于面部特征的提取；Openpose 姿态预处理器则提供了全身姿态和关键点的检测，"AnimalPose 动物姿态预处理器"节点则只专注于动物，这 5 个节点在细节提取程度、应用场景、参数调整和使用方式等方面均有所不同，创作者可以根据具体需求和图像特点选择适合的预处理器使用。这里分别用 4 个人物节点对同一张图像生成骨骼图，并用"AnimalPose 动物姿态预处理器"节点对动物图像生成骨骼图，具体效果对比如下图所示。

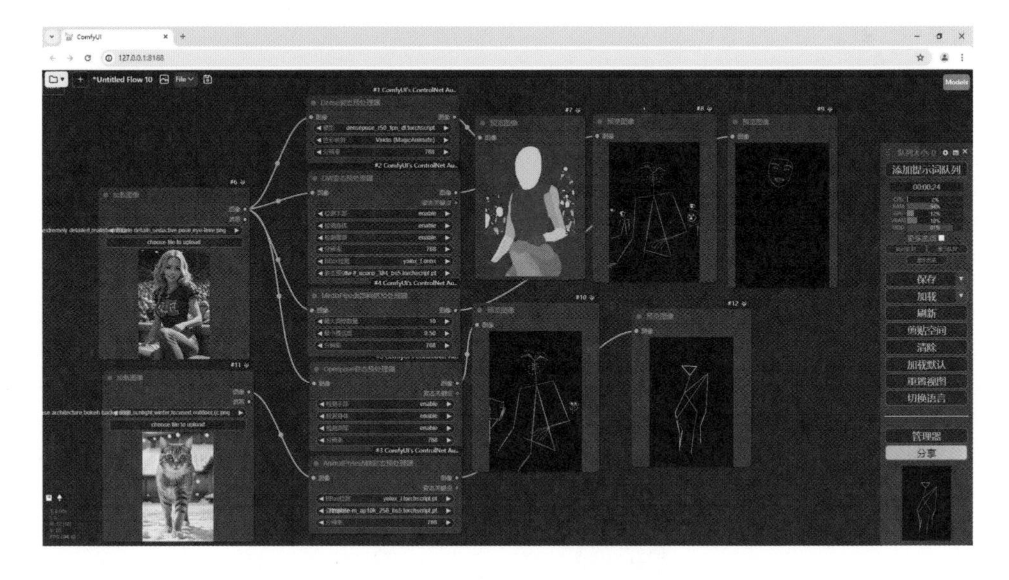

实例操作

OpenPose 工作流的搭建和其他模型没有区别，更换预处理器和模型即可，这里主要通过定制 IP 形象动作案例实操一遍 OpenPose 的工作流，并详细讲解案例的设置，具体操作步骤如下。

（1）进入 ComfyUI 界面，加载文生图工作流，新建“DW 姿态预处理器”节点，并连接“加载图像”和“预览图像”节点，在“加载图像”节点点击“choose file to upload”按钮上传准备好的人物动作素材图，如下图所示。

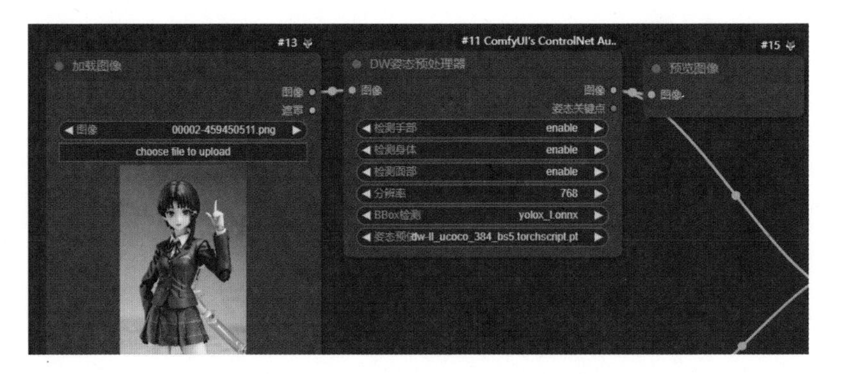

（2）新建“ControlNet 应用”和“ControlNet 加载器”节点并连接，在“ControlNet 加载器”选择“control_v11p_sd15_openpose.pth”OpenPose 模型，将“ControlNet 应用”节点的“图像”输入端口与“DW 姿态预处理器”节点的“图像”输出端口连接，如下图所示。

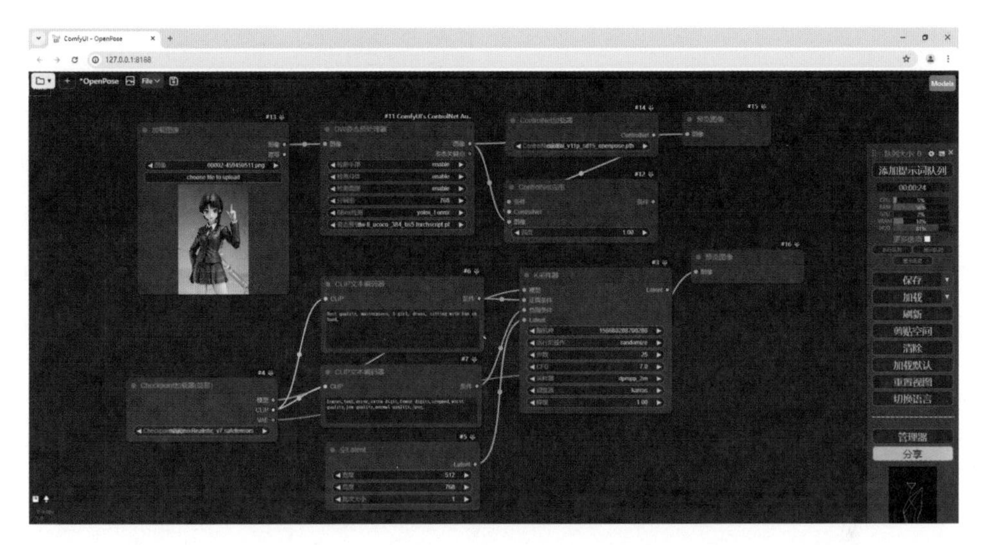

（3）在工作流中，“ControlNet 应用”节点作为正面条件参与绘图引导，所以将“ControlNet 应用”节点的“条件”端口串接在“CLIP 文本编码器”节点和“K 采样器”之间，如下图所示。这样 OpenPose 的工作流就搭建完成了，接下来是剩余参数的设置。

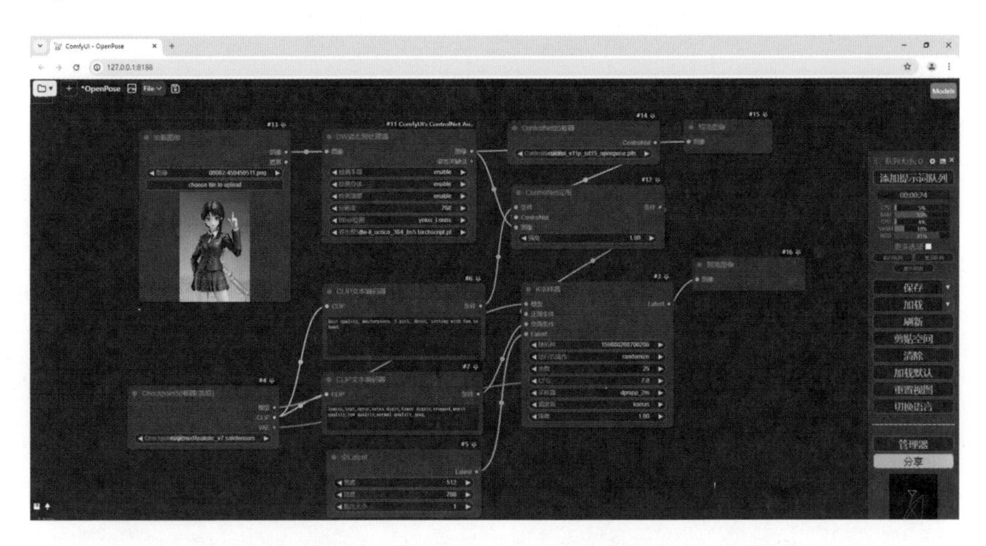

（4）因为是生成 IP 形象图像，所以 Checkpiont 模型选择建筑风格模型“IP DESIGN_3D 可爱化模型 _ V3.1.safetensors”，如下页左图所示。

（5）在正向提示词框中输入对精装修的描述，这里输入的是“1girl,Sailor Moon,solo, earrings,upper body,portrait,looking at viewer”，在负向提示词框中输入坏的画面质量提示词，这里输入的是“lowres,text,error,extra digit,fewer digits,cropped,worst quality,low quality,normal quality,jpeg”，如下页右图所示。

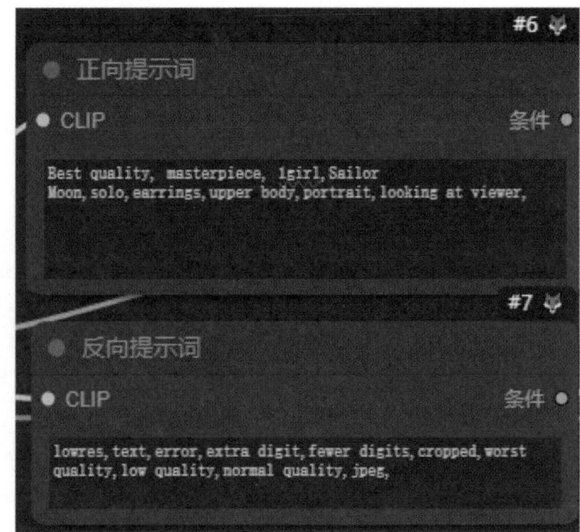

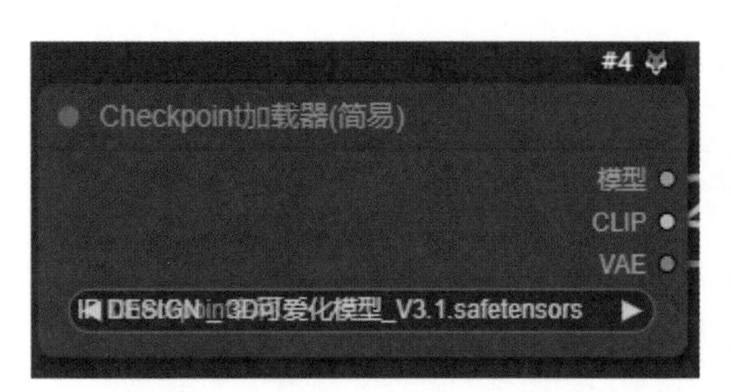

（6）“DW 姿态预处理器”节点的所有检测选项都设置为“启用”，“分辨率”设置为上传图像的高度，这里是 768，模型选择默认的即可，“ControlNet 应用”节点的“强度”设置为 1，在“空 Latent”节点设置生图的尺寸，这里设置的是 512×768，生图的批次设置为 1，如下左图所示。

（7）在“K 采样器”节点，“随机种”设置为 0，“运行后操作”设置为“随机”，“步数”设置为 25，“CFG”设置为 7，“采样器”设置为“dpmpp_2m”，“调度器”设置为“karras”，“降噪”设置为 1，如下右图所示。

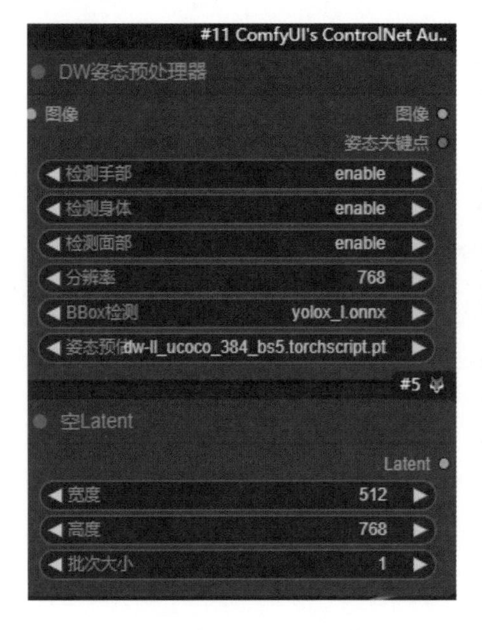

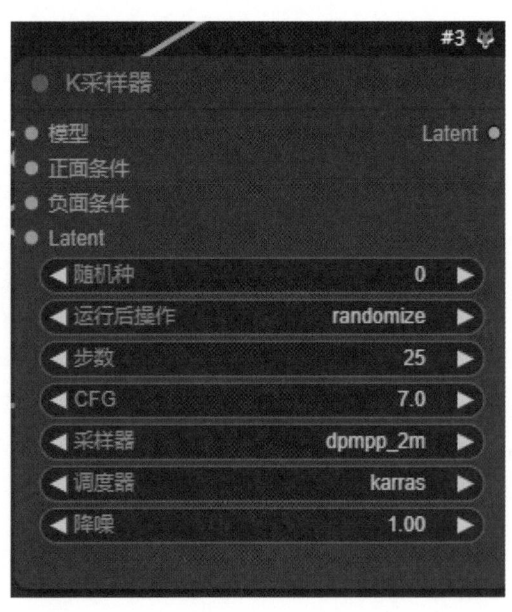

（8）点击“添加提示词队列”按钮，与上传图像同样动作的 IP 形象图像就生成了，如下图所示。这样可以定制任意想要的动作的 IP 形象，IP 形象的种类就更加多样了，创作的自由度也更加开阔了。

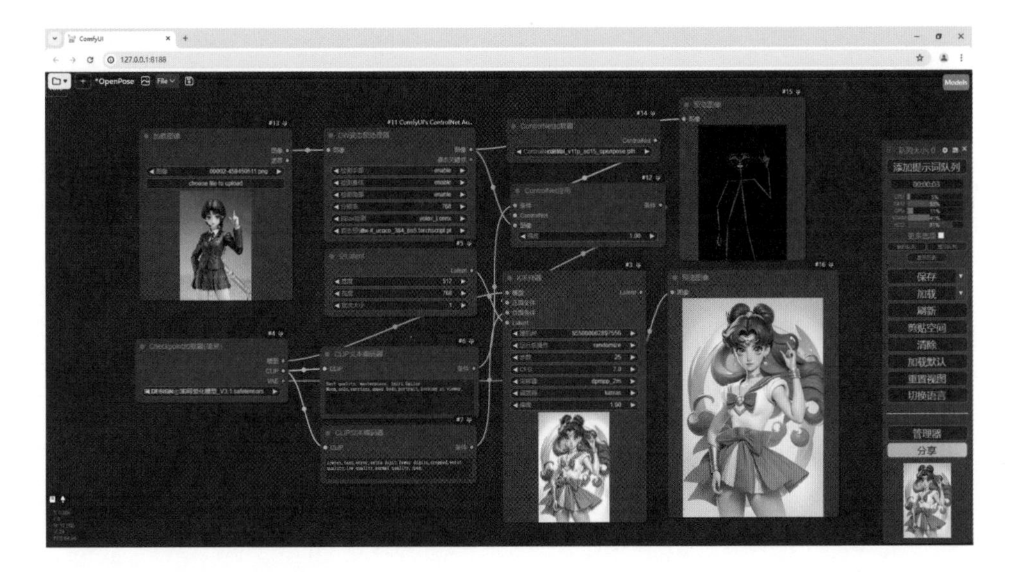

Openpose 骨骼图

Openpose 预处理器节点除了可以上传真实的人物图像，还可以上传单纯的人物动作图或者直接上传提取好的人物骨骼图像。在网络中有很多人物动作图像网站可以直接下载人物动作图像，在这里，笔者给创作者推荐一个常用的网站：https://www.posemaniacs.com/zh-Hans，这个网站有大量的动作图像可以下载，还会经常更新一些新的动作，如下图所示。

Inpaint

Inpaint 的作用和用法与局部重绘相似，只是 Inpaint 相当于更换了原生图生图局部重绘的算法，通过深度学习模型，分析图像中的缺失区域和周围像素的信息，智能预测并填充与周围环境相契合的像素，实现图像的自然修复。如下所示，左图为原图，中间的图像为涂抹后的蒙版图，右图为依据此蒙版图生成的新图像。可以看到，通过重绘绿色的书包变成了粉红色。

Inpaint 工作流搭建

与其他 Contronlnet 预处理器不同的是，Inpaint 只有一个预处理器且没有任何组件，同时 Inpaint 工作流的搭建与其他模型也有很大不同，因为需要图像参考，所以它的工作流是以图生图工作流为基础，具体搭建如下。

（1）进入 ComfyUI 界面，加载图生图工作流，删除“VAE 编码”节点，新建“VAE 内部编码器”节点，并将“VAE 内部编码器”节点的“Latent”输出端口连接到“K 采样器”节点的“Latent”输入端口，并将“Checkpoint 加载器 (简易)”节点的“VAE”输出端口连接到“VAE 内部编码器”节点的“VAE”输入端口，如下图所示。

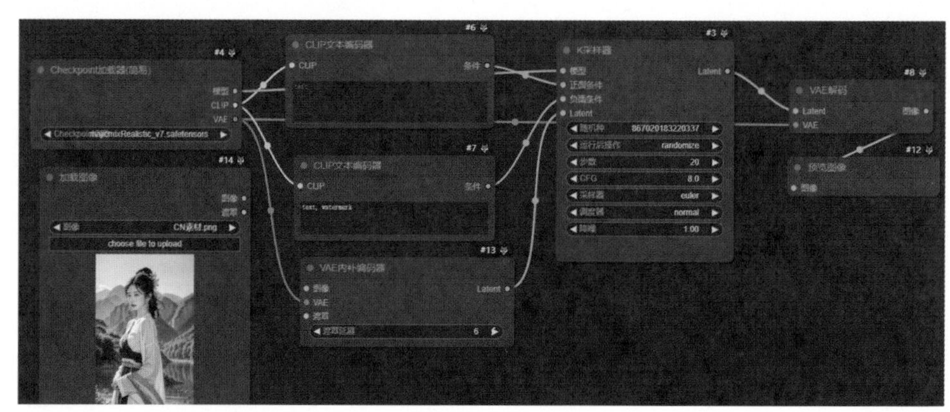

（2）新建“Inpaint 内补预处理器”节点，将“加载图像”节点的“图像”输出端口分别连接到“Inpaint 内补预处理器”节点的“图像”输入端口和“VAE 内补编码器”节点的“图像”输入端口，再将“加载图像”节点的“遮罩”输出端口分别连接到“Inpaint 内补预处理器”节点的“遮罩”输入端口和“VAE 内补编码器”节点的“遮罩”输入端口，如下图所示。

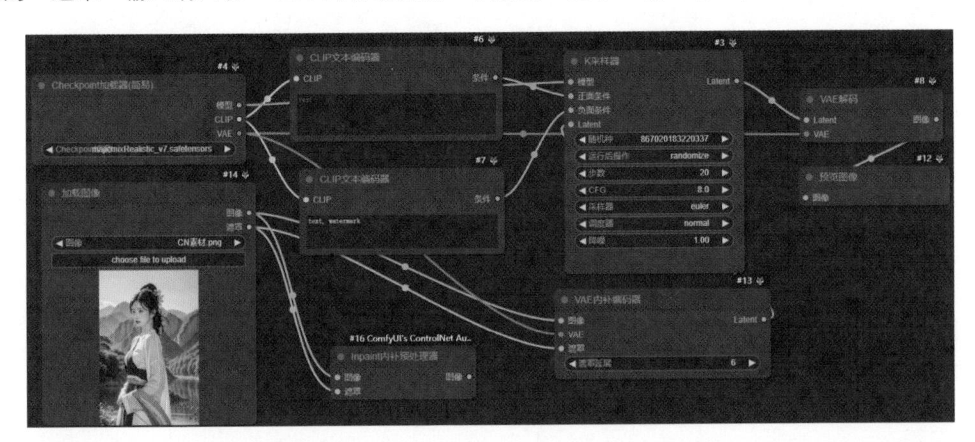

（3）新建“ControlNet 应用”和“ControlNet 加载器”节点并连接，在“ControlNet 加载器”选择“control_v11p_sd15_inpaint_fp16.safetensors”Inpaint 模型，将“Inpaint 内补预处理器”节点的“图像”输出端口与“ControlNet 应用”节点的“图像”输入端口连接，如下图所示。

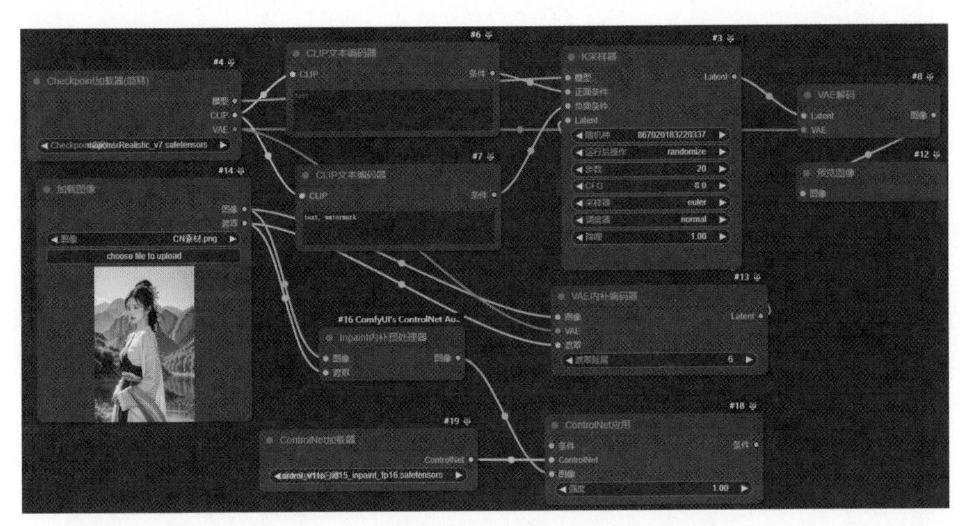

（4）在工作流中，“ControlNet 应用”节点为正面条件参与绘图引导，所以将“ControlNet 应用”节点的“条件”端口串接在“CLIP 文本编码器”节点和“K 采样器”之间，如下图所示。这样 OpenPose 的工作流就搭建完成了。

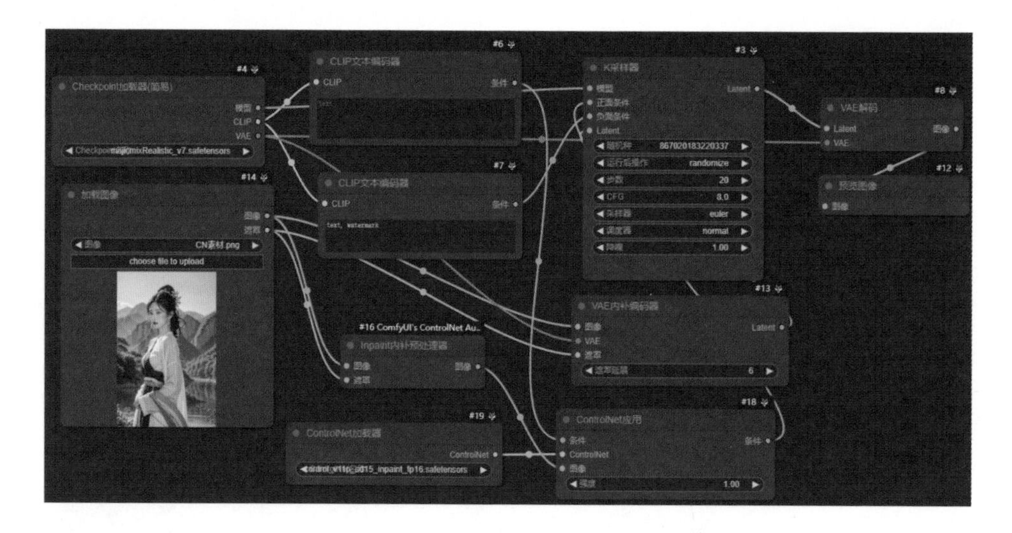

实例操作

Inpaint 工作流虽然已经搭建完了，但它的使用中还需要绘制蒙版图像，这里通过产品换背景案例实操一遍 Inpaint 的工作流，并详细讲解案例的设置，具体操作步骤如下。

（1）进入 ComfyUI 界面，在“加载图像”节点点击“choose file to upload”按钮上传准备好的产品素材图片，在“加载图像”节点点击鼠标右键，在弹出的选项列表中选择“在遮罩编辑器中打开”选项，打开遮罩编辑器窗口，如下图所示。

（2）在遮罩编辑器窗口使用画笔涂图像的白色部分，使除了香水瓶以外的白色部分完全被画笔涂抹覆盖，点击窗口右下角的“Save to node”按钮，遮罩后的图像即可在“加载图像”显示出来，如下页左图所示。

（3）因为局部重绘的图片是写实电商类型的图像，所以 Checkpiont 模型选择写实风格模型“majicmixRealistic_v7.safetensors”，Lora 模型选择“好机友电商模型 PLUS.safetensors”，“模型强度”设置为 0.7，如下页右图所示。

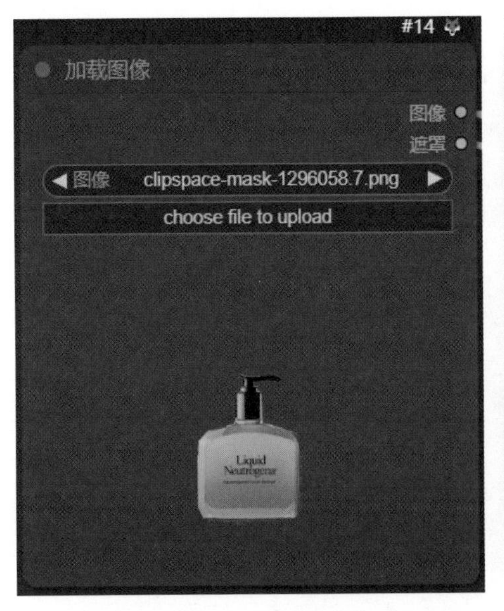

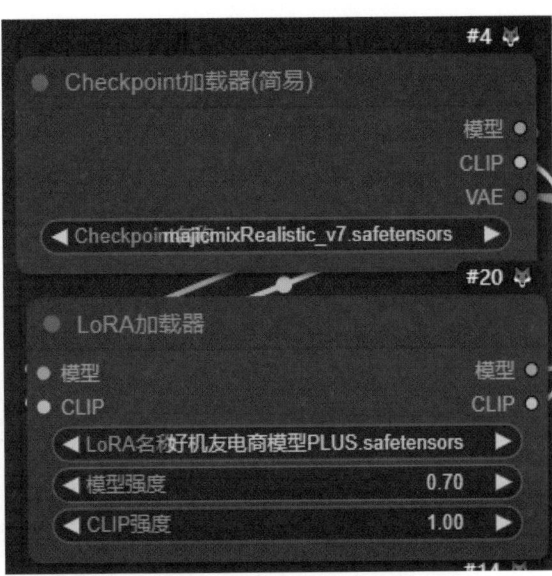

（4）在正向提示词框中输入对新背景的描述，这里输入的是“ still life, indoors, spot backdrop,pink flower, best quality,masterpiece,bottle,solo”，在负向提示词框中输入坏的画面质量提示词，这里输入的是“lowres,text,error,extra digit,fewer digits,cropped,worst quality,low quality,normal quality,jpeg”，“ControlNet 应用”节点的“强度”设置为 1，如下左图所示。

（5）在“K 采样器”节点，“随机种”设置为 0，“运行后操作”设置为“随机”，“步数”设置为“25”，“CFG”设置为 7，“采样器”设置为“dpmpp_2m”，“调度器”设置为“karras”，“降噪”设置为 0.8，如下右图所示。需要注意的是，“降噪”的数值不能设置低于 0.5，否则重绘效果非常不明显。

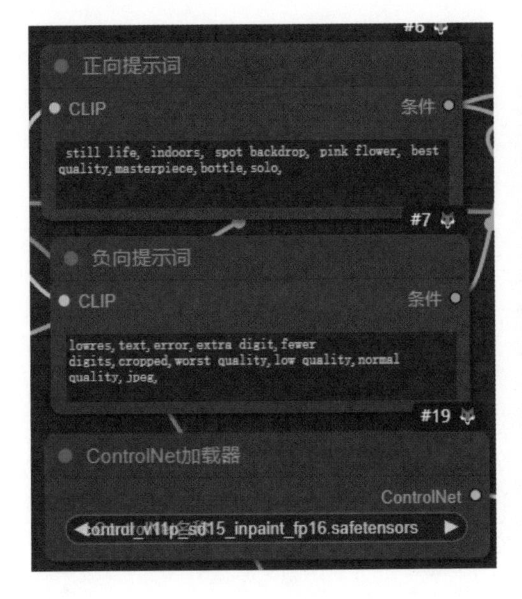

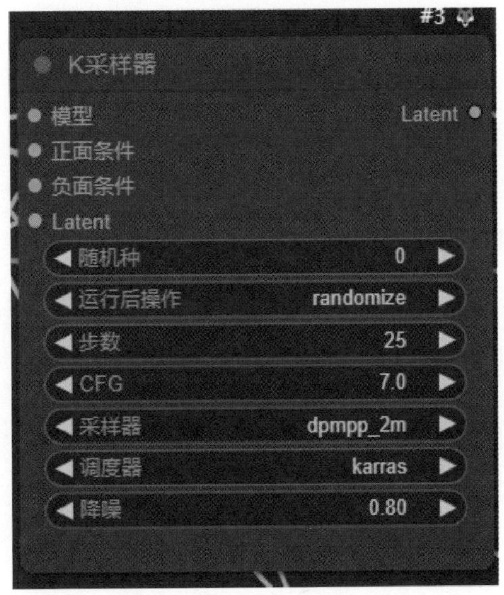

（6）点击“添加提示词队列”按钮，一张产品换背景后的图像就生成了，如下图所示。仔细观察图片会发现，生成的图片中产品包装的英文发生了变化，还需要再到 PS 中调整，所以 Inpaint 局部重绘虽然比局部重绘效果好，但也并不完美，有些图像还需要多次处理才能达到满意的效果。

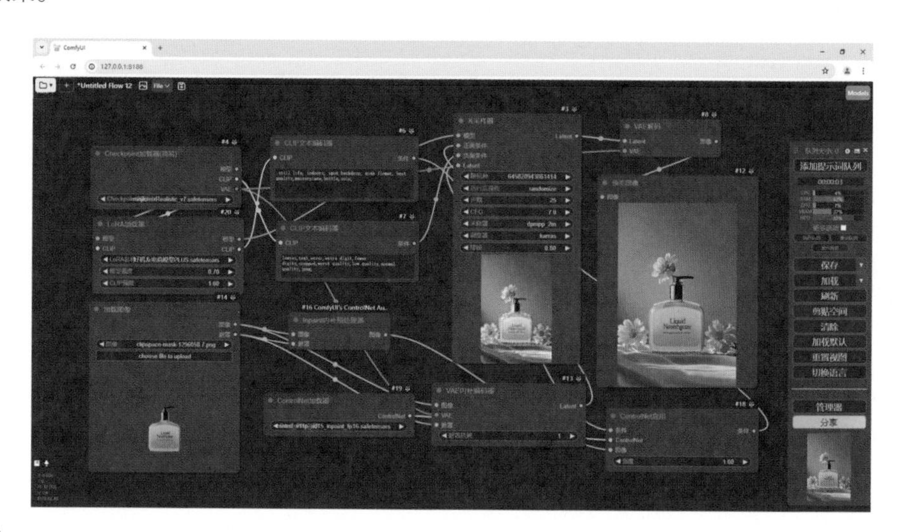

Tile

Tile 模型被广泛用于图像细节修复和高清放大，例如，如果在“图生图”增大重绘幅度可以明显提升画面细节，但较高的重绘幅度会使画面内容发生难以预料的变化，此时，可以使用 Tile 模型进行控图完美地解决这个问题，因为 Tile 模型的最大特点就是，在优化图像细节的同时不会影响画面结构。理论上说，只要分的块足够多，配合 Tile 可以绘制任意尺寸的超大图。

下图是在除了分辨率其他参数不变的情况下，使用 Tile 模型分别将图像的分辨率提升至 512×768、1024×1536、1280×1920 的效果，可以明显看出，随着图像分辨率的提升，图像的细节也明显增加了。

Tile 预处理器

Tile 模型只提供了 1 个预处理器“Tile 平铺预处理器”，“Tile 平铺预处理器”节点由“迭代次数”和“分辨率”组件组成，“迭代次数”大小决定了上传图像的模糊程度，数值越大图像越模糊，一般设置为 1 即可，这里对同一张图像将迭代次数分别设置为 1 和 5，对比效果如下图所示。

实例操作

Tile 工作流的搭建和其他模型没有区别，更换预处理器和模型即可，这里主要通过模糊图像变高清案例实操一遍 Tile 的工作流，并详细讲解案例的设置，具体操作步骤如下。

（1）进入 ComfyUI 界面，加载文生图工作流，新建“Tile 平铺预处理器”节点，并连接“加载图像”和“预览图像”节点，在“加载图像”节点点击“choose file to upload”按钮上传准备好的模糊动漫素材图，如下图所示。

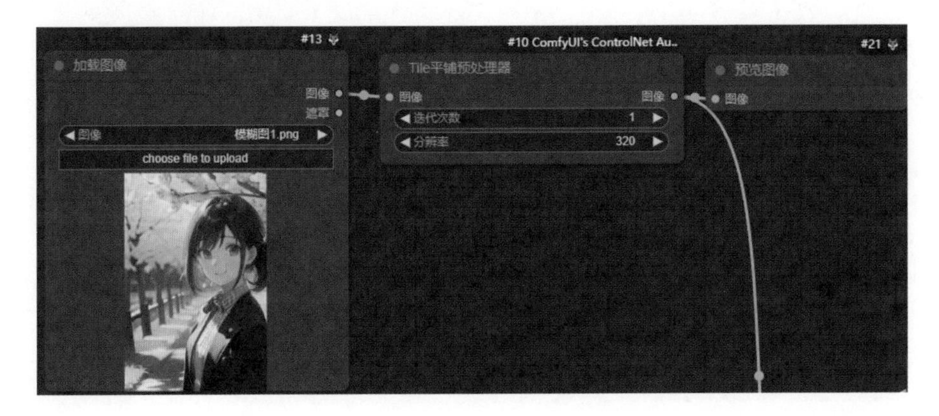

（2）新建“ControlNet 应用”和“ControlNet 加载器”节点并连接，在“ControlNet 加载器”选择“control_v11f1e_sd15_tile.pth” Tile 模型，将“ControlNet 应用”节点的“图像”输入端口与“Tile 平铺预处理器”节点的“图像”输出端口连接，如下图所示。

（3）在工作流中，“ControlNet 应用”节点作为正面条件参与绘图引导，所以将“ControlNet 应用”节点的“条件”端口串接在“CLIP 文本编码器”节点和“K 采样器”之间，如下图所示。这样，Tile 的工作流就搭建完成了，接下来是剩余参数的设置。

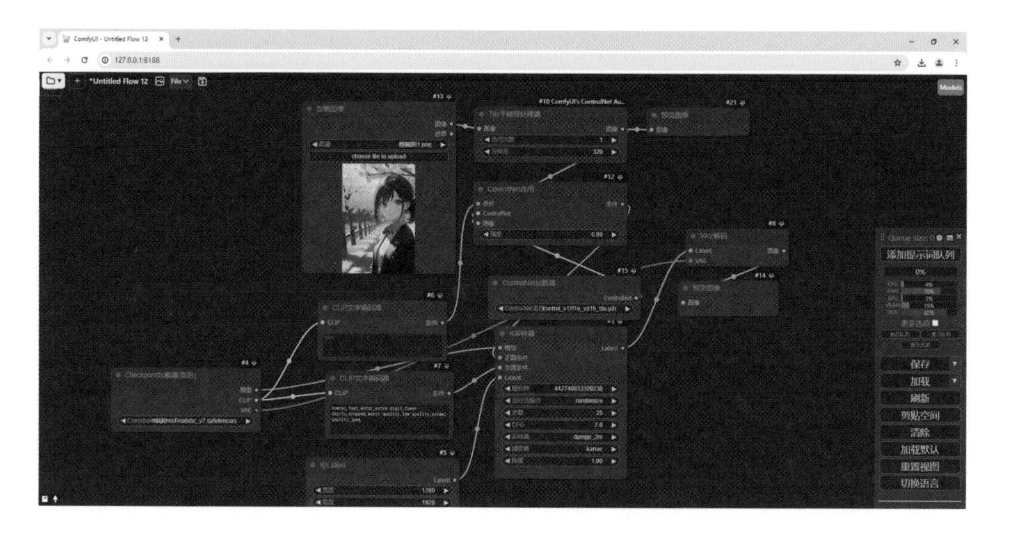

（4）因为是放大动漫图像，所以 Checkpiont 模型选择动漫风格模型“counterfeitV30_v30.safetensors”，如下页左图所示。

（5）在正向提示词框中输入对精装修的描述，这里输入的是：“best quality, masterpiece,1girl, solo, smile, outdoors, cherry blossoms, looking at viewer, shirt, tree, jacket, black hair, brown eyes, upper body, black jacket, bangs, bowtie, bow, closed mouth, day, short hair, collared shirt, blurry, brown hair, blue bowtie”，在负向提示词框中输入坏的画面质量提示词，这里输入的是：“lowres,text,error,extra digit,fewer digits,cropped,worst quality,low quality,normal quality,jpeg”，如下右图所示。

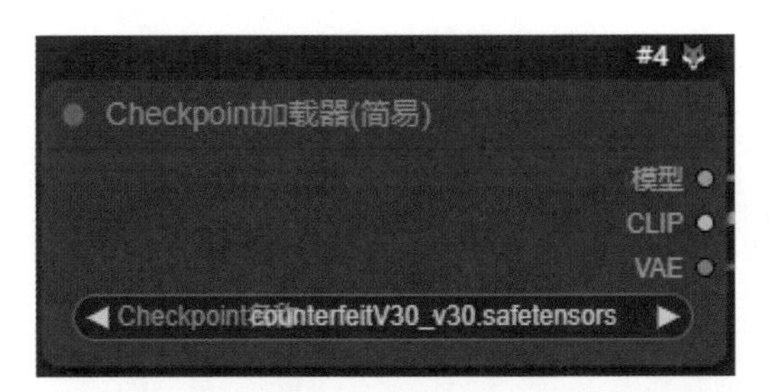

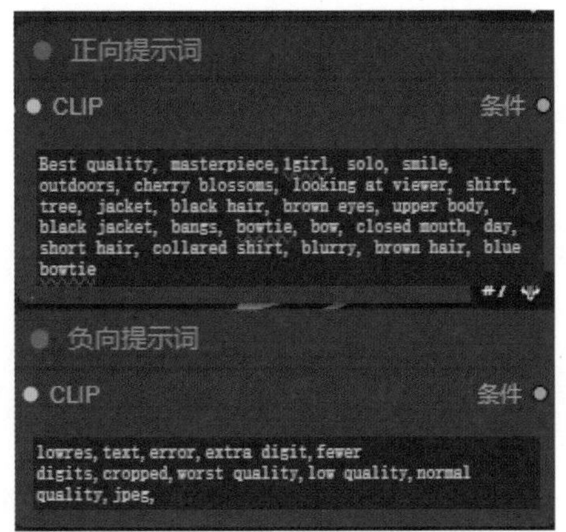

（6）“Tile 平铺预处理器”节点的“迭代次数”设置为 1，“分辨率”设置为上传图像的高度，这里是 320，“ControlNet 应用”节点的“强度”设置为 0.8，在“空 Latent”节点设置生图的尺寸，这里设置的是 1024×1536，生图的批次设置为 1，如下左图所示。

（7）在“K 采样器”节点，“随机种”设置为 0，“运行后操作”设置为“随机”，“步数”设置为 25，“CFG”设置为 7，“采样器”设置为“dpmpp_2m”，“调度器”设置为“karras”，“降噪”设置为 1，如下右图所示。

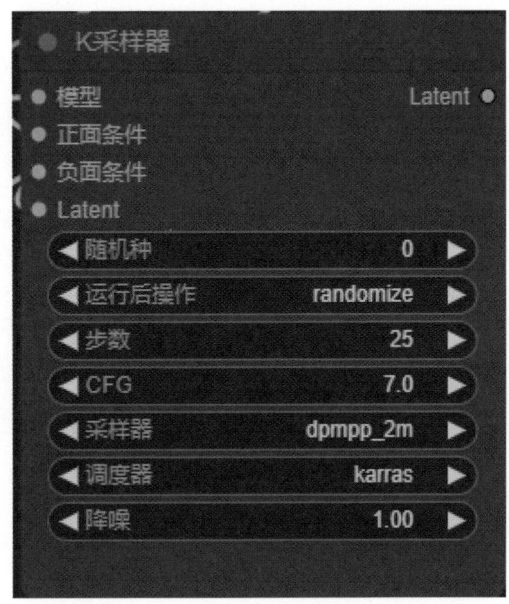

（8）点击“添加提示词队列”按钮，高清放大后的动漫图像就生成了，如下图所示。仔细观察图片可以发现，不仅是图像放大了，图像中的细节也增强了，所以 Tile 模型不仅可以增加图像细节，还可以高清修复放大图像。

第5章

掌握提示词撰写逻辑及权重控制技巧

认识 SD 正面提示词

在使用 SD 生成图像时，无论是用“文生图”模式，还是使用“图生图”模式，均需要填写提示词，提示词又分正面提示词和负面提示词，可以说，如果不能正确书写正面提示词，几乎无法得到所需要的效果。因此，每一个使用 SD 的创作者都必须掌握正面提示词的正确撰写方法。

什么是正面提示词

正面提示词用于描述创作者希望出现在图像中的元素，以及画质、画风。书写时要使用英文单词及标点，可以使用自然语言进行描述，也可以使用单个字词。

前者如，A girl walking through a circular garden，后者如，A girl, circular garden,walking。

从目前 SD 的使用情况来看，如果不是使用 SDXL 模型最新版本，最好不要使用自然语言进行描述，因为 SD 无法充分理解这样的语言。即便使用的是 SDXL 模型，也无法确保 SD 能正确理解中长句型。

正因如此，使用 SD 进行创作有一定的随机性，这也是许多创作者口中所说的“抽卡”，即通过反复生成图像来从中选择令自己满意的图像。

常用的方法之一是在“空 Latent”节点“批次大小”设置不同的数值，以获得若干张图像，如下图所示。

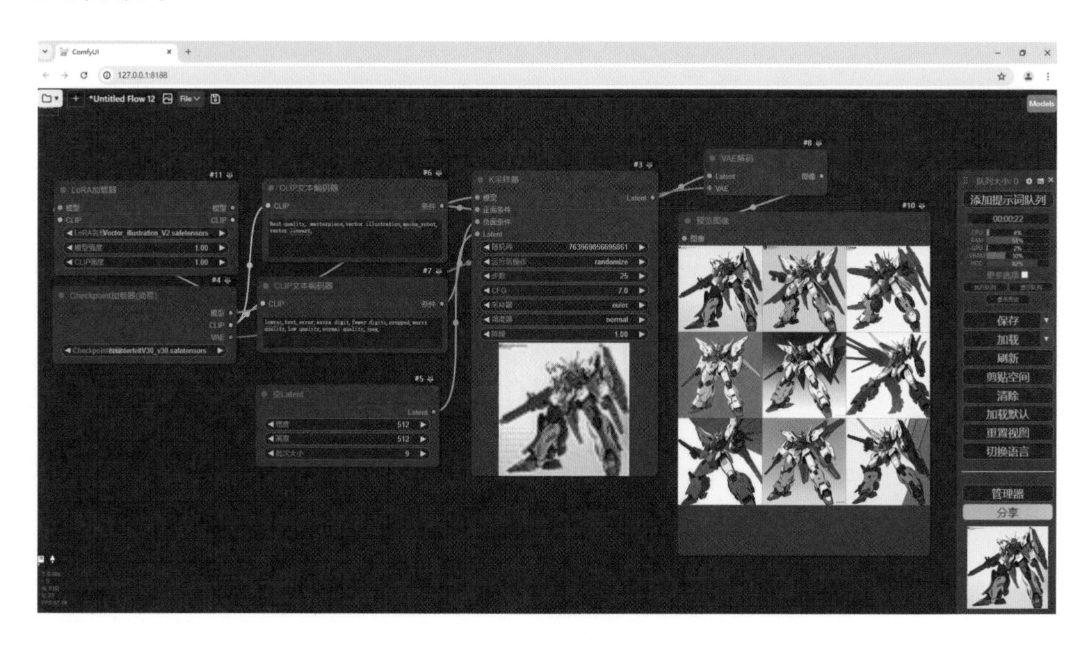

另一种方法是，在右下角的菜单选项中勾选“更多选项”复选框，在“批次数量”输入框中设置不同的数值，如下左图所示。与在节点中设置批次不同的是，这里设置的“批次数量”是一次只生成一张图像，还可以在“显示队列”中看到生成和等待的队列，如下右图所示。

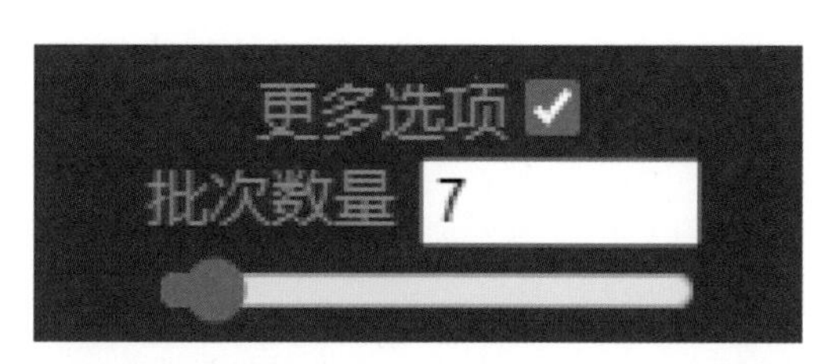

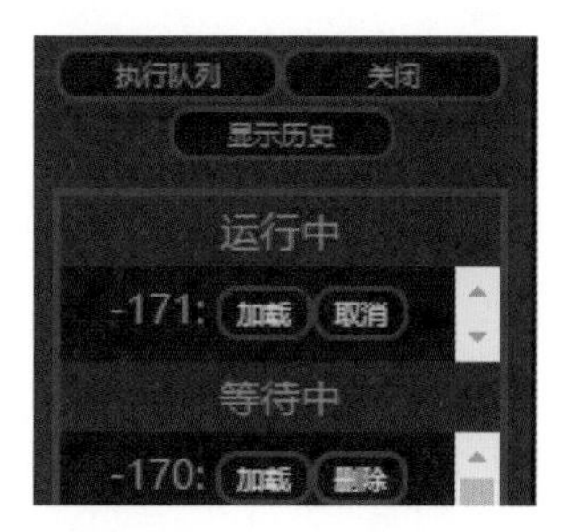

正确书写正向提示词至关重要，这里不仅涉及书写时的逻辑，还涉及语法、权重等相关知识，因此下文针对正面提示词的结构进行了详细讲解。

正面提示词结构

在撰写正面提示词时，可参考下面的通用模板。

质量 + 主题 + 主角 + 环境 + 气氛（天气）+ 镜头 + 风格化 + 图像类型

这个模板的组成要素解释如下。

- 质量：即描述画面的质量标准。
- 主题：要描述出想要绘制的主题，如珠宝设计、建筑设计和贴纸设计等。
- 主角：既可以是人，也可以是物，对其大小、造型和动作等进行详细描述。
- 环境：描述主角所处的环境，如室内、丛林中和山谷中等。
- 气氛（天气）：包括光线，如逆光、弱光，以及天气，如云、雾、雨、雪等。
- 镜头：描述图像的景别，如全景、特写及视角水平角度类型。
- 风格化：描述图像的风格，如中式、欧式等。
- 图像类型：包括图像是插画还是照片，是像素画还是3D渲染效果等信息。

在具体撰写时，可以根据需要选择一个或几个要素来进行描述。

同时需要注意，避免使用没有实际意义的词汇，如紧张的气氛、天空很压抑等。

在提示词中可以用逗号分隔词组，且有一定的权重排序功能，逗号前权重高，逗号后权重低。

因此，提示词通常应该写为如下样式。

图像质量 + 主要元素（人物，主题，构图）+ 细节元素（饰品，特征，环境细节）

若想明确某主体，应当使其生成步骤靠前，将生成步骤数加大，词缀排序靠前，将权重提高。

画面质量→主要元素→细节

若想明确风格，则风格词缀应当优于内容词缀。

画面质量→风格→元素→细节

认识 SD 负面提示词

虽然正面提示词在生图中起到了关键作用，但负面提示词同样也发挥着不可忽视的作用，有时与所需的效果相差不多时，可能就是负面提示词没有设置好，所以负面提示词的正确撰写也至关重要。

认识负面提示词

简单地说，负面提示词有两大作用：第一是提高画面的品质；第二是通过描述不希望在画面中出现的元素或不希望画面具有的特点来完善画面。例如，为了让人物的长发遮盖耳朵，可以在负面提示词中添加 ear；为了让画面更像照片而不是绘画作品，可以在负面提示词中添加 painting,comic 等词条；为了让画面中的人不出现多手多脚，可以添加 too many fingers,extra legs 等词条。

例如，左下图为没有添加负面提示词的效果，右下图为添加负面提示词后的效果，可以看出来质量有明显提高。

相对而言，负面提示词的撰写逻辑比正面提示词简单许多，而且现在常用的也就两种方法，使用 Embedding 模型和通用的负面提示词，一般这两种方法结合起来效果会更好。

使用 Embedding 模型

由于 Embedding 模型可以将大段的描述性提示词整合打包为一个提示词，并产生同等甚至更好的效果，因此 Embedding 模型常用于优化负面提示词。

使用过 WebUI 的创作者应该都知道，在 WebUI 中使用 Embedding 模型与使用 Lora 模型的方法相同，直接在模型选项中选择已下载的 Embedding 模型即可使用，但是在 ComfyUI 中没有一个专门添加 Embedding 模型的节点，需要创作者在负面提示词文本框中手动添加，具体操作如下。

（1）在模型网站下载 Embedding 模型，这里以“EasyNegative.safetensors”“坏图修复 DeepNegativeV1.x_V175T.pt”模型为例，将下载好的模型文件移动到 ComfyUI 根目录下的 \models\embeddings 文件夹中，如下图所示。

（2）进入 ComfyUI 界面，新建“CLIP 文本编码器”节点，在文本框中输入“embedding:”，文本框的下方就会弹出 Embedding 模型列表，由于笔者继承了 WebUI 的模型，所以除了新下载的模型还有原来的模型，如下左图所示。

（3）在列表中点击需要的 Embedding 模型，便可添加成功，需要注意的是，“embedding:”一次只能添加一个 Embedding 模型，如果想使用多个，需要再次添加“embedding:”，如下右图所示。

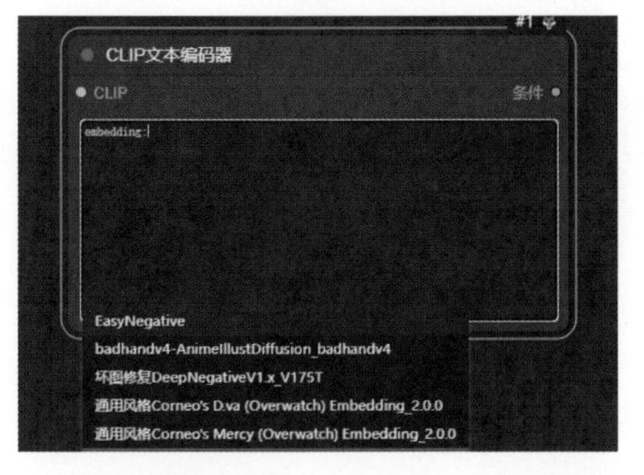

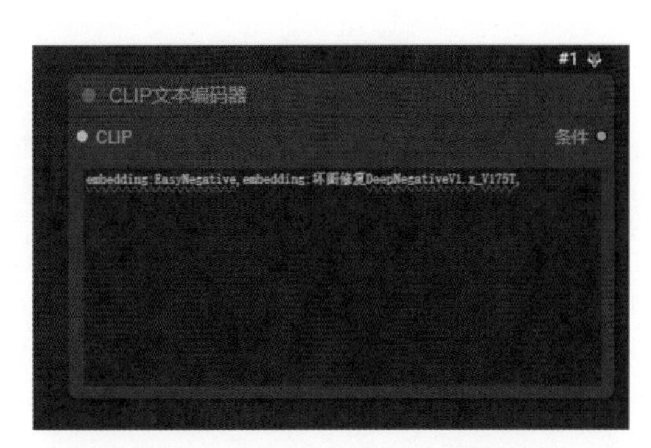

在这里需要注意一个问题，“embedding:”的 e 不可以大写，否则 Embedding 模型无效，如 Embedding:EasyNegative 就是无效的，还需要注意的是，在使用 Embedding 模型的时候一定要结合大模型使用，不要把 SD1.5 的 Embedding 模型用在 SDXL 的大模型上，否则生成的图片质量会很差。

Embedding 常用模型

比较常用的 Embedding 模型有以下几个，这些模型几乎涵盖了所有的负面提示词，在生图时可以叠加使用。

（1）EasyNegative

EasyNegative 是目前使用率极高的一款负面提示词 Embedding 模型，可以有效提升画面的精细度，避免模糊、灰色调、面部扭曲等情况，适合动漫风大模型，如下图所示。

此模型下载链接如下。

https://civitai.com/models/7808/easynegative

https://www.liblib.art/modelinfo/458a14b2267d32c4dde4c186f4724364

（2）Deep Negative_v1_75t

Deep Negative 可以提升图像的构图和色彩，减少扭曲的面部、错误的人体结构、颠倒的空间结构等情况的出现，无论是动漫风还是写实风的大模型都适用，如下图所示。

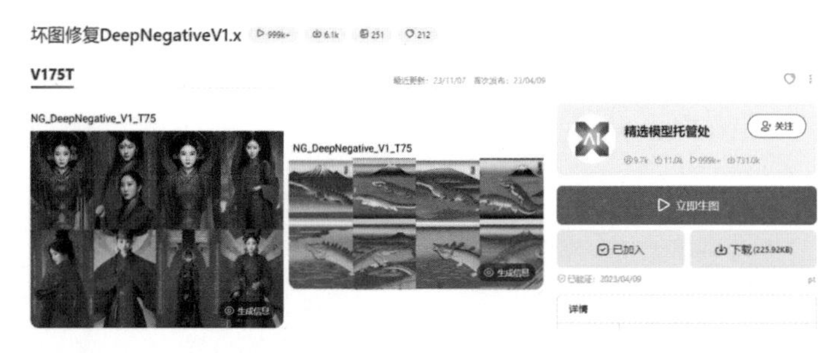

此模型下载链接如下。

https://civitai.com/models/4629/deep-negative-v1x

https://www.liblib.art/modelinfo/03bae325c623ca55c70db828c5e9ef6c

（3）badhandv4

badhand 是一款专门针对手部进行优化的负面提示词 Embedding 模型，能够在对原画风影响较小的前提下，减少手部残缺、手指数量不对及出现多余手臂的情况，适合动漫风大模型，如下图所示。

此模型下载链接如下。

https://civitai.com/models/16993/badhandv4-animeillustdiffusion

https://www.liblib.art/modelinfo/9720584f1c3108640eab0994f9a7b678

（4）Fast Negative

Fast Negative 也是一款非常强大的负面提示词 Embedding 模型，它打包了常用的负面提示词，能在对原画风和细节影响较小的前提下提升画面精细度，动漫风和写实风的大模型都适用，下载链接如下。

https://civitai.com/models/71961/fast-negative-embedding

https://www.liblib.art/modelinfo/5c10feaad1994bf2ae2ea1332bc6ac35

使用通用提示词

生成图像时，可以使用下面展示的通用负面提示词。

nsfw,ugly,duplicate,mutated hands, (long neck), missing fingers, extra digit, fewer digits, bad fee t,morbid,mutilated,tranny,poorly drawn hands,blurry,bad anatomy,bad proportions,extra limbs, cloned face,disfigured,(unclear eyes),lowers, bad hands, text, error, cropped, worst quality, low quality, normal quality, jpeg artifacts, signature, watermark, username, bad feet, text font ui, malformed hands, missing limb,(mutated hand and finger:1.5),(long body:1.3),(mutation poorly drawn:1.2),malformed mutated, multiple breasts, futa, yaoi,gross proportions, (malformed limbs), NSFW, (worst quality:2),(low quality:2), (normal quality:2), lowres, normal quality, (grayscale), skin spots, acnes, skin blemishes, age spot, (ugly:1.331), (duplicate:1.331), (morbid:1.21), (mutilated:1.21), (tranny:1.331), mutated hands, (poorly drawn hands:1.5), blurry, (bad anatomy:1.21), (bad proportions:1.331), extra limbs, (disfigured:1.331), (missing arms:1.331), (extra legs:1.331), (fused fingers:1.61051), (too many fingers:1.61051), (unclear eyes:1.331), lowers, bad hands, missing fingers, extra digit,bad hands, missing fingers, (((extra arms and legs)))

质量提示词

质量就是图片整体看起来如何，相关的指标有分辨率、清晰度、色彩饱和度、对比度和噪声等，高质量的图片会在这些指标上有更好的表现。正常情况下，我们当然想生成高质量的图片。

常见的质量提示词：best quality（最佳质量）、masterpiece（杰作）、ultra detailed（超精细）、UHD（超高清）、HDR、4K、8K。

需要特别指出的是，针对目前常见常用 SD1.5 版本模型，在提示词中添加质量词是有必要的。如果使用的是较新的 SDXL 版本模型，则由于质量提示词对生成图片的影响很小，因此不必添加，因为 SDXL 模型默认会生成高质量的图片。

而 SD1.5 版本的模型在训练时使用了各种不同质量的图片，所以要通过质量提示词告诉模型优先使用高质量数据来生成图像。

下面展示的两张图像使用了完全相同的底模、生成参数，唯一的区别是，在生成下右图展示的图像时使用了质量提示词 8K,best quality,4K,UHD,masterpiece，而生成下左图展示的图像时没有使用质量提示词。可以看出，右图的图像质量明显高于左图。

掌握提示词权重

在撰写提示词，可以通过调整提示词中单词的权重来影响图像中局部图像的效果，其方法通常是使用不同的符号与数字，具体如下所述。

用大括号“{}”调整权重

如果为某个单词添加 {}，则可以为其增加 1.05 倍权重，以增强其在图像中的表现。

用小括号“( )”调整权重

如果为某个单词添加（ ），可以为其增加 1.1 倍权重。

用双括号“(( ))”调整权重

如果使用双括号，则可以叠加权重，使单词的权重提升为 1.21 倍（1.1×1.1），但最多可以叠加使用 3 个双括号，即 1.1×1.1×1.1=1.331 倍。

例如，当以 1girl,shining eyes,pure girl,(full body:0.5),luminous petals,short hair,Hidden in the light yellow flowers,Many flying drops of water,Many scattered leaves,branch,angle,contour deepening,cinematic angle 为提示词生成图像时，可以得到如下左图所示的图像。但如果为 Many flying drops of water 叠加 3 个双括号，则可以得到如下右图所示的图像，可以看出，水珠明显增多。

用中括号“[ ]”调整权重

前面介绍的符号均为添加权重，如果要减少权重，可以使用中括号，以减少该单词在图像中的表现。当添加 [] 后，可以将单词本身的权重降低 0.9，同样最多可以用 3 个。

例如，下左图是使用了 1girl,shining eyes,pure girl,(full body:0.5),(((falling leaves))),luminous petals,short hair,Hidden in the light yellow flowers,branch,angle,contour deepening,cinematic angle 为提示词生成的图像，下右图为提示词 falling leaves 叠加三个 [] 后得到的效果，可以看出，落叶几乎没有了。

用冒号“:”调整权重

除了使用以上括号，还可以使用冒号加数字的方法来修改权重。

例如，(fractal art:1.6) 就是指为 fractal art 添加 1.6 倍权重。

当使用提示词 masterpiece, top quality, best quality, official art, beautiful and aesthetic:1.2),(1girl),extreme detailed,fractal art,colorful,highest detailed 生成图像时，分别为 fractal art 添加了 1.1 至 1.9 数字权重，获得了下面这组图像。

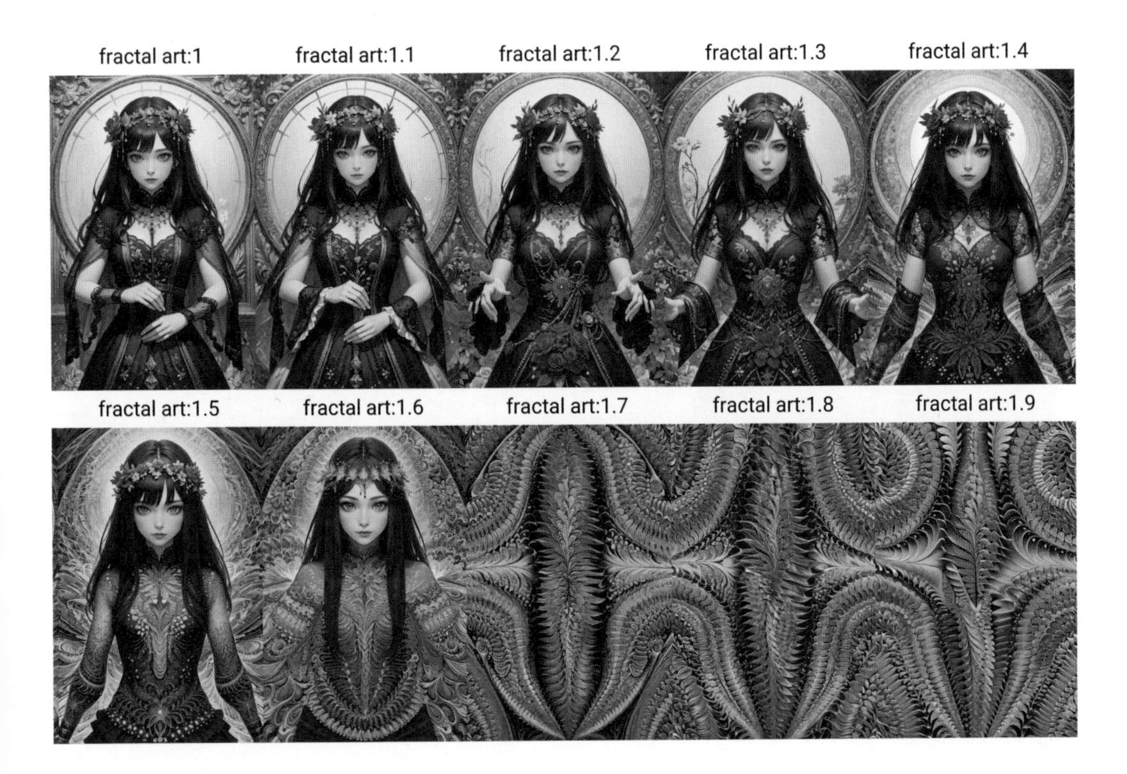

调整权重的技巧与思路

调整权重的技巧

在正面或负面提示词中选择一个词语后，按住 Ctrl 键和上下方向键，可以快速给这个词语加括号，调整权重。

调整权重的思路

在调整权重时，可以先以无权重设置的正面提示词生成图像，并根据图像效果来加强或降低某些单词的权重，以精确修改图像的效果。

通常降低权重会削弱图像中的元素，而提高权重可以增强图像中的元素，但需要注意的是，权重降低太多，将导致元素消失；权重提高太多，则会导致图像画风全变。

例如，观察上面一组图像，可以看出，当将权重提升到 1.6 时，将导致图像完全发生变化。

调整权重失败的原因

如果在调整权重时，即便使用较高的权重值也无法影响图像，这可能是由于 LoRA 或模型中没有相关单词的训练素材。

例如，当使用提示词 gold dragon,white jade,(pearl:0.8),(ruby eyes),luster,gold chinese dragon, Luxury,masterpiece,high quality,high resolution,wings,chinese pattern,background,gorgeous,Gilded, 生

成图像时，得到的是如下左图所示的图像。虽然将 white jade 的权重调整为 1.7 时，但仍然无法得到白玉材质，如下右图所示。

但当更换底模并修改 LoRA 后，并将 white jade 的权重修改为 1.3，可以得到如右图所示的白玉材质效果。

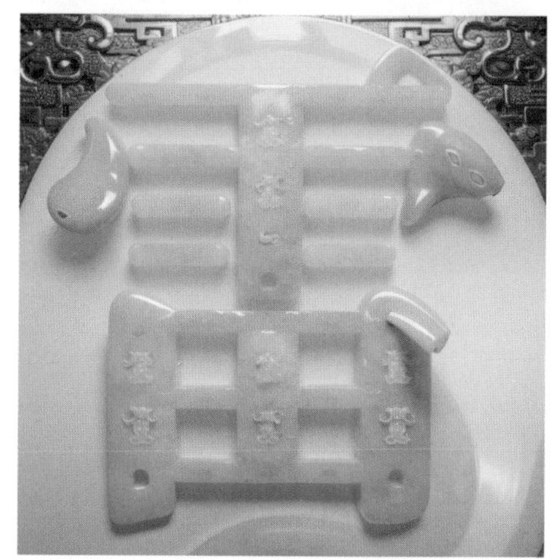

将 white jade 的权重修改为 1.6，可以得到如右图所示的效果。

理解提示词顺序对图像效果的影响

在默认情况下，提示词中越靠前的单词权重越高，这意味着，当创作者发现在提示词中某一些元素没有体现出来时，可以依靠两种方法来使其出现在图像中。

第一种方法是使用前面曾经讲过的叠加括号的方式。

第二种方法是将此单词移动至句子前面。

例如，当以提示词 masterpiece,best quality,1girl,shining eyes,pure girl,solo,long hair,bow,looking at viewer,hair bow,smile,black hair,ribbon,brown hair,upper body,shirt,bangs,mole,stuffed toy,teddy bear, 生成图像时，得到的效果如下左图所示，可以看到，图像中笔者在句子末尾添加的 stuffed toy,teddy bear（毛绒玩具布偶、泰迪熊）并不明显。

但如果将 stuffed toy,teddy bear 移于句子的前部，即提示词为 masterpiece,best quality,stuffed toy,teddy bear,1girl,shining eyes,pure girl,solo,long hair,bow,looking at viewer,hair bow,smile,black hair,ribbon,brown hair,upper body,shirt,bangs,mole, 再生成图像，则可以使图像中出现红色的包，如下右图所示。

理解提示词注释的用法

在有些情况下，即使通过提高或削弱权重，也不能阻止部分提示词干扰其他提示词的现象，尤其是带有颜色描述的提示词，很容易将其他主体的颜色也改变，此时就需要使用提示词注释将每个主体的描述分开，具体的格式为“主体 \(注释 1, 注释 2\)”。

例如，当以提示词 1 girl,silver hair,blue eyes,(yellow business_suit:1.4),slim body,(walking),1 black handbag,street_background,looking at viewer,full body shot,(masterpiece:1.4, best quality),unity 8k wallpaper,ultra detailed,beautiful and aesthetic,perfect lighting,detailed background,realistic,solo,perfect detailed face,detailed eyes,highly detailed, 生成图像时，得到的效果如下左图所示，可以看到图像中的包也变成了黄色，但提示词中填入的是黑色的包。

但如果使用提示词注释格式 1 girl\(silver hair,blue eyes,(yellow business_suit:1.4)\),slim body,(walking),1 black handbag,street_background,looking at viewer,full body shot,(masterpiece:1.4, best quality),unity 8k wallpaper,ultra detailed,beautiful and aesthetic,perfect lighting,detailed background,realistic,solo,perfect detailed face,detailed eyes,highly detailed, 再生成图像，则发现生成的图像中包变成了黑色，并没有被黄色干扰，如下右图所示。

提示词翻译节点的使用

在最开始使用 Stable Diffuison 时，英语如果不好的话，写提示词往往要先去翻译软件输入中文，然后翻译成英文后，再来到提示词输入框中填入，需要在 SD 和翻译软件之间来回反复操作，整个过程非常烦琐。

即使后来有人开发了 tag 补全插件，但本质上却是按照本地词库（两个 CSV 文件）进行对照翻译，词库里没有的词就翻译不出来，而 AlekPet 扩展节点可以直接把输入的中文提示词转换为英文提示词，具体操作如下。

（1）安装 AlekPet 扩展节点。进入 ComfyUI 界面，点击右下角菜单中的“管理器”按钮，在弹出的“ComfyUI 管理器”窗口中点击“安装节点”按钮，在弹出的“安装节点”窗口的右上角搜索框中输入“AlekPet”，点击“搜索”按钮，列表中就会出现 AlekPet 扩展节点，点击“安装”按钮，等待节点安装完毕，重启 ComfyUI 即可使用，笔者这里之前已经安装过了，如下图所示。

（2）新建“翻译文本 (Argos 翻译)”节点，它的新建位置在“新建节点”“Alek 节点”“文本”“翻译文本 (Argos 翻译)”，同时还需要新建“预览文本”节点配合显示“翻译文本 (Argos 翻译)”节点翻译后的文本内容，它的新建位置在“新建节点”“Alek 节点”“拓展”“预览文本”，如下图所示。

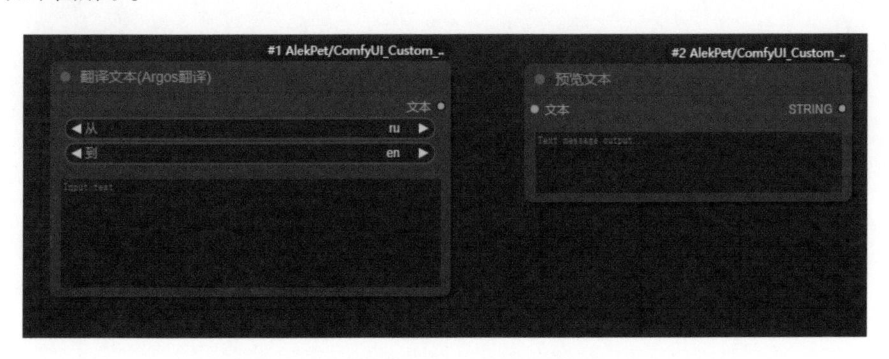

（3）因为需要将中文翻译为英文，所以在“翻译文本 (Argos 翻译)”节点设置为从 zh [中文（简体）] 到 en（英语），并将“翻译文本 (Argos 翻译)”节点的“文本”输出端口连接在“预览文本”节点的“文本”输入端口，如下图所示。

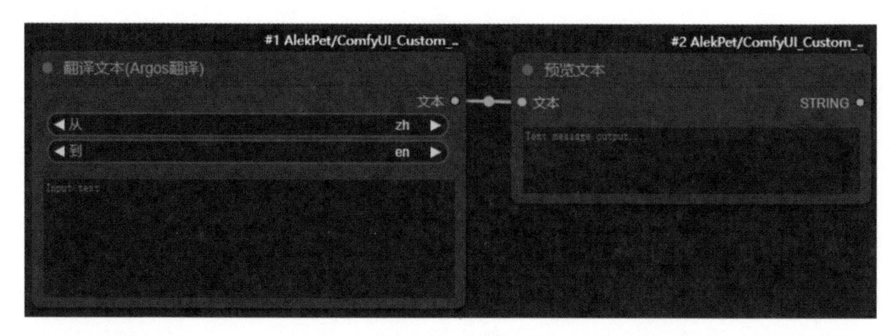

（4）在“翻译文本 (Argos 翻译)”节点文本输入框中输入提示词语“最佳质量，杰作，1 女生，衬衫，牛仔裤，长发”，点击“添加提示词队列”按钮，等待翻译完成后，“预览文本”节点就会显示翻译后的英文提示词，如下图所示。

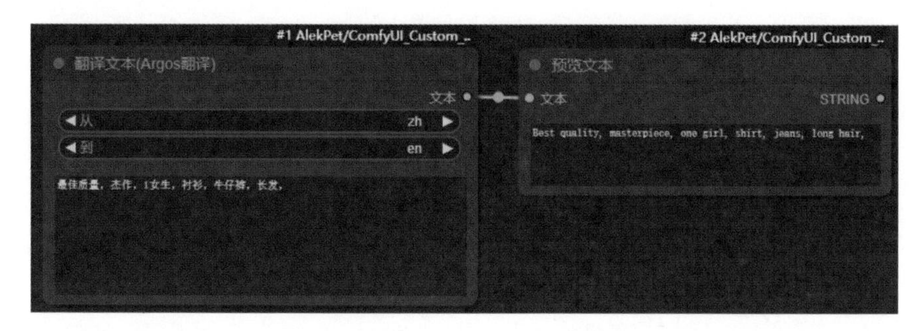

（5）翻译完成后的提示词还需要连接到“CLIP 文本编码器”节点，新建“CLIP 文本编码器”节点，发现“预览文本”节点的输出端口无法连接到“CLIP 文本编码器”节点的“CLIP”输入接口，这是需要用鼠标右键点击“CLIP 文本编码器”节点，在弹出的选项列表中选择“转换为输入”“转换文本为输入”，发现“CLIP 文本编码器”节点会多出一个“文本”输入端口，使其与“预览文本”节点的“STRING”输出端口连接，这样就可以将“翻译文本 (Argos 翻译)”节点使用在工作流中了，如下图所示。

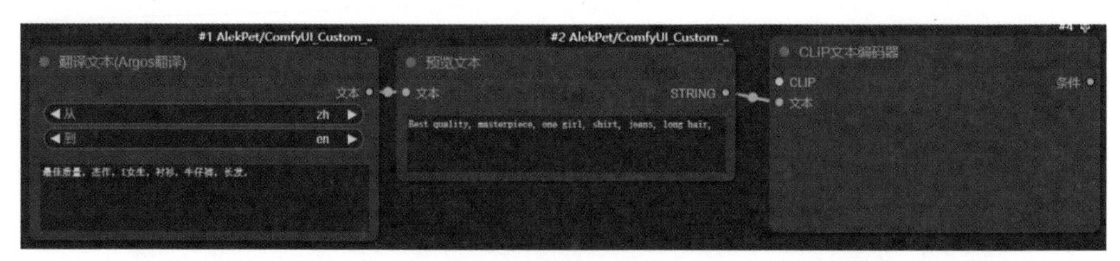

（6）如果不需要看到翻译后的英文提示词，只需要一个节点就可以搞定，新建“CLIP 文本编码器 (Argos 翻译)”节点，它的新建位置在“新建节点”“Alek 节点”“条件”“CLIP 文本编码器 (Argos 翻译)”，同样在将节点设置为从“zh”到“en”，如下图所示。

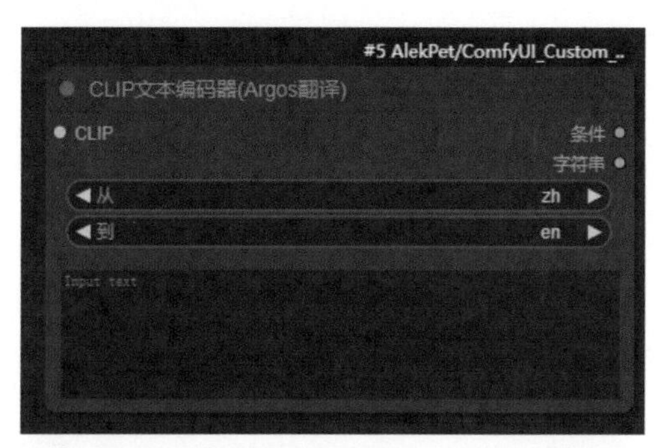

（7）加载文生图工作流，由于“CLIP 文本编码器 (Argos 翻译)”节点本身就是“CLIP 文本编码器”节点了，所以直接删除正负提示词“CLIP 文本编码器”节点，替换为“CLIP 文本编码器 (Argos 翻译)”节点，如下图所示。

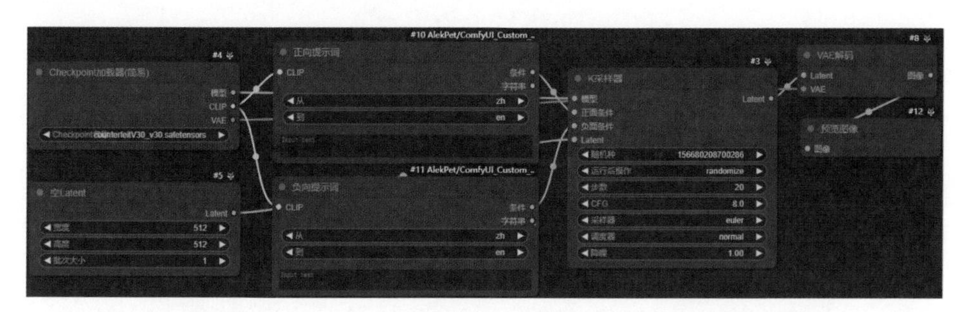

（8）设置文生图工作流参数，在正向提示词文本框中输入“最佳质量，杰作，1 女生，衬衫，牛仔裤，长发”，在反向提示词文本框中输入“低分辨率，文本，裁剪，最差质量”，点击“添加提示词队列”按钮，一张根据中文提示词引导的图像就生成了，如下图所示。

第 6 章

了解底模与 LoRA 模型

理解并使用 SD 底模模型

什么是底模模型

当打开 SD 后，最左上方就是 SD 底模模型（也称为大模型）下拉列表框，由此不难看出其重要性。目前网上可供下载的底模绝大部分是 1.5 版本。

在人工智能的深度学习领域，模型通常是指具有数百万到数十亿参数的神经网络模型。这些模型需要大量的计算资源和存储空间来训练和存储，旨在提供更强大、更准确的性能，以应对更复杂、更庞大的数据集成任务。

简单来说，SD 底模模型就是通过大量训练，使 AI 掌握各类图片的信息特征，这些海量信息汇总沉淀下来的文件包，就是底模模型。

由于底模模型文件里有大量信息，因此，通常我们在网上下载的底模模型文件都非常大，下面展示的是笔者使用的底模模型文件，可以看到，最大的文件有 7GB 多，小一些的文件也有 3GB 多。

Anything_jisanku.ckpt	7,523,104 KB	2023/10/16 3:16	CKPT 文件
chilloutmix_.safetensors	7,522,730 KB	2023/10/16 1:31	SAFETENSORS ...
影视游戏概念模型.safetensors	7,522,730 KB	2023/10/16 1:48	SAFETENSORS ...
插画海报风格.safetensors	7,522,720 KB	2023/10/16 5:52	SAFETENSORS ...
SDXL_base_1.0.safetensors	6,775,468 KB	2023/11/8 11:25	SAFETENSORS ...
SDXL DreamShaper XL1.0_alpha2 (xl1.0).safetensors	6,775,458 KB	2023/10/15 20:08	SAFETENSORS ...
SDXL juggernautXL_version5.safetensors	6,775,451 KB	2023/10/5 0:06	SAFETENSORS ...
SDXL sdxlNijiSpecial_sdxlNijiSE.safetensors	6,775,435 KB	2023/10/15 19:51	SAFETENSORS ...
leosamsHelloworldSDXLModel_helloworldSDXL10.safetensors	6,775,433 KB	2023/10/5 12:34	SAFETENSORS ...
SDXL leosamsHelloworldSDXLModel_helloworldSDXL10.safetensors	6,775,433 KB	2023/10/15 20:04	SAFETENSORS ...
SDXL dynavisionXLAllInOneStylized_release0534bakedvae.safetensors	6,775,432 KB	2023/10/15 19:55	SAFETENSORS ...
SDXL Microsoft Design 微软柔彩风格_v1.1.safetensors	6,775,431 KB	2023/10/15 20:08	SAFETENSORS ...
SDXL refiner_vae.safetensors	5,933,577 KB	2023/10/15 22:01	SAFETENSORS ...
建筑 realistic-archi-sd15_v3.safetensors	5,920,999 KB	2023/10/16 5:56	SAFETENSORS ...
2.5D：protogenX34Photorealism_1.safetensors	5,843,978 KB	2023/10/16 0:17	SAFETENSORS ...
建筑 aargArchitecture_v10.safetensors	5,680,582 KB	2023/10/16 18:29	SAFETENSORS ...
perfectWorld_perfectWorldBakedVAE.safetensors	5,603,625 KB	2023/10/26 1:33	SAFETENSORS ...
AbyssOrangeMix2_nsfw.safetensors	5,440,238 KB	2023/10/16 2:09	SAFETENSORS ...

理解底模模型的应用特点

需要特别指出的是，底模模型文件并不是保存的一张张的图片，这是许多初学者的误区。底模模型文件保存的是图片的特征信息数据，理解这一点以后，才会明白为什么有些底模模型长于绘制室内效果图，有些长于绘制人像，有些长于绘制风光。

所以这就涉及底模模型的应用特点，这也是为什么一个 AI 创作者需要安装数百 GB 的底模模型的原因。

因为只有这样，才可以在绘制不同领域的图像时，调用不同的底模模型。

这也是 SD 与 Midjourney（MJ）最大的不同之处，我们可以简单地将 MJ 理解为一个通用大模型，只不过这个大模型没有保存在本地，而 SD 由无数个分类底模模型构成，想绘制哪一种图像，就需要调用相对应的底模模型。

下面展示的是使用同样的提示词、参数，在仅更换底模模型的情况下绘制出来的图像，从中可以直观地感觉到底模模型对图像的影响。

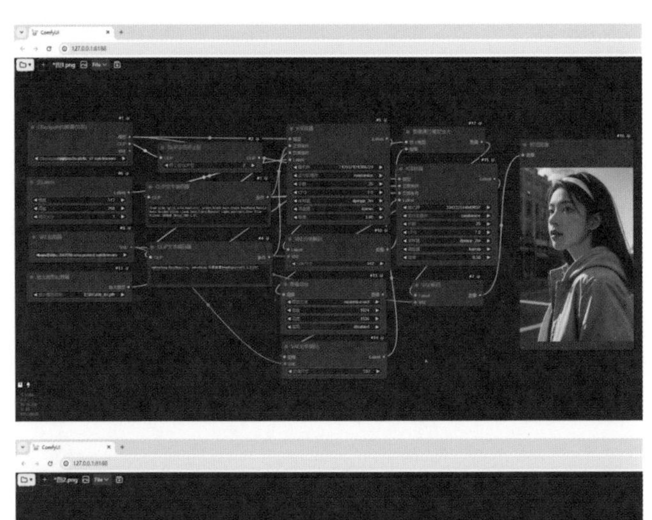

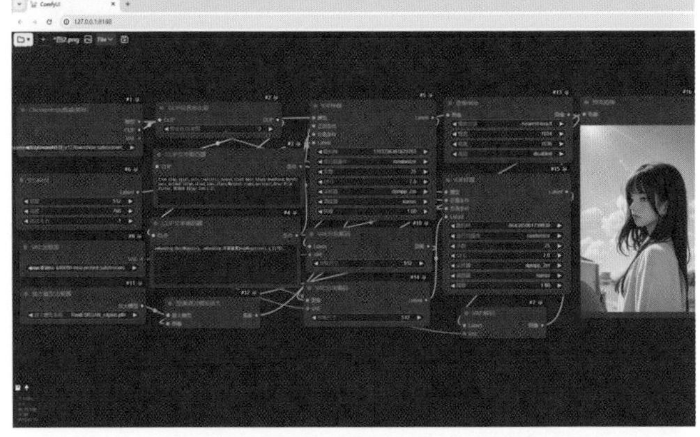

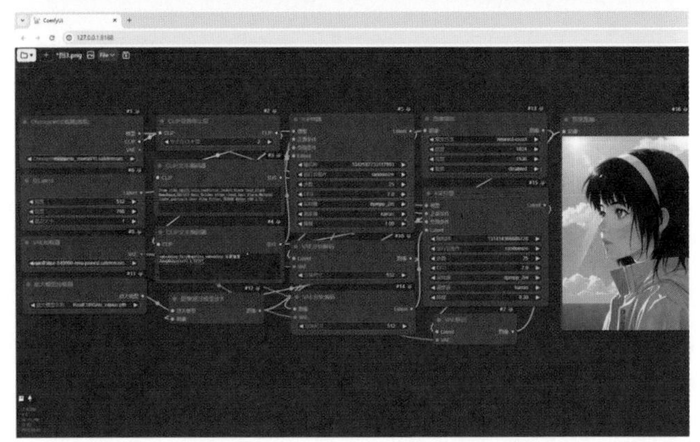

在前面展示的3张图像中，最上方的图像使用的大模型为majicmixRealistic_v7，此大模型模型专门用于绘制写实类人像，因此，从右侧生成的图像可以看出，成品效果非常真实。

在生成中间的图像时，使用的大模型模型是dreamshaper_8，这个大模型模型专注于生成3D人物角色，生成的3D角色细节丰富，因此，从右侧展示的图像也能看出来，图像有明显的3D效果，细节效果也非常好。

生成最下方的图像时，使用的大模型模型为 meinamix_meinaV11，此大模型模型用于生成二次元动漫效果图像，因此，右侧展示的生成图像具有非常明显的二次元动漫风格。

理解并使用 SDXL 模型

认识 SDXL 模型

SDXL 模型，是一种基于深度学习的文本生成模型，旨在解决大规模文本生成任务中的计算效率和内存消耗问题。通过引入一系列优化技术，如梯度检查点（Gradient Checkpointing）和文本编码器训练（Text Encoder Training），SDXL 能够在有限的计算资源下高效生成高质量文本。

SD1.5 与 SDXL 之间的区别

Stable Diffusion 大模型 1.5 版本与 XL 版本之间的区别主要体现在模型规模、功能特点以及生成图像的质量上。

模型规模：SDXL 相较于 1.5 版本，是一个更大规模的模型。SDXL 具有更多的参数和更复杂的模型架构，这使得它能够处理更复杂的图像生成任务。而 SD1.5 虽然也是一个功能强大的模型，但在规模上相对较小。

功能特点：SDXL 通过引入二阶段的级联扩散模型，包括 Base 模型和 Refiner 模型，实现了更精细的图像生成。Base 模型负责基本的图像生成任务，而 Refiner 模型则对 Base 模型生成的图像进行精细化处理，从而得到更高质量的图像。相比之下，SD1.5 虽然也具备文生图、图生图、图像 inpainting 等功能，但在图像生成的精细度和质量上稍逊于 SDXL。

生成图像的质量：由于 SDXL 具有更大的模型规模和更精细的图像处理流程，因此它能够生成更高质量的图像。SDXL 生成的图像在细节、色彩和构图等方面都更加出色，能够更好地满足用户的需求。而 SD1.5 虽然也能生成高质量的图像，但在控图效果方面无法与 SDXL 相媲美。

除了以上区别外，对提示词的理解能力和生成效果上也有很大的区别，在理解能力上，相对于 SD1.5，SDXL 模型对提示词的理解能力更强。它能够更准确地解析和生成符合提示词描述的图像，特别是在处理复杂或特定领域的提示词时，表现更为出色。虽然 SD1.5 也是一款强大的生成模型，但在处理一些复杂或特定的提示词时，其理解能力可能会受到限制，导致生成的图像与预期有所偏差。在生成效果上，由于 SDXL 模型对提示词的理解更为准确，因此它能够生成更加符合用户期望的图像，所以 SDXL 的提示词一般都是一段话，一个完整的句子。虽然 SD1.5 也能生成高质量的图像，但在某些特定情况下，由于其对提示词的理解能力有限，可能会导致生成的图像在某些方面与预期不符，所以 SD1.5 的提示词只能使用单词组成，使用句子生成反而效果不好。

这里使用同样的提示词分别用 SD1.5 的模型和 SDXL 的模型生成美女与野兽的场面，很明显，SD1.5 的效果不如 SDXL 的效果更好，内容更接近提示词，SD1.5 生图如下页左图所示，SDXL 生图如下页右图所示。

使用 SDXL 模型出图失败的原因

相信大家都尝试过使用 SDXL 模型生成图片，但是生成的图片总是会出现花屏问题，无法生成正常的图像，这是因为 SDXL 模型的出图设置与 SD1.5 模型的出图设置是有一些区别的，如果不把这些区别设置好很难生成质量好的图像，具体区别如下。

（1）VAE。在使用 SDXL 模型出图时，有的 SDXL 模型会在模型介绍中给出指定的 VAE 模型，此时只能使用指定的 VAE 模型，不使用或者使用其他的 VAE 模型，就无法正常出图，是有一种情况是不能使用 SD1.5 的 VAE 模型，否则也无法正常出图。这里在除 VAE 模型以外所有设置都一样的情况下，使用 SD1.5 的 VAE 模型生成了一张图片，如下左图所示，又使用 SDXL 的 VAE 模型生成了一张图片，如下右图所示。

（2）提示词引导系数（CFG）。在使用 SDXL 模型出图时，因为 SDXL 模型对提示词的理解能力更强，它能够更准确地解析和生成符合提示词描述的图像，如果“提示词引导系数（CFG）”设置太高，可能会导致某些区域的细节被过度增强，出现不自然或混乱的现象。这里在除 CFG 以外所有设置都一样的情况下，使用 CFG 数值为 7 时生成了一张图片，如下页左图所示，使用 CFG 数值为 3 时生成了一张图片，如下页右图所示。

SDXL-Lightning

SDXL-Lightning 模型是字节跳动发布的生成式 AI 模型，采用渐进式对抗蒸馏技术，实现了快速、高质量的图像生成。相比传统模型，其速度和质量都有显著提升，降低了计算成本和时间。

SDXL-Lightning 模型采用渐进式对抗蒸馏技术，实现了前所未有的图像生成速度。该模型可以在极短的时间内（2 步或 4 步）生成高质量和高分辨率的图像，极大降低了计算成本和时间，满足快速、实时生成需求的应用场景。相比传统的扩散过程需要 20 ~ 40 次迭代调用神经网络，SDXL-Lightning 的效率提升了十倍以上。

SDXL-Lightning 模型支持 1 步、2 步、4 步和 8 步的不同推理步骤，推理步骤越多，生成的图像质量越高。在 4 步生成模式下，该模型能够生成极具细节和图文匹配度的高质量图像，如清晰呈现人物微笑、动物细毛等细节，展现了其在图像生成领域的卓越性能。

SDXL-Turbo

SDXL-Turbo 是由 Stability AI 公司开发的基于 SDXL 1.0 的升级版本。

SDXL-Turbo 基于一种称为对抗性扩散蒸馏（ADD） 的新训练方法，该方法允许在高图像质量下分 1 到 4 步对大规模基础图像扩散模型进行采样。这种方法使用分数蒸馏来利用大规模现成的图像扩散模型作为教师信号，并将其与对抗性损失相结合，以确保即使在一个或两个采样步骤的低步长范围内也能获得高图像保真度。

SDXL Turbo 模型本质上依旧是 SDXL 模型，其网络架构与 SDXL 一致，可以理解为一种经过蒸馏训练后的 SDXL 模型。不过 SDXL Turbo 模型并不包含 Refiner 部分，只包含 U-Net(Base)、VAE 和 CLIP Text Encoder 三个模块，在 FP16 精度下 SDXL Turbo 模型大小 6.94G(FP32:13.88G)，其中 U-Net(Base) 大小 5.14G，VAE 模型大小 167M 以及两个 CLIP Text Encoder 一大一小分别是 1.39G 和 246M。

“教师信号”与“技术蒸馏”

“教师信号”是指在机器学习中，特别是知识蒸馏(Knowledge Distillation)领域中常用的术语。在上述知识蒸馏的上下文中，教师信号指的是来自一个较大、更复杂或性能更好的模型（通常称为“教师模型”）的输出或预测。这些输出或预测被用作训练一个较小、更简单或计算效率更高的模型（称为“学生模型”）的参考或目标。

在 SDXL-Turbo 所描述的对抗性扩散蒸馏（ADD）方法中，大规模现成的图像扩散模型扮演了“教师模型”的角色。这个教师模型已经过训练，能够生成高质量的图像，并且其输出（即生成的图像或图像特征）被用作“教师信号”。这些教师信号随后被用于指导或训练一个更轻量级的模型（可能是 SDXL-Turbo 本身或其一部分），以便在较少的采样步骤下也能生成接近教师模型质量的图像。

具体来说，分数蒸馏（Score Distillation）是这里使用的一种技术，它涉及从教师模型的输出中提取关键信息（如分数或概率分布），并将这些信息作为训练信号来指导学生模型的训练。同时，结合对抗性损失（Adversarial Loss）可以进一步确保学生模型在减少采样步骤的同时，仍然能够保持较高的图像保真度。

理解并使用 LoRA 模型

认识 LoRA 模型

LoRA（Low-Rank Adaptation），是一种可以由爱好者定制训练的小模型，可以理解为底模模型的补充或完善插件，能在不修改底模模型的前提下，利用少量数据训练出一种独特的画风、IP 形象、景物，是掌握 SD 的核心所在。

由于其训练是基于底模模型的，因此数据量比较低，文件也比较小，下面展示的是笔者使用的部分 LoRA 模型，可以看到，小的模型只有 30MB，大的也不过 150MB，与底模模型动辄几 GB 的文件大小相比，可以说区别巨大。

lucyCyberpunk_35Epochs.safetensors	147,534 KB	2023/10/16 23:03	SAFETENSORS 文件
genshinImpact_2原神风景.safetensors	110,705 KB	2023/10/16 22:30	SAFETENSORS 文件
中国龙chineseDragonChinese_v20.safetensors	85,942 KB	2023/10/16 22:10	SAFETENSORS 文件
epiNoiseoffset_v2.safetensors	79,571 KB	2023/10/16 23:00	SAFETENSORS 文件
万叶服装kazuhaOfficialCostumeGenshin_v10.safetensors	73,848 KB	2023/10/16 22:13	SAFETENSORS 文件
chilloutmixss_xss10.safetensors	73,845 KB	2023/10/16 23:00	SAFETENSORS 文件
Euan Uglow style.safetensors	73,844 KB	2023/10/4 23:53	SAFETENSORS 文件
chineseArchitecturalStyleSuzhouGardens_suzhouyuanlin...	73,843 KB	2023/10/16 22:34	SAFETENSORS 文件
xiantiao_style.safetensors	73,842 KB	2023/10/4 23:44	SAFETENSORS 文件
羽·翅膀·摄影_v1.0.safetensors	73,841 KB	2023/11/2 22:38	SAFETENSORS 文件
arknightsTexasThe_v10.safetensors	73,840 KB	2023/10/16 23:01	SAFETENSORS 文件
ghibliStyleConcept_v40动漫风景.safetensors	73,839 KB	2023/10/16 22:27	SAFETENSORS 文件
CyanCloudyAnd_v20苍云山.safetensors	46,443 KB	2023/10/16 22:31	SAFETENSORS 文件
chineseStyle_v10中国风建筑.safetensors	43,904 KB	2023/10/16 22:31	SAFETENSORS 文件
gachaSplashLORA_gachaSplash31.safetensors	36,991 KB	2023/10/16 22:59	SAFETENSORS 文件
eddiemauroLora2 (Realistic).safetensors	36,987 KB	2023/10/5 11:40	SAFETENSORS 文件
vegettoDragonBallZ_v10贝吉特龙珠.safetensors	36,983 KB	2023/10/16 22:18	SAFETENSORS 文件
苗族服装HmongCostume_Cyan.safetensors	36,983 KB	2023/10/16 22:13	SAFETENSORS 文件
龙ironcatlora2Dragons_v10.safetensors	36,978 KB	2023/10/16 22:13	SAFETENSORS 文件

在使用 LoRA 模型时需要注意，有些 LoRA 模型的作者会在训练时加上一些强化认知的触发词，即只有在提示词中添加这一触发词，才能够激活 LoRA 模型，使其优化底模模型生成的图像，因此在下载模型时需要注意其触发词。

有的模型没有触发词，这个时候直接调用即可，模型会自动触发控图效果。

与底模模型一样，为了让各位读者直观感受 LoRA 模型的作用，下面使用同样的提示词、参数，展示使用及不使用，以及使用不同的 LoRA 模型时，得到的图像。

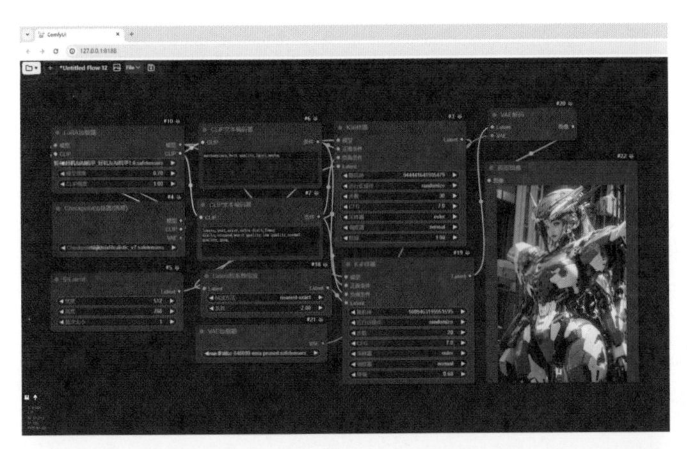

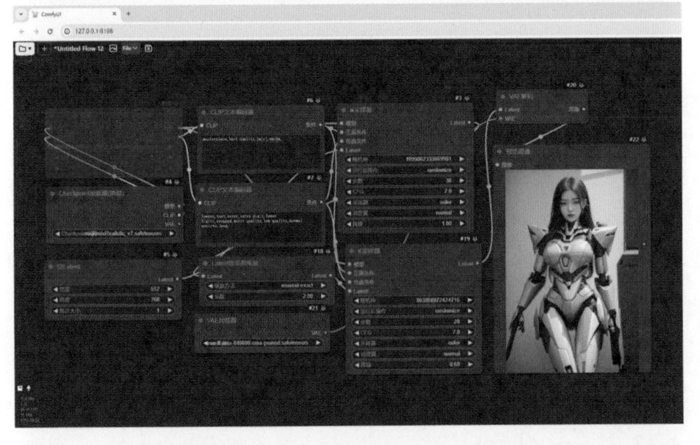

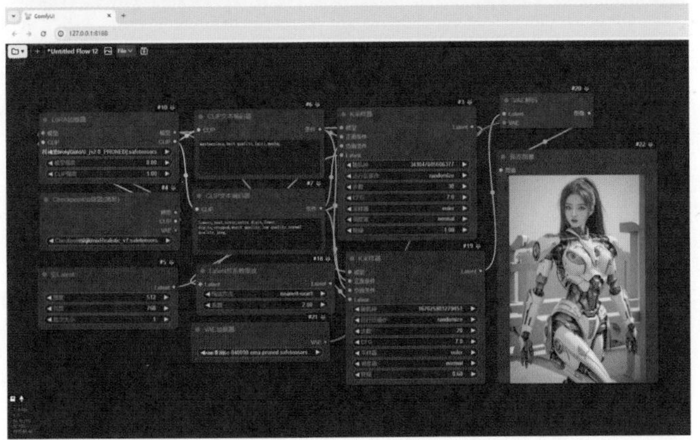

在前面展示的三张图像中，最上方的图像使用的 LoRA 模型为“好机友 AI 机甲”，此模型专门用于绘制机甲风格人像，因此，从右侧生成的图像可以看出来，成品图像的人物身着炫酷的机甲套装，且效果非常真实。

在生成中间的图像时，没有使用 LoRA 模型，仅仅是在提示词中添加了与机甲有关的词条，因此效果并不理想。

生成最下方图像时，使用的 LoRA 模型是“科技感 IvoryGoldAI”，这个模型用来生成带有金色科技质感的图片，因此，从右侧展示的图像也能看出来，图像有明显的金色科技质感，并不像机甲模型风格那么强烈。

叠加 LoRA 模型

与底模模型不同，LoRA 模型可以叠加使用，并通过权重参数使生成的图像同时有几个 LoRA 模型的效果。

例如，在下面展示的界面中，笔者使用的提示词为：best quality,masterpiece,hjyinkstyle,particle light,chinese dragon,ink splash,long hair,wind,long sleeves,1boy,dress hanfu,fighting,cyan hanfu,holding sword,back view,water,reflection,horns,ink art,mountaion background,fog,pine tree,<lora: 好机友水墨风 :0.7>,<lora: 粒子蓝光艺术 _v1:0.7>。

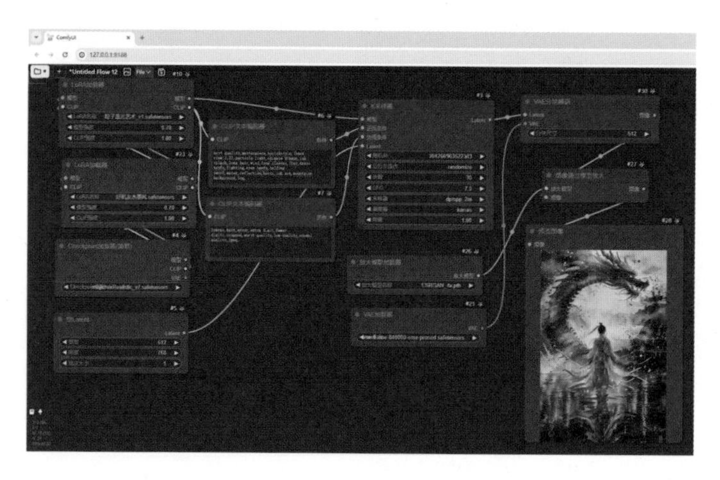

为了使水墨风的图片上带有粒子光效效果，这里使用了名为“好机友水墨风”与“粒子蓝光艺术 _v1”的两个 LoRA 模型，并通过权重参数进行了调整。

下面展示当使用不同权重数据时图像的变化。

lora: 好机友水墨风 :1.0
lora: 粒子蓝光艺术 _v1:1

lora: 好机友水墨风 :0.9
lora: 粒子蓝光艺术 _v1:1

lora: 好机友水墨风 :0.7
lora: 粒子蓝光艺术 _v1:1

lora: 好机友水墨风 :0.7
lora: 粒子蓝光艺术 _v1:0.8

lora: 好机友水墨风 :0.7
lora: 粒子蓝光艺术 _v1:0.6

lora: 好机友水墨风 :0.7
lora: 粒子蓝光艺术 _v1:0.7

通过上面展示的系列图像可以看出，权重数值并非均等影响生成粒子光效的“粒子蓝光艺术_v1”，以及生成水墨风格的“好机友水墨风”，所以在实战中，创作者要自行尝试不同的数据，以获得令人满意的整合效果。

底模与 LoRA 模型匹配技巧

在前面曾经讲解过，LoRA 是在底模模型的基础上经由少量数据特训出来的，这意味着，在使用 LoRA 模型时，一定要选择正确的底模模型，否则甚至无法得到正确的结果。

以前面曾经使用过的“好机友 AI 机甲”为例，此 LoRA 模型是在人像底模模型的基础上训练出来的，因此即使使用不同的底模模型，只要此模型包括人像相关数据，基本上可以得到不错的效果。如下面展示的两组图像，上面的图像使用的底模模型为 dreamshaper_8，下面的图像使用的底模模型为 majicmixRealistic_v7，这二者的区别只是，有的效果好，有的效果不好。

所以，如果在使用 LoRA 模型后，无法得到正确的效果，不妨尝试更换底模。

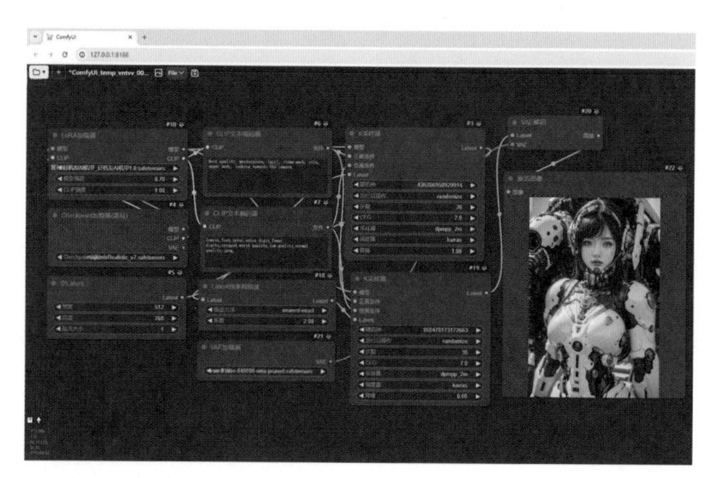

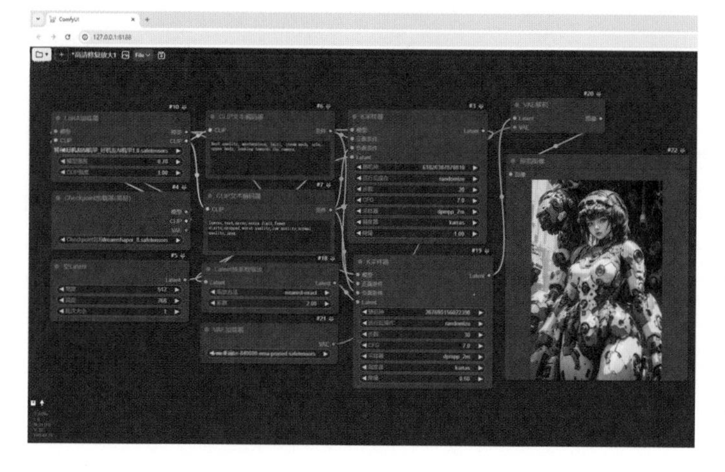

一般的选择技巧是使用 LoRA 模型时选择与其调性相同的底模，如国潮风格类的 LoRA，应该选择真人或 2.5D 风格的底模，科幻类 LoRA 应该选择游戏或真实系底模，室内外建筑 LoRA 应该选择专门的建筑系底模。

下面展示的是，笔者选择了一款专业科幻写实的风格底模 XXMix_9realistic 后得到的效果，可以看出来效果非常好。

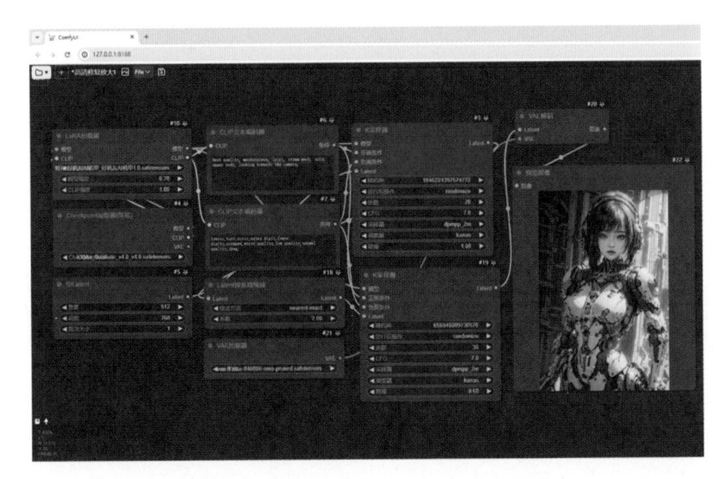

下面是笔者将底模模型切换为一个专业的建筑类型底模时得到的效果，可以看出，其效果是非常差的，如下图所示。

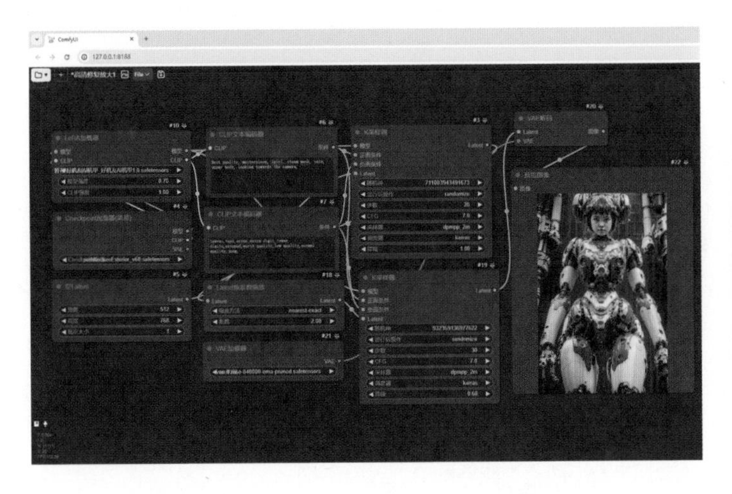

虽然这是一个很极端的案例，但充分证明了当使用 LoRA 模型时，选择正确底模的重要性。

通常在下载 LoRA 模型的页面，模型作者都会特别说明应该选择哪一种底模，对于这一点，创作者要特别留意一下。

安装底模及 LoRA 模型

模型的安装大致相同，都需要先将模型文件下载到本地，再将其放置到 Stable Diffusion 本地文件的对应文件夹中，在 WebUI 中刷新即可使用。

（1）将需要的模型下载到计算机中，这里下载的是 AWPainting_v1.2 大模型，如下图所示。

（2）将 AWPainting_v1.2 模型文件剪切到 Stable Diffusion WebUI 文件夹下 models 文件夹中的 Stable-diffusion 文件夹中，这里的路径：D:\Stable Diffusion\sd-webui-aki-v4.4\models\Stable-diffusion，如下图所示。

› 此电脑 › 本地磁盘 (D:) › Stable Diffusion › sd-webui-aki-v4.4 › models › Stable-diffusion

名称	修改日期	类型	大小
anything-v5-PrtRE.safetensors	2023/4/2 17:21	SAFETENSORS ...	2,082,643...
Put Stable Diffusion checkpoints here	2022/11/21 12:33	文本文档	0 KB
AWPainting_v1.2.safetensors	2023/11/29 15:15	SAFETENSORS ...	2,082,643...

（3）打开 Stable Diffusion WebUI 页面，单击“Stable Diffusion 模型”下拉列表框右边的按钮，刷新 SD 模型，就会在“Stable Diffusion 模型”下拉列表框中显示刚导入的 AWPainting_v1.2 模型，如下图所示。

（4）如果要安装 LoRA 模型，则要向 models\Lora 文件夹中复制了新的 LoRA 模型，然后在 SD 界面中的 LoRA 选项卡中单击“刷新”按钮，即可查找到新加入的 LoRA 模型。

SDXL Lora 与 SD1.5 Lora 的关系

在 Stable Diffusion 中，SDXL 的 LoRA 和 SD1.5 的 LoRA 都是用于微调模型的技术，但它们基于的模型版本和特性有所不同。

SDXL 的 LoRA 是基于 SDXL 模型版本的 LoRA 技术。

SDXL 是 Stability AI 在 Stable Diffusion 1.5 的基础上进行了改进和增强的新版本。

SDXL 主要对原有 Stable Diffusion 1.5 的 U-Net、VAE、CLIP Text Encode 等组件进行了优化，并在模型基础上增加了一个 Refiner 模型来提升图片的精细程度。因此，SDXL 的 LoRA 是在这个更先进、更精细的模型基础上进行微调的技术。

而 SD1.5 的 LoRA 则是基于 Stable Diffusion 1.5 模型版本的 LoRA 技术。Stable Diffusion 1.5 是一个成熟的文本到图像的生成模型，通过输入文本描述，可以生成与描述相符的高质量图像。SD1.5 的 LoRA 技术允许用户在不改变模型主体结构的情况下，通过微调部分参数来实现对模型的定制化调整，以满足特定需求或生成特定风格的图像。

在训练 Lora 方面，XL 的 Lora 训练比 1.5 的 Lora 训练要复杂得多，同时对硬件的配置要求也要高得多，训练一个普通的 XL 的 Lora 可能需要 5 ~ 8 小时，而训练一个普通的 1.5 的 Lora 只需要几十分钟，同时训练出的 XL 的 Lora 大小也要比 1.5 的 Lora 大几倍。

下左图为笔者训练的 XL 的 Lora，其单个的文件大小近 900MB，下右图为 1.5 的 Lora，其单个文件大小近 150MB，可以看出来两者相差非常大。

hjy prodshow XL--000010.safetensors	891,173 KB
hjy prodshow XL--000009.safetensors	891,173 KB
hjy prodshow XL--000008.safetensors	891,173 KB
hjy prodshow XL--000007.safetensors	891,173 KB
hjy prodshow XL--000006.safetensors	891,173 KB
hjy prodshow XL--000005.safetensors	891,173 KB
hjy prodshow XL--000004.safetensors	891,173 KB
hjy prodshow XL--000003.safetensors	891,173 KB
hjy prodshow XL--000002.safetensors	891,173 KB
hjy prodshow XL--000001.safetensors	891,173 KB

hjydisuihuofengbasepre--000010.safetensors	147,573 KB
hjydisuihuofengbasepre--000009.safetensors	147,573 KB
hjydisuihuofengbasepre--000008.safetensors	147,573 KB
hjydisuihuofengbasepre--000007.safetensors	147,573 KB
hjydisuihuofengbasepre--000006.safetensors	147,573 KB
hjydisuihuofengbasepre--000005.safetensors	147,573 KB
hjydisuihuofengbasepre--000004.safetensors	147,573 KB
hjydisuihuofengbasepre--000003.safetensors	147,573 KB
hjydisuihuofengbasepre--000002.safetensors	147,573 KB
hjydisuihuofengbasepre--000001.safetensors	147,573 KB

在使用 Lora 方面，XL 的 Lora 限制较多，首先需要使用 XL 的底模，还要根据要求选择或者不选择使用 VAE，甚至负面提示词也只能填写要求指定的，否则无法生成正常图像，相比较 1.5 的 Lora 则没有太多要求，最多需要调整一下 VAE，即可生成质量不错的图像。

总结来说，SDXL 的 LoRA 和 SD1.5 的 LoRA 都是用于微调 Stable Diffusion 模型的技术，但它们基于的模型版本和特性有所不同。SDXL 的 LoRA 基于更先进、更精细的 SDXL 模型版本，而 SD1.5 的 LoRA 则基于成熟的 Stable Diffusion 1.5 模型版本。

VAE 模型

“外挂 VAE 模型”下拉列表框就在底模模型下拉列表框的右侧，但其存在感并不强烈，因为在大多数情况下，使用通用的 VAE 模型就可以获得不错的效果，但创作者也必须了解并掌握其使用方法。

VAE（Variational Autoencoder）是一种生成模型，其作用是，通过将输入数据映射到潜在空间中，实现对样本的压缩和重构，并且通过引入潜在变量来控制生成数据的分布，从而可以生成新的数据样本。

在 SD 中，VAE 模型主要用于修复图像的色彩，即如果仅使用底模获得的图像色彩饱和度不高，则可以再选择一款 VAE 模型对图像进行微调，将其色彩恢复到正常的程度。

通常选择与底模同名的 VAE 模型，或者选择通用模型 vae-ft-mse-840000-ema-pruned。

下面展示的是，使用相同的参数，但选择不同 VAE 模型时获得的效果，可以看出当选择不正确的 VAE 模型时，甚至不如不做任何选择。

VAE: None　　VAE: kl-f8-anime.ckpt　　VAE: animevae.pt

VAE: blessed2.vae.pt　　VAE: orangemix.vae.pt　　VAE: vae-ft-mse-840000-ema-pruned.safetensors

T.I.Embedding 模型

什么是 T.I.Embedding 模型

T.I.Embedding 意为嵌入式向量，是指通过文本嵌入（Textual Inversion）的方式，对 Stable Diffusion 底模模型中的信息进行标记，由于 Embedding 模型本身不包含图像信息，基本上保存的是文本信息，因此文件一般只有几十到几百字节，比如，最出名的 EasyNegative 模型只有 24KB，如下图所示。

T.I.Embedding 模型的使用频率也比较高，比如平时令人头疼的错误画手、脸部变形等信息都可以通过调用 T.I.Embedding 模型来解决，T.I.Embedding 模型在 Stable Diffusion WebUI 界面“生成”选项卡的右侧，如下图所示。

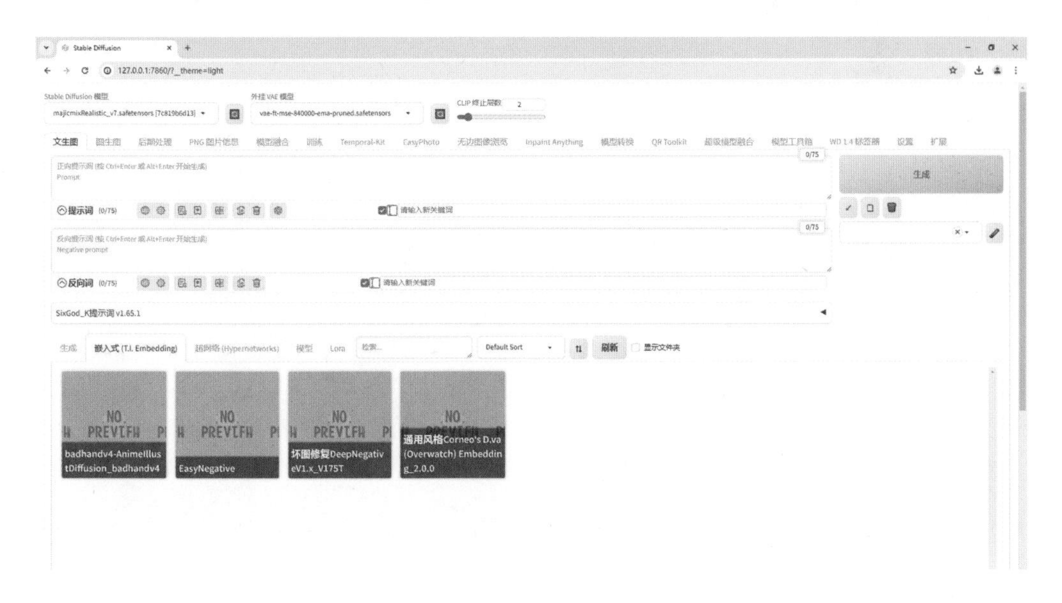

T.I.Embedding 模型的应用

要使用 T.I.Embedding 模型，首先下载扩展名为 .pt 或 .safetensors 的模型文件，将其保存在 Stable Diffusion 目录的 embeddings 文件夹中，如下图所示。

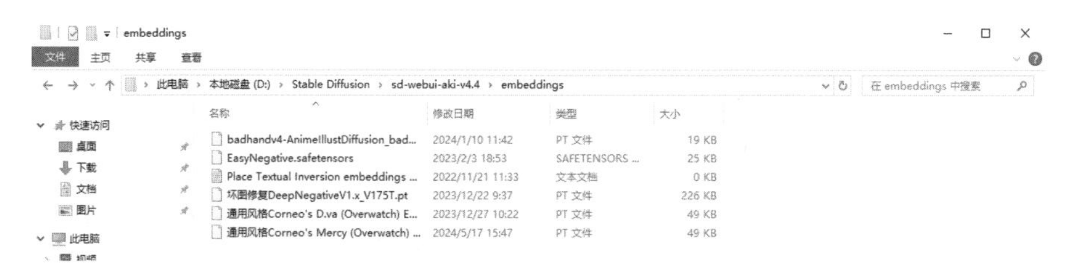

当需要生成一张指定角色的特征、风格或者画风的图像时，只需在提示词中输入角色的名字，很多大模型是无法识别的，这时就需要使用角色的 T.I.Embedding 模型了，这个模型其实包含很多用于描述这个角色特征的提示词内容，因此在没有其他额外提示词的情况下，它就已经能够生成带有角色特征的图片了。这里以游戏人物 Mercy 为例，左边是没有加 T.I.Embedding 模型生成的图片，右边是加了“通用风格 Corneo's Mercy (Overwatch) Embedding_2.0.0”模型生成的图片，如下图所示。

在生成一张图像时，往往需要在负面提示词文本框中输入很多词语，如“低画质、黑白、多余的手指、坏手、水印”等，来避免生成低质量的图像。而 T.I.Embedding 可以将大段的描述性提示词整合打包为一个提示词，并产生同等甚至更好的效果，因此 T.I.Embedding 模型往往在负面提示词中使用。触发词一般是模型的名字，比如，EasyNegative 模型的触发词就是 EasyNegative，如下图所示。

T.I.Embedding 模型推荐

目前，我们可以去 LiblibAI 上寻找 T.I.Embedding 模型。进入网站后，在主页面单击右侧的“全部类型”筛选按钮，选择 Textual Inversion，就能看到网站中所有的 T.I.Embedding 模型了，单击想要下载的模型，进入模型页面即可下载，如下图所示。

LiblibAI 网址：https://www.liblib.art/。

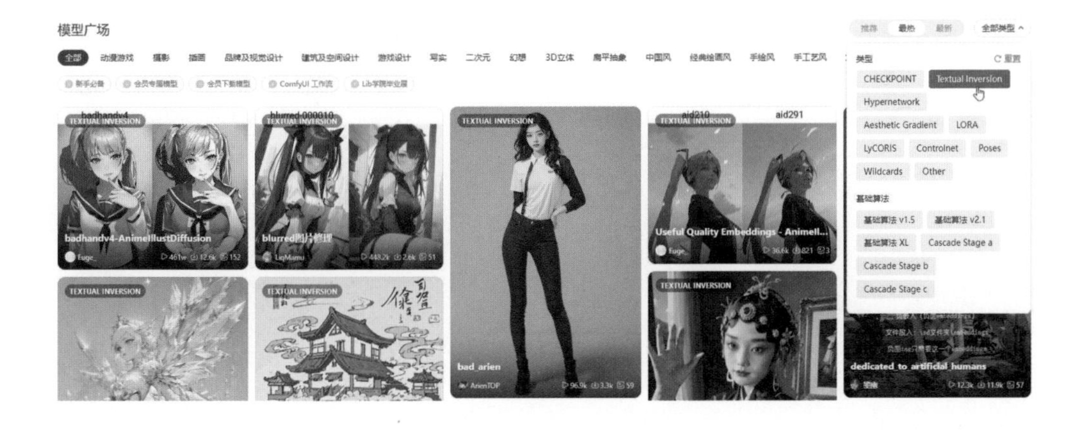

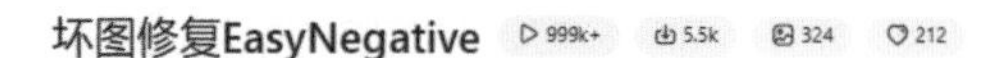

DeepNegativeV1.x

Deep Negative 可以提升图像的构图和色彩，减少扭曲的面部、错误的人体结构、颠倒的空间结构等情况的出现，动漫风和写实风的大模型都适用。

下载地址：https://www.liblib.art/modelinfo/03bae325c623ca55c70db828c5e9ef6c。

badhandv4

badhand 是一款专门针对手部进行优化的负面提示词 T.I.Embedding 模型，在对原画风影响较小的前提下，能够减少手部残缺、手指数量不对、出现多余手臂的情况，适合动漫风大模型。

下载地址：https://www.liblib.art/modelinfo/9720584f1c3108640eab0994f9a7b678。

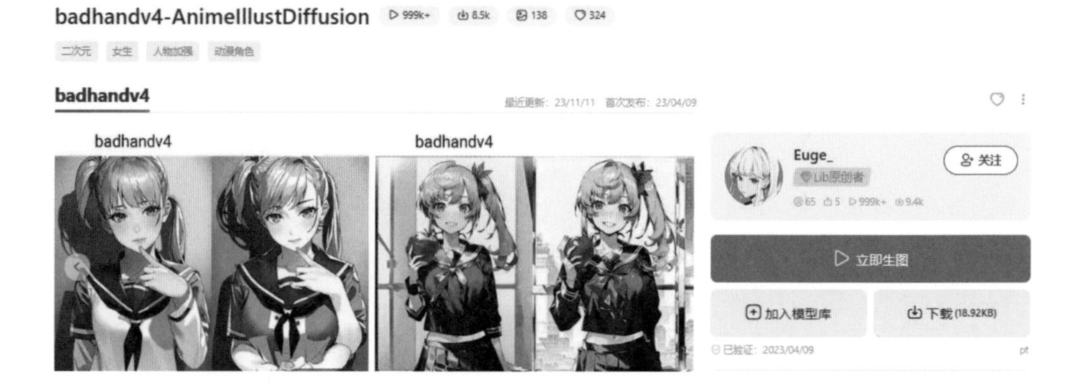

第 7 章

通过训练 LoRA 获得个性化图像

为什么要掌握训练 LoRA 技术

通过前面的学习，相信各位创作者都已经明白了 LoRA 模型的重要性，这其实也是为什么类似于 liblib.ai 这样的模型下载网站能持续火爆。

那么，既然已经有内容如此丰富的模型下载网站，为什么笔者还要格外强调创作者应该掌握 LoRA 训练技术呢?

总结起来，大致有以下三个原因。

首先，通过 LoRA 可以创建风格独树一帜的作品。例如，下面展示的是笔者使用自己训练的文字 LoRA 创作的珠宝类型文字。

其次，可以提升某一种风格的出图效率及出图质量。例如，当制作某一类型的图片时，总要撰写各种提示词以固化某一种风格，此时不如直接训练专属的 LoRA 以快速创作同类型的效果。

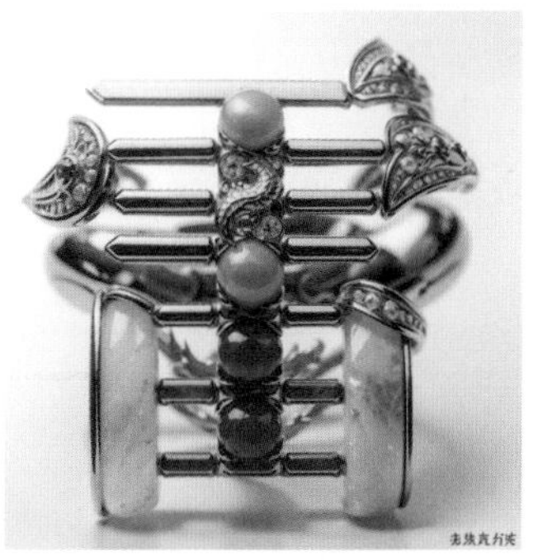

除上述两点，还有一点是基于商业变现方面的考虑。从现在 SD 的发展趋势来看，越来越多的创作机构将其纳入规范的创作工作流中，但并不是所有的机构都掌握了训练 LoRA 的方法与技巧，因此未来可能需要专业的 LoRA 训练师。

实际上，现在在 https://tusiart.com/ 网站上，那些能够获得独特效果的 LoRA 已经可以通过充能计划获得一定的收入，如下图右下角所示。

训练 LoRA 的基本流程

训练 LoRA 是有一定技术含量的操作，其步骤对初学者来说稍显复杂。

因此，下面笔者先讲解训练的基本流程，当创作者了解了整个流程涉及哪些步骤，以及每一个步骤的意义后，在训练时就更能做到有的放矢。

步骤 1：准备软件环境

训练 LoRA 需要的软件是两个，分别是用于训练及打标签的软件 LoRa-scripts，以及用于处理标签的 BooruDatasetTagManager。

其中，LoRA-scripts 可以在 B 站 Up 主“秋叶 aaaki”讲解 LoRA 训练的视频下方下载，其网址为：https://www.bilibili.com/video/BV1AL411q7Ub/?spm_id_from=333.999.0.0&vd_source=9025c98f637a55a5170a7076813ff730。

对于 BooruDatasetTagManager，可打开网址 https://github.com/starik222/BooruDatasetTagManager/releases/tag/v2.0.1 下载，如下图所示。

BooruDatasetTagManager v2.0.1 Latest

starik222 released this 3 days ago · 2 commits to master since this release · v2.0.1 · 4bd44a9

- Fixed an error that occurred when saving a data set. #80 #84
- Fixed display of the number of tags. #85
- Fixed updating the list of all tags. #82 #90
- Improved performance of the list of all tags.
- Implemented customization for displaying auto-generation results (complete replacement or adding only new tags). #81
- Focus Image Tags panel on "Add new tag" action. #86

Assets 3

BDTM_V2.0.1_NetCore60_AllInclude.zip	76.9 MB	3 days ago
Source code (zip)		4 days ago
Source code (tar.gz)		4 days ago

步骤 2：确定训练目的

在训练 LoRA 模型之前，需要首先明确需要训练什么类型的 LoRA，是具象化的人物角色、物体、元素、服饰，还是泛化的画风、概念等。

在这个阶段明确了训练的目标，才能更好地确定要找的素材，同时准备好用于训练的底模。

步骤 3：准备并处理训练素材

收集素材的方法

常用的搜索素材的方法大体可以分为以下几种。

» 在专门的素材网站下载，如花瓣网、Pexels、Unsplash 和 Pixabay 等。

» 利用后期处理软件自己合成或处理得到。

» 利用相机进行实拍收集。

» 利用三维软件制作渲染得到。

» 在类似于 Midjourney、liblib.ai 这样的在线 AI 网站上，在线生成素材。

» 在淘宝等网站购买已经整理好的素材。

下面是笔者为训练机甲 LoRA 搜索整理的素材图片。

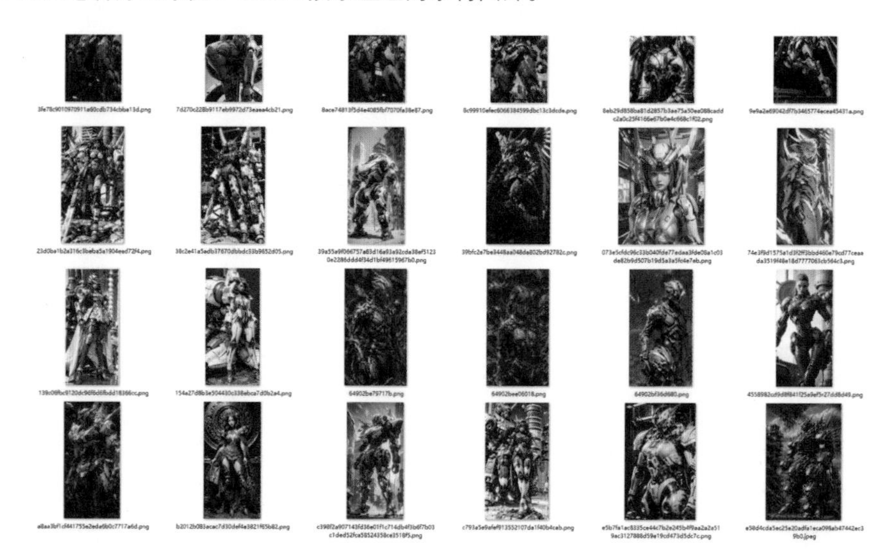

在收集整理素材时，要注意以下要点。

» 训练具象类 LoRA 要收集的图片建议 35 张左右，但要确保有训练目标对象的不同景象，如不同角度、不同背景、不同比例，由于人应该还有不同姿势、不同服饰，总之尽量全面。

» 要训练泛化类 LoRA 需要的图片数量建议至少 70 张，同时也要注意，图片尽量能够体现各种泛化的特点。

处理素材的目的

处理素材的目的有以下几个。

» 便于 SD 识别素材图像。

» 优化素材照片的质量，例如纠正偏色、裁剪不合适的部分，以及去除图片中的文字、标题等。

» 统一素材图片的尺寸，其长与宽最好均处理为 64 的倍数，素材图片的尺寸不要高于1024。

» 对素材图片进行重命名，以确保所有图片名称均为英文或数字。

右图所示为笔者训练机甲 LoRA 用到的去除背景后的素材图。

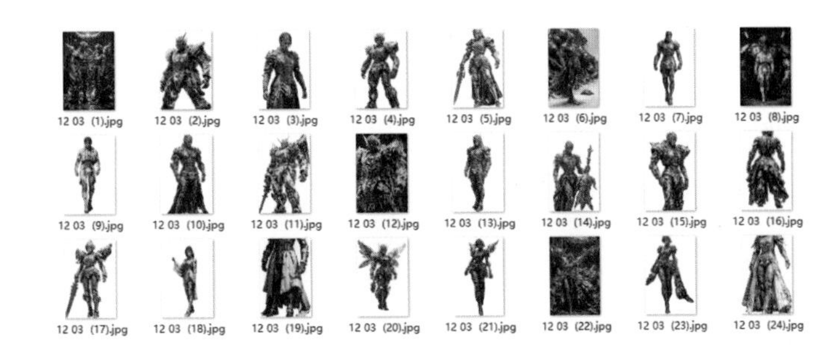

右图所示为笔者训练画面用的素材集，图片的尺寸、颜色、对比度和文件名称均不符合规范。

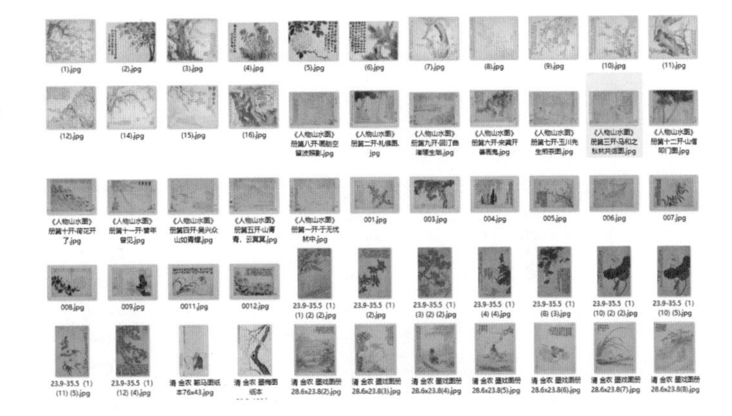

右图所示为整理后的效果。

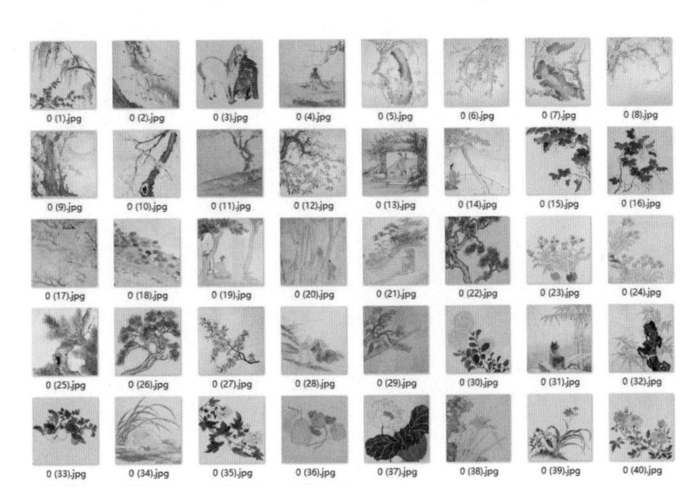

处理素材的方法

如前所述，在处理素材时，可能涉及的操作有去除背景、调色、裁剪、修改图片大小、修改文件名称等。

除了修改文件名称外，其他操作虽然均可以找到不同的处理软件，但笔者建议使用Photoshop，因为此软件可以一站式解决以上所有问题。

处理素材的注意事项与技巧

如果要去除背景，那么一定要确保去除干净，如下图所示的周边杂色要确保已去除。

此外，物体边缘尽量保证光滑，不要出现明显的锯齿，如右图所示，否则会影响最终的出图质量。

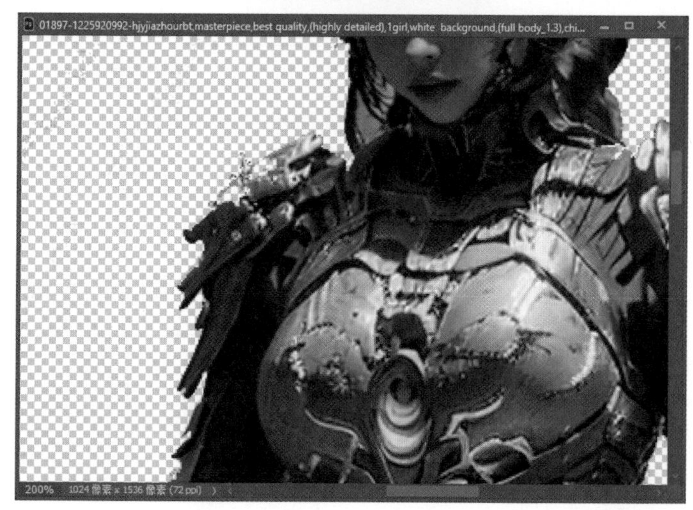

在去除大面积文字时要确保去除后的区域没有明显的遮盖、涂抹痕迹。同时，颜色风格过于明显的图片要适当调色，如右图所示。

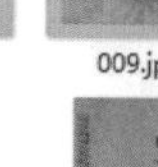

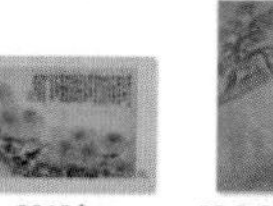
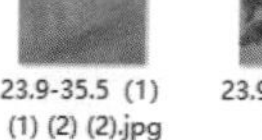

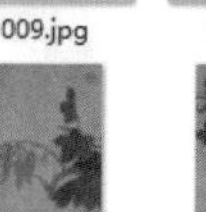

步骤 4：为素材打标签

这个步骤实际上进行的就是数据标注，工作成果是一批名称与图片相同的 TXT 文件，如下图所示。

这些 TXT 文件记录的是机器对图片的解读。例如，对于如下左图所示的素材图片，对应的 TXT 文件中的文本如下右图所示。

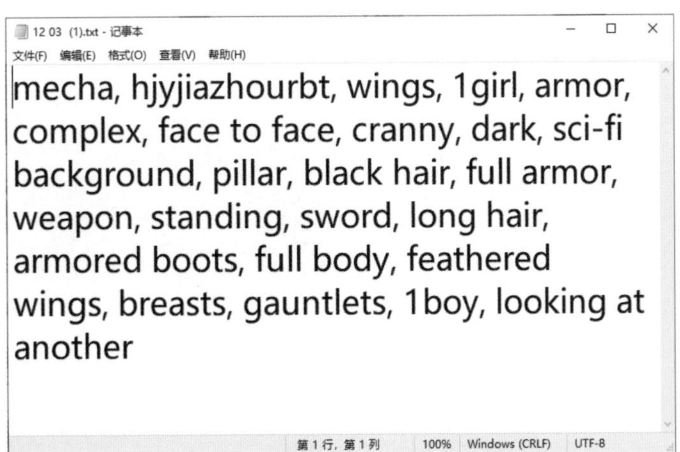

这些文字的翻译为：机甲，hjyjiazhourbt，翅膀，1 女孩，盔甲，复杂，面对面，缝隙，黑暗，科幻背景，柱子，黑色头发，全盔甲，武器，站立，剑，长发，装甲靴，全身，羽毛翅膀，胸部，手套，1 男孩，看着另一个

其中，hjyjiazhourbt 是这个 LoRA 的触发词。

步骤 5：设置参数并开始训练

当完成上述准备后，则可以进入 LoRA-scripts 中，通过设置参数来训练自己专属的 LoRA。需要注意的是，要执行此操作最好有 4070 以上的 GPU，否则等待时间可能稍长。

此外，在执行以上步骤时，无论是第一步软件的安装路径，还是所有文件的重命名操作，都要确保没有中文字符。

步骤 6：测试 LoRA

当完成训练以后，会在 LoRA-scripts 的 output 文件夹中出现一批 LoRA 文件，如右图所示，这些 LoRA 的质量有可能高，也有可能低，可以用下面两个方法从中选出质量最高的一个。

hjyzb.safetensors	2023/11/30 23:36	SAFETENSORS ...	147,572 KB
hjyzb-000001.safetensors	2023/11/30 23:16	SAFETENSORS ...	147,572 KB
hjyzb-000002.safetensors	2023/11/30 23:17	SAFETENSORS ...	147,572 KB
hjyzb-000003.safetensors	2023/11/30 23:19	SAFETENSORS ...	147,572 KB
hjyzb-000004.safetensors	2023/11/30 23:20	SAFETENSORS ...	147,572 KB
hjyzb-000005.safetensors	2023/11/30 23:21	SAFETENSORS ...	147,572 KB
hjyzb-000006.safetensors	2023/11/30 23:23	SAFETENSORS ...	147,572 KB
hjyzb-000007.safetensors	2023/11/30 23:24	SAFETENSORS ...	147,572 KB
hjyzb-000008.safetensors	2023/11/30 23:26	SAFETENSORS ...	147,572 KB
hjyzb-000009.safetensors	2023/11/30 23:27	SAFETENSORS ...	147,572 KB
hjyzb-000010.safetensors	2023/11/30 23:29	SAFETENSORS ...	147,572 KB
hjyzb-000011.safetensors	2023/11/30 23:30	SAFETENSORS ...	147,572 KB
hjyzb-000012.safetensors	2023/11/30 23:32	SAFETENSORS ...	147,572 KB
hjyzb-000013.safetensors	2023/11/30 23:33	SAFETENSORS ...	147,572 KB
hjyzb-000014.safetensors	2023/11/30 23:35	SAFETENSORS ...	147,572 KB
hjyzbrealisticV51.safetensors	2023/12/1 23:35	SAFETENSORS ...	147,572 KB
hjyzbrealisticV51-000001.safetensors	2023/12/1 23:32	SAFETENSORS ...	147,572 KB
hjyzbrealisticV51-000002.safetensors	2023/12/1 23:32	SAFETENSORS ...	147,572 KB
hjyzbrealisticV51-000003.safetensors	2023/12/1 23:32	SAFETENSORS ...	147,572 KB
hjyzbrealisticV51-000004.safetensors	2023/12/1 23:32	SAFETENSORS ...	147,572 KB
hjyzbrealisticV51-000005.safetensors	2023/12/1 23:33	SAFETENSORS ...	147,572 KB
hjyzbrealisticV51-000006.safetensors	2023/12/1 23:33	SAFETENSORS ...	147,572 KB
hjyzbrealisticV51-000007.safetensors	2023/12/1 23:33	SAFETENSORS ...	147,572 KB
hjyzbrealisticV51-000008.safetensors	2023/12/1 23:33	SAFETENSORS ...	147,572 KB
hjyzbrealisticV51-000009.safetensors	2023/12/1 23:34	SAFETENSORS ...	147,572 KB
hjyzbrealisticV51-000010.safetensors	2023/12/1 23:34	SAFETENSORS ...	147,572 KB
hjyzbrealisticV51-000011.safetensors	2023/12/1 23:34	SAFETENSORS ...	147,572 KB
hjyzbrealisticV51-000012.safetensors	2023/12/1 23:34	SAFETENSORS ...	147,572 KB
hjyzbrealisticV51-000013.safetensors	2023/12/1 23:34	SAFETENSORS ...	147,572 KB
hjyzbrealisticV51-000014.safetensors	2023/12/1 23:35	SAFETENSORS ...	147,572 KB

查看 Loss 值

在训练 LoRA 的过程中，有一个非常重要的指标，即损失函数的值，也称为 Loss 值。如果所有操作都是正确的，那么整个训练过程就是 Loss 值不断变小的过程。

换言之，在训练时只要关注如右图所示的 Loss 值，其数值只要是一直在下降，就说明训练的素材及参数是对的。

从经验来看，此数值在 0.8 左右时得到的模型效果比较好，因此就右图所示的数据来看，第 9 个与第 11 个模型大

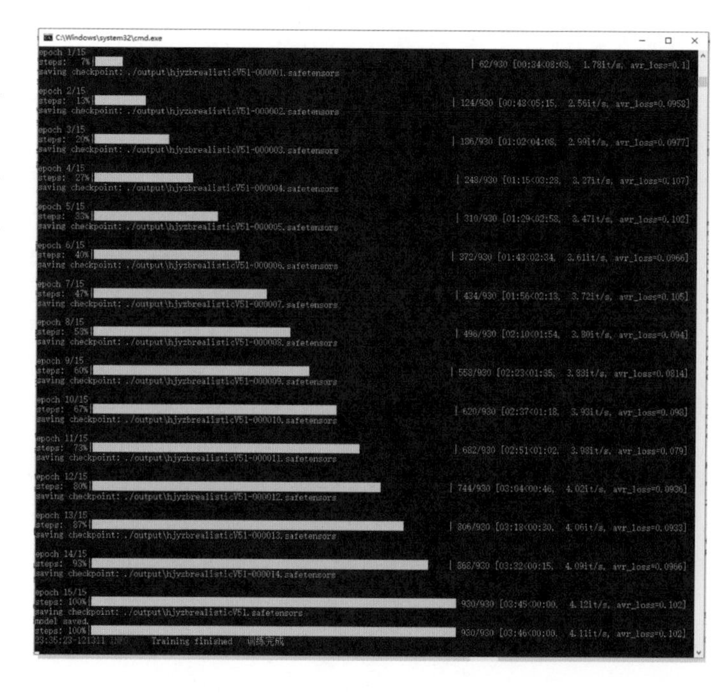

概率是效果更好一些的。

这种方法虽然快捷，但不够精准，适用于“急性子”创作者，如果要从这些模型中找到更合适的，则需要使用下面要讲解的 *XYZ* 图表法。

XYZ 图表法

这种方法是指，利用 SD 的脚本功能，自动替换提示词中的模型名称及权重值，其步骤如下。

首先，在提示词中将 LoRA 的名称与权重分别用 UNM 与 STRENGTH 来替代，因此，在提示词中 LoRA 的写法是 <lora:hjyjiazhouRBT-5.10UP-NUM:STRENGTH>，如下图所示。

接下来，在“脚本”下拉列表选择“*X*/*Y*/*Z* plot”选项，并在“*X* 轴类型”“*Y* 轴类型”中均选择 Prompt S/R 选项，将“*X* 轴值”设置为 NUM,000001,000002,000003,000004,000005,000006,000007,000008,000009,000010,000011,000012,000013,000014,000015（这是由于本例中笔者调整了 15 个模型），将“*Y* 轴值”设置为 STRENGTH,0.1,0.2,0.3,0.4,0.5,0.6,0.7,0.8,0.9,1。

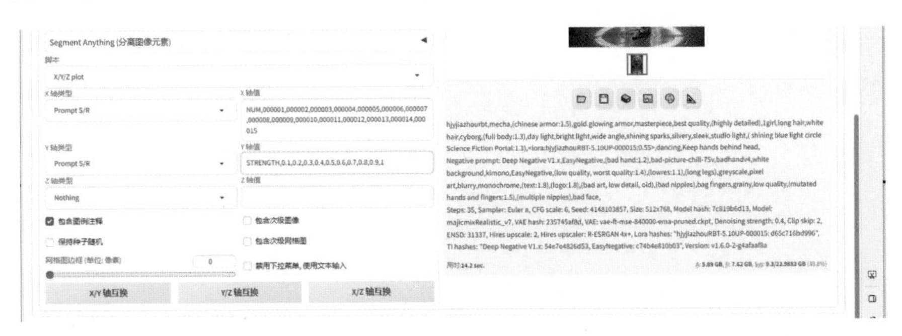

以上设置相当于，分别用“*X* 轴类型”参数匹配“*Y* 轴类型”参数，从而获得 150 组模型不同、参数不同的提示词。

完成以上设置后，单击“生成”按钮，SD 即开始自动成批生成图像，如右图所示。

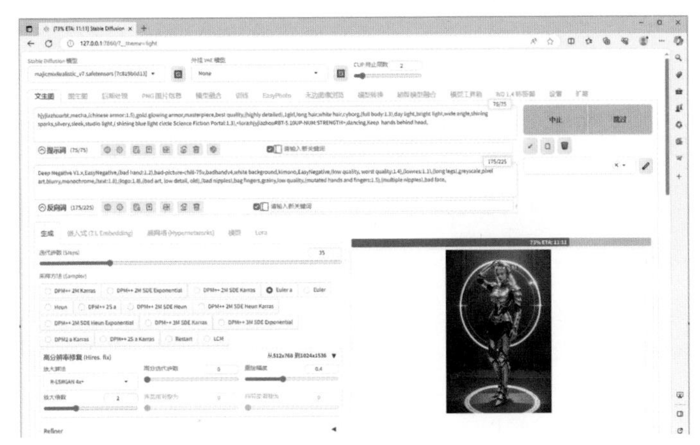

完成操作后，得到如下图所示的一张效果联系表。

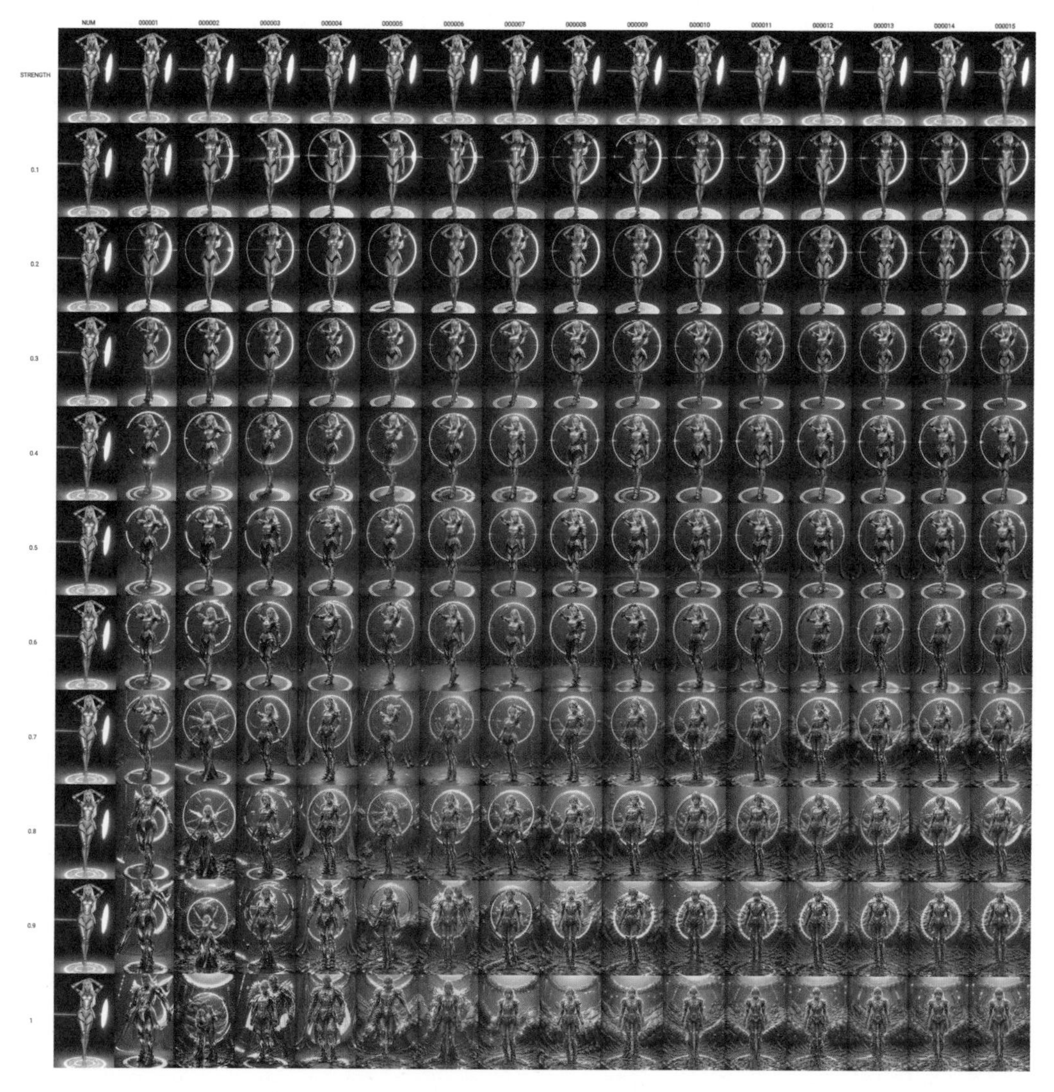

这张图像的尺寸非常大，整个文件的大小可达上百兆。例如，笔者生成的这张图像为326MB，如下图所示。

xyz_grid-0002-4148103857-hjyjiazhourbt,mecha,(chinese arm...	2023/12/5 21:04	PNG 文件	326,594 KB
02173-3560072762-dragon,heavy,gold,((jade)),(pearl_0.7),no ...	2023/12/5 11:51	PNG 文件	1,222 KB
02166-538011237-dragon,heavy,gold,((jade)),(pearl_0.7),(rub...	2023/12/5 11:50	PNG 文件	1,400 KB
02169-3833730314-dragon,heavy,gold,((jade)),(pearl_0.7),(ru...	2023/12/5 11:50	PNG 文件	1,399 KB

接下来需要放大这张图像，仔细对比查看，以确定是哪一个序号的模型在哪一个权重参数下，可以获得最好的效果。

LoRA 训练实战及参数设置

LoRA 训练实战目标

在本例中，笔者准备训练一个珠宝类型的 LoRA，因为笔者在网上没有找到一个特别满意的珠宝 LoRA。

下面展示的是，笔者使用按后面的步骤训练出来的 LoRA 创作的珠宝作品，可以看出，效果还是令人满意的。

准备并处理素材

考虑到珠宝类型丰富、材质多样、造型各异，笔者使用 Midjourney 生成了近 200 张珠宝图像，并从中选择了 100 张图像，如下图所示。

由于笔者在生成这些素材时指定了比例，而且生成的提示词指定了背景，因此在素材处理方面，只需将其统一缩小为长、宽均为 512 的正方形即可。

为素材打标签

启动用于训练及打标签的软件 LoRA-scripts。

在此软件的安装文件夹中找到下面三个 .bat 文件，先双击“A 强制更新—国内加速 .bat”，再双击“A 强制更新 .bat”，最后双击“A 启动脚本 .bat”。

A启动脚本.bat	2023/8/14 11:35	Windows 批处理...	1 KB
A强制更新.bat	2023/8/11 10:49	Windows 批处理...	1 KB
A强制更新-国内加速.bat	2023/8/11 10:49	Windows 批处理...	1 KB

启动软件后，软件将自动在网页浏览器中打开如下图所示的界面。

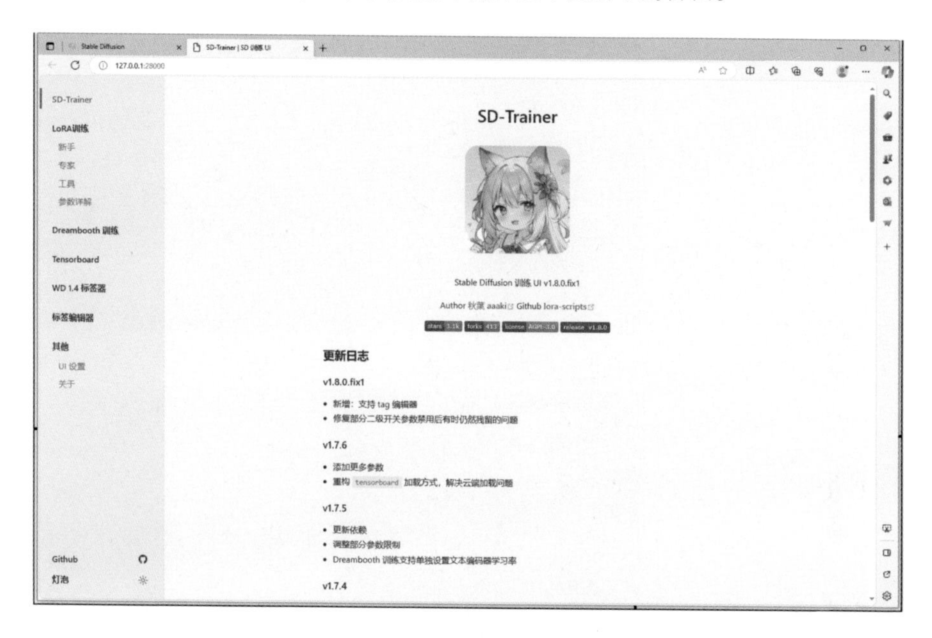

单击“WD 1.4 标签器”，进入打标签界面，在“图片文件夹路径”文本框中粘贴第 1 步整理的素材图片所在的文件夹路径 D:\train Lora\2023 11 30 jewerly train\S\JPEG，并将“阈值”设置为 0.4，其他参数保持默认，如下图所示。

此处的“阈值”可以理解为一个概率值，因为“WD 1.4 标签器”在为图片打标签时，实际上是以一定的概率来推测图片中的物体是什么的，当将数值设置为 0.4 时，意味着，要求“WD 1.4 标签器”针对一个物体输出概率大于 40% 的词条。

当设置完参数后，单击右下角的“启动”按钮。

此时将会看到，命令窗口显示如右图所示的调整用图片反推提示词的模型。

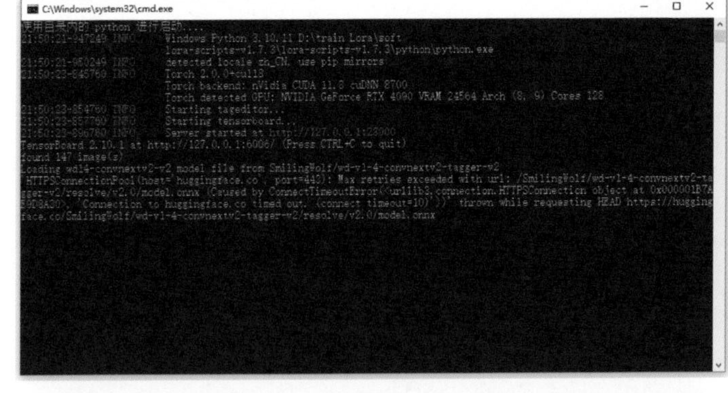

如果模型调用正确，则开始处理后显示如右图所示的为图像打标签处理进度窗口。

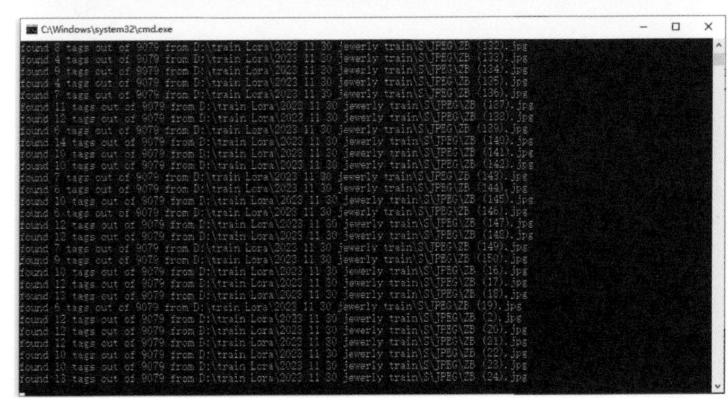

完成处理后，进入图片文件夹，可以看到与图片一一对应的标签 TXT 文件，如下图所示。

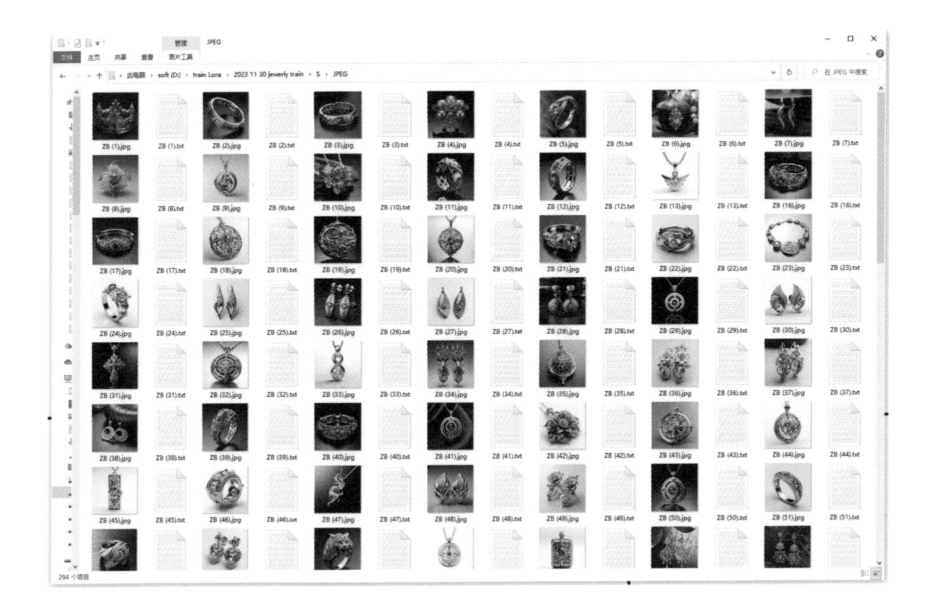

下面要进行的工作是对照图片一一核对标签TXT文本，此时要打开BooruDatasetTagManager软件，其界面如下左图所示。

如果打开软件时不是中文界面，可单击“设置”菜单，选择Setting命令，并在弹出的对话框中将“界面语言”设置为zh-CN，如下右图所示。

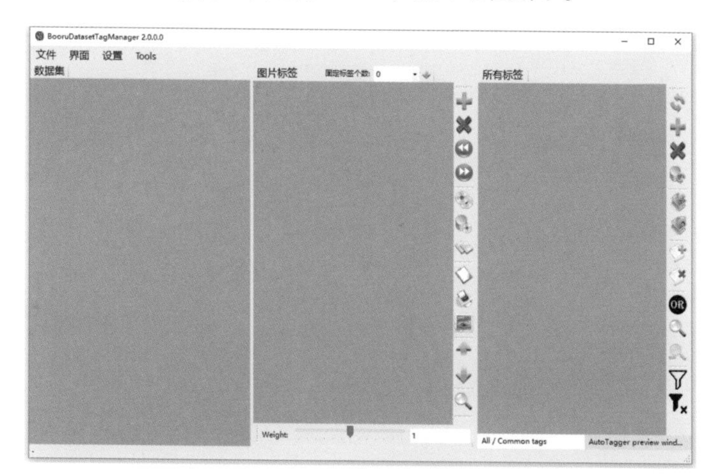

单击“文件”菜单，选择“读取数据集目录”命令，并在弹出的对话框中选择上一步打标签的文件夹，此时会将图片及各图片标签全部列出，如右图所示。

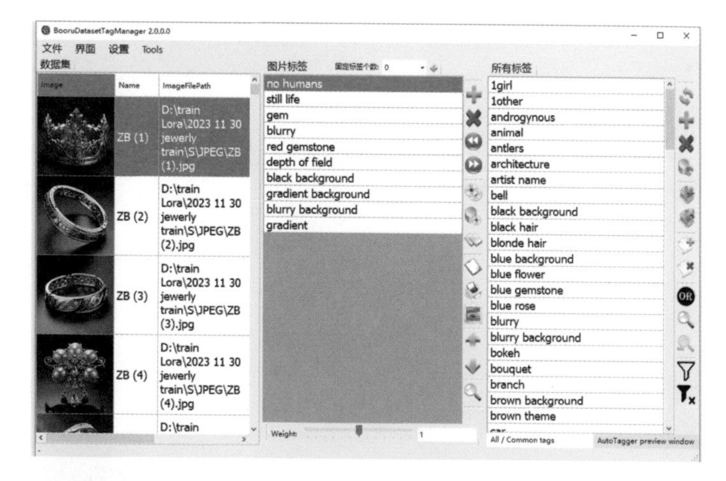

为了便于修改标签，单击“界面”菜单，选择“翻译标签”命令，此时软件界面如右图所示。

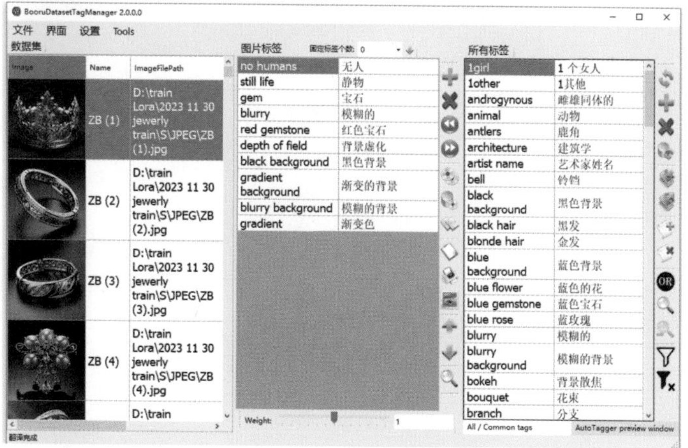

从软件最右侧的一栏“所有标签”中选中明显错误的文字标签，如右图所示的twitter username，以及下方的watch，然后单击右侧的“删除”按钮✖。

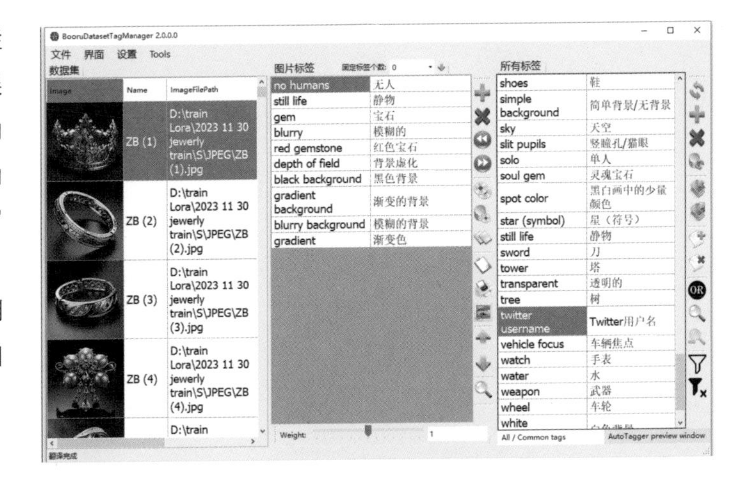

按上述方法操作，可以删除所有图片中与被选中文本相同的标签。

下面要一一单击对话框最左侧图片栏中的图片，并与中间一栏中的文本进行比对，如果描述文本没有准确描述图像，则要单击添加按钮➕，添加一个空文本位置，然后输入要添加的文本。

例如，对于如右图所示的珠宝吊坠，需要添加wing作为新的标签，以准确地描述其外形。

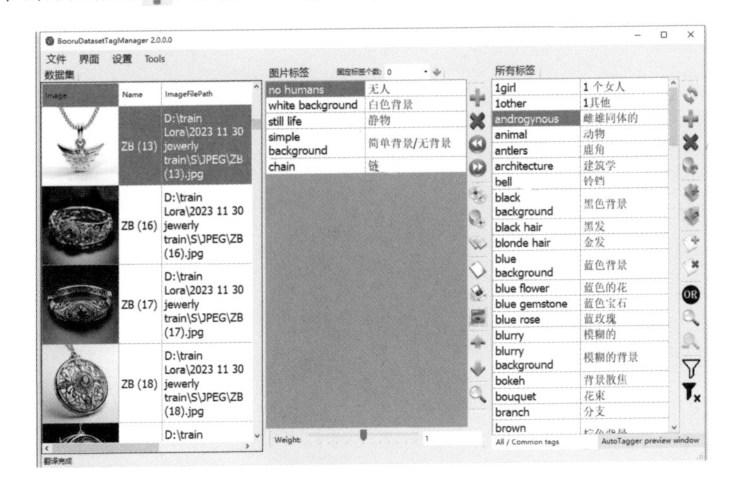

添加标签后的对话框如右图所示。

一一核实所有图片的文本标签后，按Ctrl+S组合键保存所有修改，然后退出此软件。

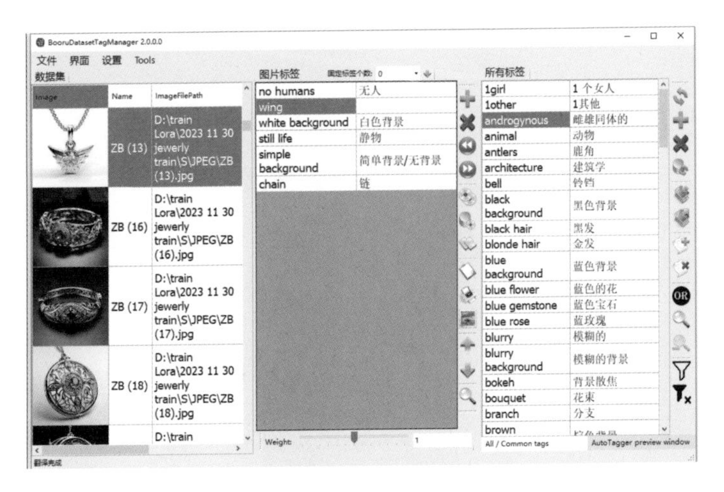

设置训练参数

重新进入 LoRA-scripts 界面，单击“新手”选项卡，下面需要分别设置各个参数。

设置底模

选择底模是一个非常重要的步骤，可以将其形容为万丈高楼的地基。

如果训练的 LoRA 用于生成真实感图片，则也要选择真实系底模，例如 majicmixRealistic_v7.safetensors。

操作方法是，单击 □ 按钮，然后在对话框中选择底模文件，如下图所示。

训练用模型

pretrained_model_name_or_path
底模文件路径

D:/SD/sd-webui-aki/sd-webui-aki-v4.4/models/Stable-diffusion/majicmixRealistic_v7.safetensors

选择打完标签的文件夹

这一环节分为三个步骤。

首先，在 LoRA-scripts 文件夹的 train 文件夹创建一个项目文件夹，文件夹名称随意，如下图所示。

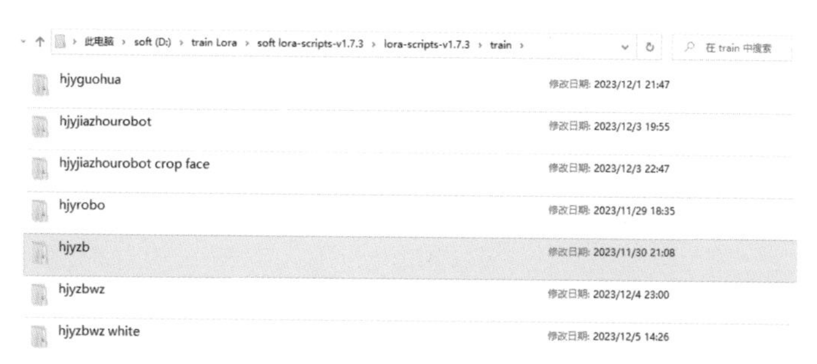

接下来在此文件夹中创建一个文件夹，并将素材图片与对应的标签文本复制进来，但需要注意，此文件夹的命名有一定的规范，必须是“数字_项目文件名”，如 20_hjyzb，数字为训练 LoRA 的次数，如下图所示。

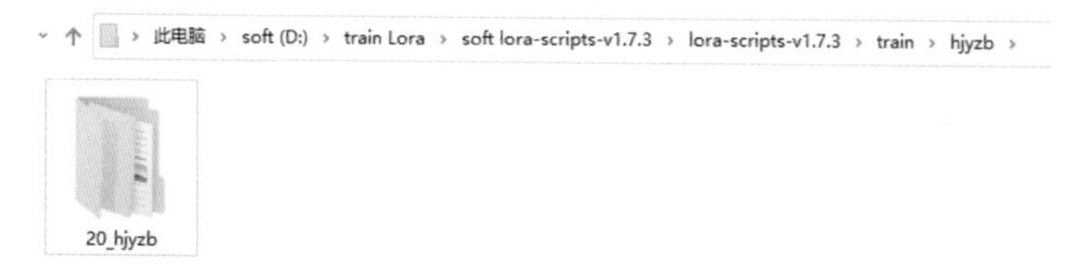

将此数值调高，能够让 SD 更好地学习图片的细节，尤其是当图片中有许多细节时，建议调高此数值。但也并不是越高越好，过高的数值会让 SD 对图片的学习固化，从而导致生成的图片与素材图片过于类似，失去了 SD 天马行空的自由发挥能力。反之，如果数值太低，则 SD 无法完全理解图片的细节，因此会出现术语称谓欠拟合的情况。

设置图片尺寸

在如下图所示的数值框中输入之前收集的图片尺寸，但必须是 64 的倍数，通常是 512,512 或 512,768。

resolution
训练图片分辨率，宽x高。支持非正方形，但必须是 64 倍数。
512,512

设置模型前缀及保存文件夹

在“保存设置”选项区域设置模型的前缀名称及保存文件夹，如下图所示。

在此处需要重点关注 save_every_n_epochs 参数，该参数值决定了最终得到的模型数量，通常可以设置 1，即每轮训练均保存一个模型，通常笔者训练 15 轮，因此最终会得到 15 个模型，然后从中选择合适的。

设置训练轮数与次数

此处设置的两个参数比较关键，如下图所示。

第一个参数 max_train_epochs 调整的是训练的轮数，可以简单地将其理解为“跑了多少圈”，该参数值与前面按“数字 _ 项目文件名”规范创建的文件夹前面的数值，以及图片素材量共同决定了最终 SD 训练所需要的时间。

例如，笔者创建的文件夹前面是 20，max_train_epochs 参数值为 15，素材图片共 20 张，那么最终训练时，SD 将要对 6000 张图片进行学习，计算方式为 20×15×20=6000。

第二个参数 train_batch_size 定义的是 SD 每次学习的素材数量，参数值越高，对硬件要求越高，通常如果 GPU 有 6GB 显存，建议将其值仅设置为 1，如果有 24GB 显存，可以设置为 6。

此参数值越大，训练速度越快，模型收敛越慢。“收敛”的意思是指，损失函数的值（也称为 Loss 值）一直在往我们所期望的阈值靠近。

一般的经验是，如果提高 train_batch_size 值，需要同步提高下面将要提及的学习率。

设置学习率与优化器

此处设置的参数如下图所示。

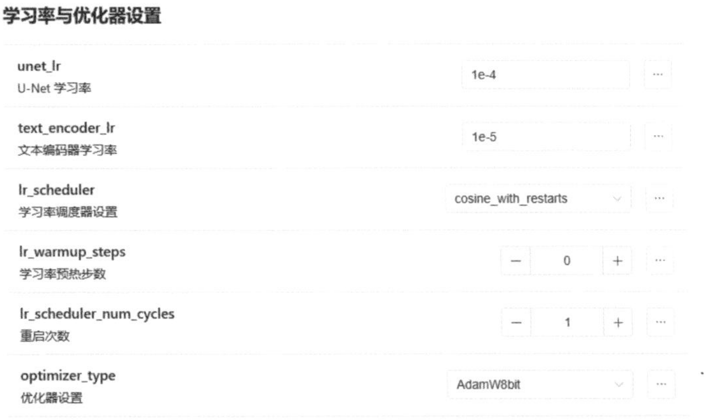

学习率与优化器设置

unet_lr U-Net 学习率	1e-4
text_encoder_lr 文本编码器学习率	1e-5
lr_scheduler 学习率调度器设置	cosine_with_restarts
lr_warmup_steps 学习率预热步数	0
lr_scheduler_num_cycles 重启次数	1
optimizer_type 优化器设置	AdamW8bit

在上图中有两个学习率参数，即 unet_lr 和 text_encoder_lr。其中，unet_lr 是指图像编码学习率，text_encoder_lr 是指文本编码学习率。

简单来说，学习率是指控制模型在每次迭代学习中更新权重的步长。学习率的大小对模型的训练和性能都有重要影响。学习率太低，模型收敛速度会很慢，训练时间变长；如果将学习率设置得太高，模型可能由于学习过快，导致错过最优化的数值区间，而且还有可能在训练过程中出现 Loss 反复振荡，甚至无法收敛。

这两个学习率的值通常是不同的，因为学习难度不同，unet_lr 的学习率比 text_encoder_lr 高，因为学习难度更高。

如果 unet_lr 的值过低，那么生成的图像会与素材不像，而训练过度又会导致图像固化，或质量变低。

text_encoder_lr 的值过低，会导致提示词对图像内容的影响力变弱，而训练过度同样会使图像内容固化，失去了 SD 发挥天马行空的创意能力。

对初学者而言，最好保持默认数值。

lr_scheduler 用于设置动态调整学习率的算法，其作用是，在训练过程中根据模型的表现自动调整学习率，以提高模型的训练效果和泛化能力，有以下 4 个参数。

» Cosine（余弦）：即使用余弦函数来调整学习率，使其在训练过程中逐渐降低。

» cosine_with_restarts（余弦重启）：即在 consine 的基础上每过几个周期进行一次重启，此选项要配合 lr_scheduler_num_cycles 参数使用。

» constant（恒定）：即学习率不变。

» constant_with_warmup（恒定预热）：由于刚开始训练时，模型的权重是随机初始化的，此时若选择一个较高的学习率，可能带来模型不稳定的问题。选择 Warmup 预热学习率的方式，可以使开始训练的几个轮次里学习率较低，使模型慢慢趋于稳定，等模型相对稳定后，再选择预先设置的学习率进行训练，使模型收敛速度变得更快，效果更佳，此选项要配合 lr_warmup_steps 参数使用。

optimizer_type 是指训练时所使用的优化器类型，这也是一个非常重要的参数，其目的是在有限的步数内寻找得到模型的最优解。当使用不同的选项时，即使在数据集和模型架构完全相同的情况下，也很可能导致截然不同的训练效果。

» AdamW8bit：一种广泛使用的优化算法，它可以在不影响模型精度的情况下，大幅减少存储和计算资源的使用，从而让模型训练和推理的速度更快。

» Lion：这是由 Google Brain 发表的新优化器，各方面表现优于 AdamW，同时占用显存更小。

网络设置

此处设置的参数如下图所示。

网络设置

network_weights
从已有的 LoRA 模型上继续训练，填写路径

network_dim
网络维度，常用 4~128，不是越大越好
128

network_alpha
常用值：等于 network_dim 或 network_dim*1/2 或 1。使用较小的 alpha 需要提升学习率。
64

如果要在已经训练好的 LoRA 模型的基础上继续训练，可以设置 network_weights 参数，在其下方选择一个已经训练好的 LoRA 模型即可。

network_dim 参数用于设置训练 LoRA 时画面特征学习尺寸，当需要学习的画面结构复杂时，此数值宜高一些。但也不是越高越好，提升维度时有助于学会更多细节，但模型收敛速度变慢，需要的训练时间更长，也更容易过拟合。

完成设置开始训练

完成以上参数设置后，单击右下角的“开始训练”按钮，则可以在命令窗口看到各个轮次的进度条，以及各个轮次的 Loss 值，以右图为例，可以看出，从第 1 轮训练开始，每次训练的 Loss 值均在稳定降低，这证明操作是正确的。

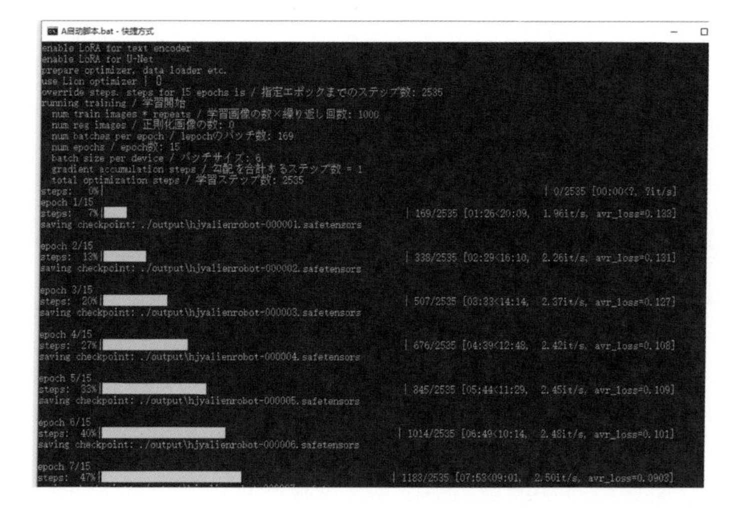

选择适合的 LoRA

完成训练后，可以在 LoRA-scripts 安装文件夹的 output 文件夹中看到 LoRA 模型，接下来要按前面讲述过的选择 LoRA 模型的方法选择合适的 LoRA，下图为笔者的特效文字 LoRA 筛选图。

SDXL LoRA 训练参数设置

在上文介绍的 Lora 训练流程只适用于 SD 1.5 的 Lora 训练，如果想要训练 SDXL 的 Lora 需要在一些设置上稍加调整，准备的素材尺寸要大于等于 1024 像素，其他方面没有太大变化，只是在 LoRA-scripts 中需要修改部分参数设置，具体修改如下。

进入 LoRA-scripts 界面，这里不再进入“新手”选项卡，而是进入“专家”选项卡，相比于 SD 1.5 的 Lora，SDXL 的 Lora 更复杂一些，所以需要进入“专家”选项卡，如下图所示。

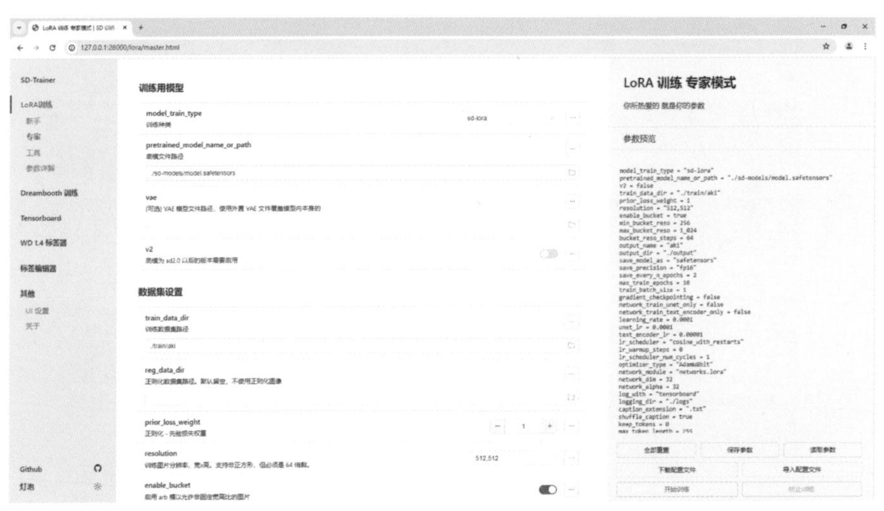

进入“专家”选项卡后，首先要设置“训练种类”，这在“新手”选项卡是没有，因此这里记得要把“训练种类”设置为“sdxl-lora”，如下图所示，否则开始训练后会报错。

训练用模型

model_train_type
训练种类
sdxl-lora

既然是训练 SDXL 的 Lora，底模肯定是需要选择 XL 类型的，这里推荐使用最基础的 XL 模型“sd_xl_base_ 1.0.safetensors”，选择方法与上文一样，如下图所示，用它可以训练任何风格的 Lora。

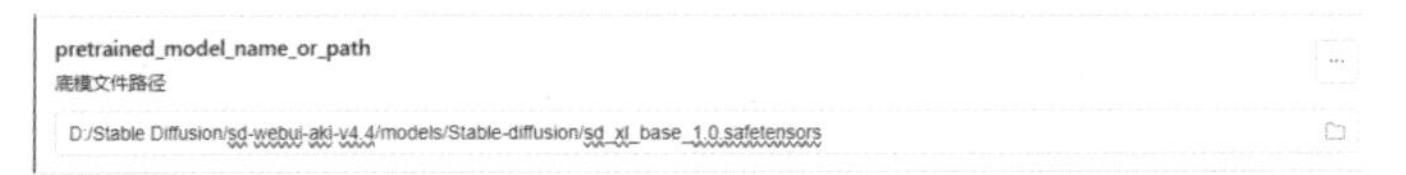

最后还需要修改的一个地方是训练图片的分辨率，因为素材图的尺寸要求要大于等于 1024，所以这里填入的最小尺寸应该为 1024×1024，这也是比较容易忽略的一点，如下图所示。

resolution
训练图片分辨率，宽x高。支持非正方形，但必须是 64 倍数。
1024,1024

剩余的参数中除了自定义设置，其他的设置保持默认即可，它们的设置基本只会影响训练的速度，需要注意的是，SDXL 的 Lora 训练相比 SD 1.5 的 Lora 训练硬件要求更高，同时训练出的模型体积更大，需要的训练时间也更长。

需要注意的是“批量大小”只能设置为 1，否则无法正常开始训练。

使用第三方平台训练 LoRA

LoRA 训练不仅能在 SD 中实现，也可以在第三方平台上进行，如使用 Liblib AI 网站也可以训练 LoRA，操作方法与在 SD 中类似，步骤如下。

（1）收集训练 LoRA 需要的图片，并将图片在打标签软件中打好标签存放在一个文件夹中。

（2）进入 Liblib AI 网站，单击左侧“创作”选项栏中的“训练我的 LoRA”选项，如下图所示。

（3）进入 LoRA 训练界面，在左上方可以选择 LoRA 的训练方向，这里提供了“自定义”“XL”“人像”“ACG”“画风”5 个选项，每个选项对应相应的底模、单张次数和循环轮次，这些是 Liblib AI 推荐的设置，用户可以根据情况修改，还可以在专业参数选项中调整更高级的设置。

（4）在右侧的图片打标 / 裁剪区域可以上传已经打好标签的图片文件夹，也可以上传没有打标签的图片在这里打标签。如果上传没有打标的图片，需要在底部选择裁剪方式、裁剪尺寸、打标算法、打标阈值，输入模型触发词（如果没有，可以不填），单击“裁剪 / 打标”按钮，系统会自动完成打标；如果上传已经打标好的图片文件夹，可以在此修改标签、裁剪图片尺寸、添加模型触发词，如下左图所示。

（5）单击右上角的“立即训练”按钮，进入 LoRA 训练界面，可以看到，训练剩余时间、每轮训练模型的生成图，以及训练参数和日志视图。如果对训练不满意，也可以单击右下角的“停止训练”按钮，结束此次训练，如下右图所示。

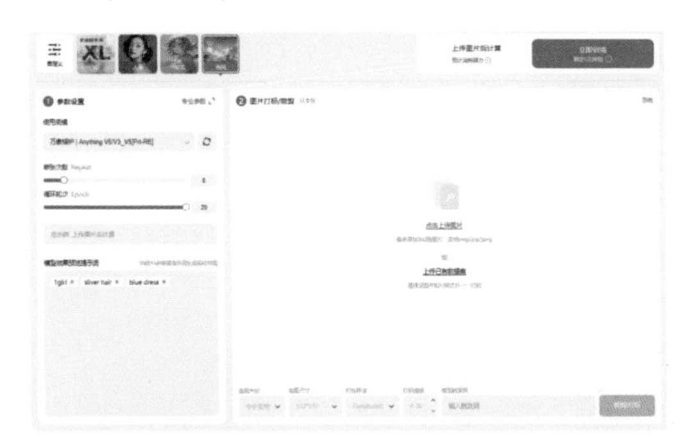

（6）训练完成后，可以看到每轮训练模型的生成图。单击“日志视图”选项，可以看到训练过程中的 Loss 值，根据 Loss 值判断哪一轮的模型更稳定。单击右下角的“模型生图测试”按钮，可以跳转到 Liblib AI 生图界面测试新的模型生图效果。单击“重新训练”按钮，返回训练 LoRA 设置界面，所有训练参数不变，更改后可继续训练，如右图所示。

第8章

ComfyUI常用扩展

SD UpScale 高清放大

UpScale 放大的工作原理

在前文中已经学习了几种 ComfyUI 的图片放大方法，前文几种放大方法搭建需要多个节点或者效果并不理想，这里介绍一款更高级的图片放大扩展——“SD UpScale 放大”。

UpScale 放大的主要放大方法就是先将图片分割成多个像素较小的部分，通常尺寸为 512×512 或 128×128，然后对每一小块进行放大，最后再拼合成一张大的图像。这样的放大方法，不仅保证了放大效果和画面质量，同时也加快了出图时间并节省了储存空间。所以 UpScale 放大是目前放大图片的最佳手法，也是许多图像处理软件中经常会用到的一种技术。

UpScale 放大可以突破内存限制，获得更大的分辨率，单次放大系数最高为 4，画面精细度高，对细节的丰富效果出色，但是分割重绘的过程不可控，全局提示容易被忽略，导致每块区域生成独立的内容，所以这个时候要调整分块的大小，避免每块区域生成独立的内容。

UpScale 放大扩展的安装

进入ComfyUI界面，点击右下角菜单中的“管理器”按钮，在弹出的“ComfyUI管理器”窗口中点击“安装节点”按钮，在弹出的“安装节点”窗口的右上角搜索框中输入“Upscale”，点击“搜索”按钮，列表中就会出现关于Upscale扩展节点，找到“SD放大”扩展，点击“安装”按钮，等待节点安装完毕，重启ComfyUI即可使用，笔者之前已经安装过了，如下图所示。

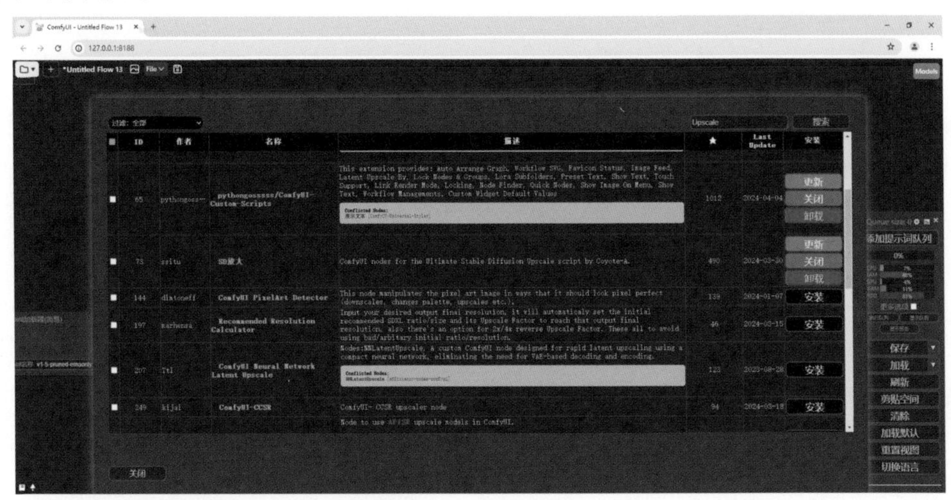

新建“SD放大”节点，它的新建位置在“新建节点”“图像”“放大”“SD放大”，“SD放大”节点内置采样器、VAE解/编码和分块放大模块，所以除了拥有“K采样器”节点的功能，输入多了“图像”“放大模型”和“VAE”，如下图所示。

SD 放大节点详解

因为拥有“K 采样器”节点的功能，所以“SD 放大”节点工作原理其实和“K 采样器”节点差别不大，只是“SD 放大”节点将像素图像输入进来，并将像素图像分割成多个像素较小的部分，再通过 VAE 编码变成数字图像作为潜在空间画板，最后通过采样绘制再由 VAE 解码变成像素图像组合成最终的图像。

“SD 放大”节点的组件中，有一部分是和“K 采样器”节点重复的，因为作用相同，这里就不再赘述。“放大系数”就是将生成的图片或者是上传的图片放大几倍，一次最多可以放大 4 倍；“模式类型”有 3 种类型可以选择，“直线”也就是 Linear，它按列和行直线统一处理每一个分块，Chess 将所有分块均以棋盘格式处理，可以有效减少出现接缝的概率，no 在无接缝时使用；“分块高度”和“分块宽度”表示将最终放大后的图像像素分割成每一块部分宽度和高度像素的像素；“模糊”是用来模糊区块遮罩中的像素，一般一小块的长和宽在 512 ~ 768，模糊值可设置为 12 ~ 16，如果在放大的图像中看到接缝，可以适当增加该数值；“分块分区”是在处理每块部分时，将周围相邻小块多少像素考虑进去；“接缝修复模式”，如果生成的图像没有接缝，使用 None 模式即可，如果有接缝，可以选择 3 种修复模式，Band Pass 模式只添加接缝部分的区域，并覆盖周围的小区域，Half tile 模式覆盖接缝周围的区域比 Band Pass 大，Half Tile + Intersections 模式覆盖的区域是由 Half tile 和径向梯度交集而成；“接缝修复降噪”表示接缝修复的重绘强度；“接缝修复宽度”表示接缝修复重绘线的宽度，仅在 Band Pass 模式下有效；“接缝修复模糊”表示模糊接缝修复遮罩中的像素，接缝修复分区为 32 时，模糊值可设置为 8 ~ 16，如果接缝修复分区增加该值也适当增加；“接缝修复分区”表示处理每块部分时，将周围相邻接缝修复多少像素考虑进去；“强制统一分区”通常情况下保持开启即可；tiled_decode 保持关闭即可。

UpScale 放大案例实操

（1）进入ComfyUI界面，加载文生图工作流，新建“SD放大”节点，将“VAE解码”节点的“图像”输出端口、“Checkpoint加载器(简易)”节点的“模型”输出端口、正负向提示词节点的“条件”输出端口和“Checkpoint加载器(简易)”节点的“VAE”输出端口连接到“SD放大”节点的“图像”“模型”“正面条件”“负面条件”“VAE”输入端口，如下图所示。

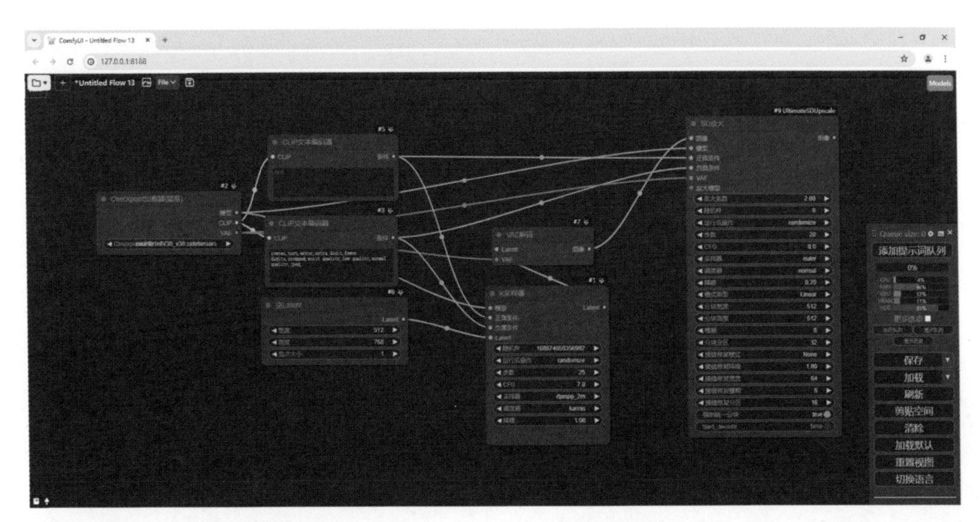

（2）新建“放大模型加载器”节点，将“放大模型加载器”节点的“放大模型”输出端口连接到“SD放大”节点的“放大模型”输入端口，新建“预览图像”节点，将“SD放大”节点的“图像”输出端口连接到“预览图像”节点的“图像”输入端口，如下图所示。这样，UpScale放大的工作流就搭建完毕了，下面进行案例的设置。

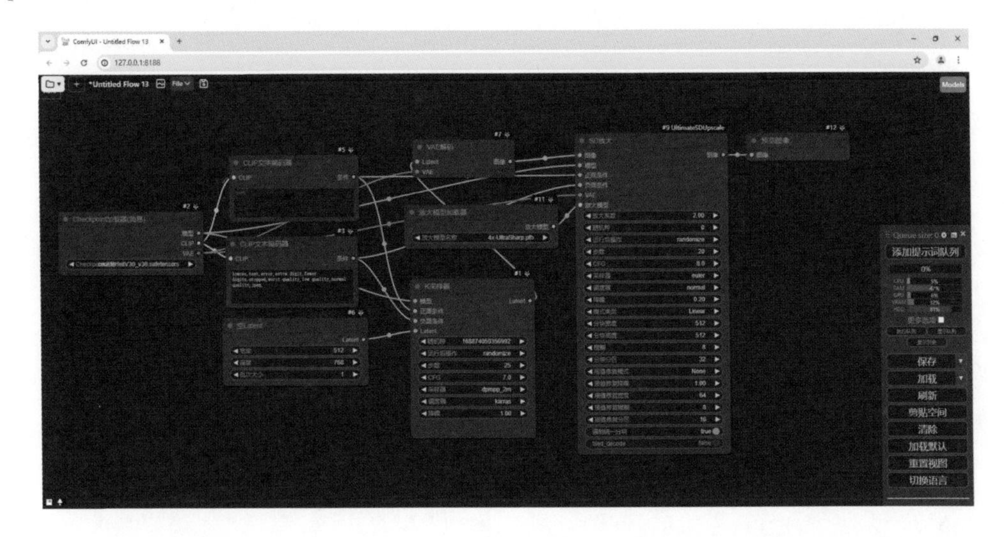

（3）笔者准备放大一张写实的人像，所以 Checkpiont 模型选择写实风格模型“majicmixRealistic_v7.safetensors”，如下左图所示。

（4）在正向提示词框中输入对写实人像的描述，这里输入的是“best quality, masterpiece, 1 girl,White dress,masterpiece,best quality,Depth of Field,lake, upper body, ”，在负向提示词框中输入坏的画面质量提示词，这里输入的是“lowres,text,error,extra digit,fewer digits,cropped,worst quality,low quality,normal quality,jpeg,”，如下右图所示。

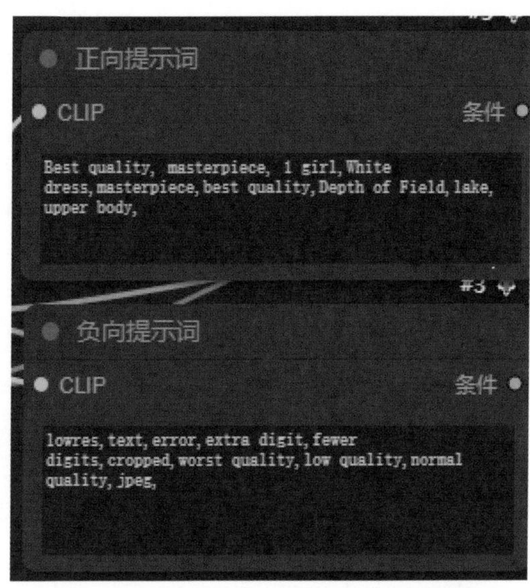

（5）在“空 Latent”节点设置生图的尺寸，这里设置的是 512×768，生图的批次设置为 1，在“放大模型加载器”节点“放大模型名称”选择 ESRGAN_4x.pth，如下左图所示。

（6）在“K 采样器”节点，“随机种”设置为 0，“运行后操作”设置为“随机”，“步数”设置为 25，“CFG”设置为 7，“采样器”设置为“dpmpp_2m”，“调度器”设置为“karras”，“降噪”设置为 1，如下右图所示。

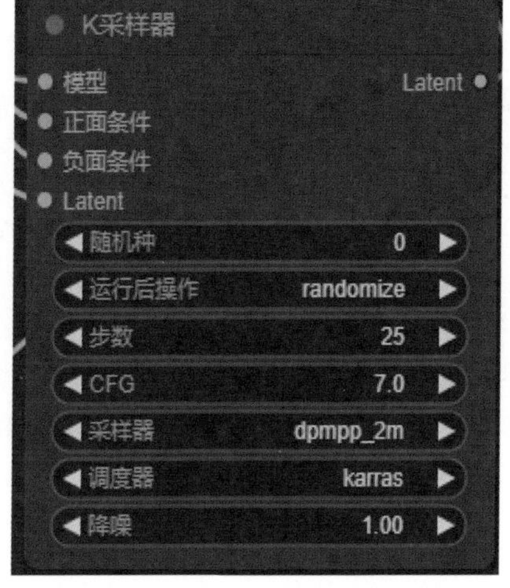

（7）在“SD”节点，“放大系数”设置为2，“随机种”设置为0，“运行后操作”设置为“随机”，“步数”设置为25，“CFG”设置为7，“采样器”设置为“dpmpp_2m”，“调度器”设置为“karras”，“降噪”设置为0.2，“模式类型”选择chess，“分块宽度”设置为512，“分块高度”设置为768，“模糊”设置为12，0“分块分区”设置为32，“接缝修复模式”设置为“无”，其他参数保持默认即可，如右图所示。

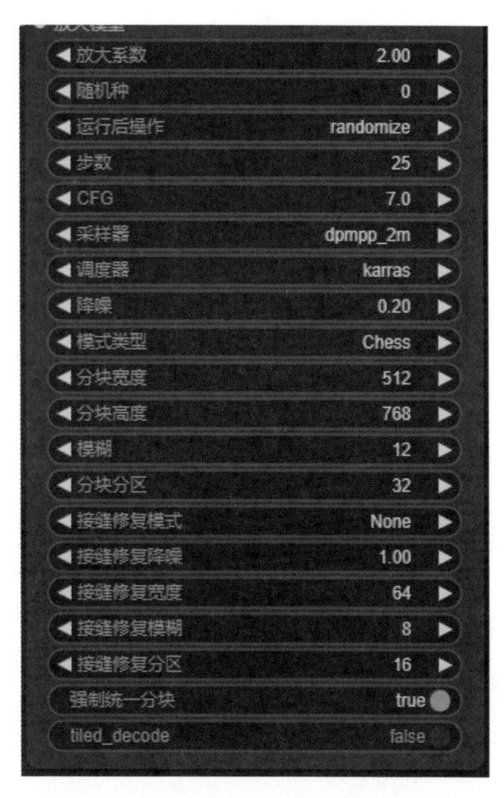

（8）点击“添加提示词队列”按钮，UpScale放大的写实人像就生成了，如下图所示。观察图像可以看到，人物图像清晰，也没有瑕疵，放大效果比之前的放大方法要好很多。

AnimateDiff 制作动画

AnimateDiff 介绍

随着文本到图像模型（如稳定扩散）及个性化技术（如 LoRA 和 DreamBooth）的日益成熟，人们能够以更加经济高效的方式将自身的丰富想象力转化为精美绝伦的图像。因此，大众对于图像动画技术的需求也随之攀升，提出了更高的要求，以进一步将生成的静态图像与动态图像相结合，创造出更为生动、逼真的视觉体验。这就出现了 AnimateDiff 动画扩散模型扩展，它可将现有的大多数个性化文本到图像模型一次性制成动画，从而节省了针对特定模型进行调整的工作量。

AnimateDiff 兼容各种采样器、节点束采样和效率采样节点，支持 ControlNet，在每帧或帧之间的“插值”，可以将其用作图片转视频，使用滑动上下文窗口支持无限动画长度，实现了来自 AnimateDiff 存储库的运镜 LoRA。

AnimateDiff 扩展的安装

进入ComfyUI界面，点击右下角菜单中的“管理器”按钮，在弹出的“ComfyUI管理器”窗口中点击“安装节点”按钮，在弹出的“安装节点”窗口的右上角搜索框中输入“AnimateDiff”，点击“搜索”按钮，列表中就会出现关于AnimateDiff扩展节点，找到“AnimateDiff Evolved”扩展，点击“安装”按钮，等待节点安装完毕，笔者这里之前已经安装过了，如下图所示。

“AnimateDiff Evolved”扩展安装完之后因为缺少模型不可以立即使用，还需要至少配置1个模型文件，mm_sd_v14、mm_sd_v15、mm_sd_v15_v2、v3_sd15_mm不同的模型生成的效果

不同，这里我们常用的V2动作模型，从网盘中将模型下载到本地，这里以mm_sd_v15_v2.ckpt模型为例，再将下载下来的mm_sd_v15_v2.ckpt模型移动到AnimateDiff Evolved扩展文件夹的models文件夹中，笔者这里的路径为ComfyUI-aki-v1.3\custom_nodes\ComfyUI-AnimateDiff-Evolved\models，如下图所示。

› 本地磁盘 (C:) › Comfyui › ComfyUI-aki-v1.3 › custom_nodes › ComfyUI-AnimateDiff-Evolved › models

名称	修改日期	类型	大小
.gitkeep	2024/6/21 17:04	GITKEEP 文件	0 KB
mm_sd_v15_v2.ckpt	2023/11/1 21:03	CKPT 文件	1,775,282...

“动态扩展加载器”节点是使用AnimateDiff扩展必需的节点，它输出一个模型，该模型在传递到采样节点时将执行AnimateDiff功能，将图像生成为动画，它的新建位置在“新建节点”“AnimateDiff Evo”“Gen1节点”“动态扩展加载器”，如右图所示。

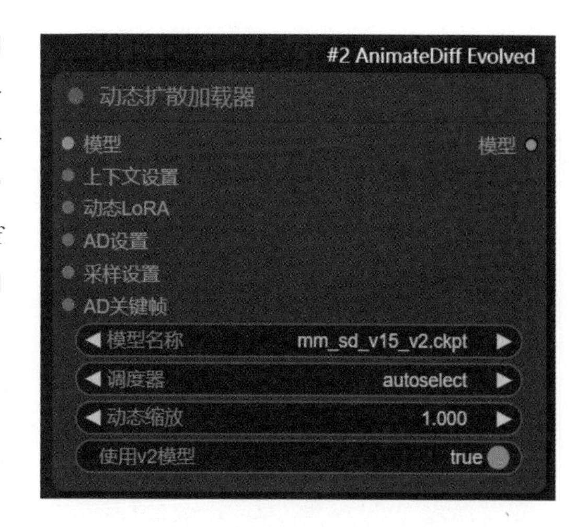

“动态扩展加载器”节点详解

“动态扩展加载器”节点的输入端口有 6 个，“模型”输入端口为 AnimateDiff 使用设置的大模型，必须是版本为 SD1.5 的模型，模型的类型根据个人的需求选择即可，每个大模型出来的视频效果都是不同的；“上下文设置”输入端口连接采样时要使用的可选上下文节点，如果传入，则总动画长度没有限制，如果未传入，一次动画长度将限制为 24 帧（V1）或 32 帧（V2），具体取决于运动模型，这里使用是 V2 运动模型，所以为 32 帧；“动态 LoRA”输入端口可连接运镜 LoRA 输入，如果有传入，会影响动画的移动；“AD 设置”输入端口影响运动模型的可选设置；“采样设置”输入端口连接“AnimateDiff 采样设置”节点的“采样设置”输出端口；“AD 关键帧”输入端口影响关键帧的设置。

“动态扩展加载器”节点由 4 个组件组成，“模型名称”是 AnimateDiff 使用的运动模型，也就是前文下载的 mm_sd_v15_v2.ckpt 模型；“调度器”有多个可以选择，这里推荐使用 sqrt_linear，sqrt_linear 是使用 AnimateDiff 的预期方式，具有预期的饱和度，同时线性也可以给出有用的结果；“动态缩放”是指改变运动模型生成的运动量，如果小于 1，则表示运动减少，如果大于 1，则有更多的运动；“使用 v2 模型”，如果使用了 V2 模型就打开，如果没有使用就关闭。

“模型”输出端口为执行 AnimateDiff 功能而注入的模型，可以直接输出给 K 采样器。

“动态扩展加载器”节点连接节点详解

“上下文设置”输入端口连接“上下文设置(标准静态)”节点，接入该节点，生成动画的长度可以自由设置，“上下文长度”代表每个 AnimateDiff 运行的长度，如果偏离 16 太远，生成的动画效果会不好；“上下文步幅”当设置为 1 时，它关闭，大于 1 时，它尝试使 AnimateDiff 通过整个动画的单个运行，然后填充帧，其想法是通过创建一个框架，然后填充中间帧来使整个动画更加一致；“上下文重叠”每次运行 AnimateDiff 与下一个运行的帧有多少重叠，可以完美融合上个帧的结尾；“闭合上下文循环”开启此选项将尝试使 AnimateDiff 成为一个循环视频，但不适用于 Vid2Vid；其他选项作用不大，保持默认即可，如下左图所示。

“动态 LoRA”输入端口连接“动态 LoRA 加载器”，该节点将运镜模型输入到“动态扩展加载器”节点，当前的运镜 LoRA 仅支持基于 v2 的运动模型，不影响采样速度；“前 LoRA”输入端口可以连接其他运镜 LoRA 节点；组件“LoRA 名称”选择本地的运镜 LoRA，运镜 LoRA 放置在 ComfyUI/custom_node/ComfyUI AnimateDiff Evolved/motion lora 目录下；组件“强度”表示运镜 LoRA 的效果应该有多强；节点如下右图所示。

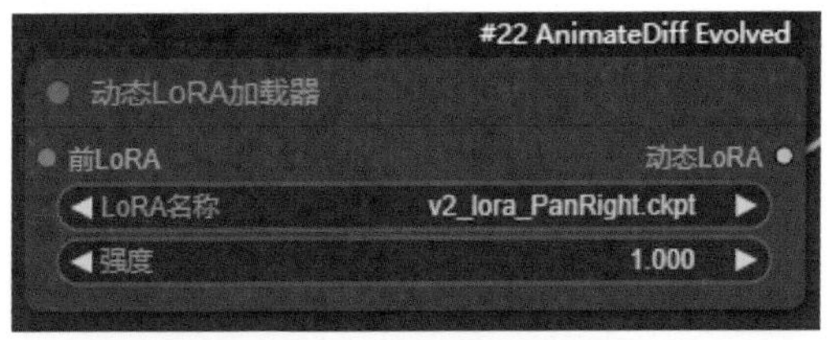

“动态扩散模型设置(简易)”节点主要对运动模型内部的其他调整，组件“动态位置拉伸”用于通过在位置编码器之间拉伸来减少运动量，数字上升，动画减慢，数字不要增加太多，否则动画开始振动；组件“最小动态缩放”和“最大动态缩放”是控制动画动态缩放的。节点如右图所示。

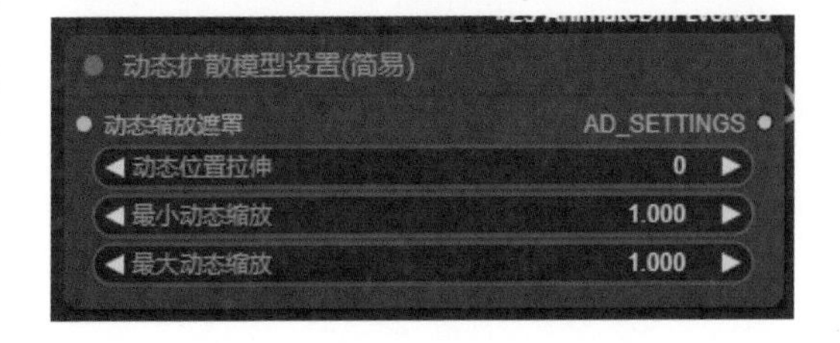

AnimateDiff 工作流搭建

在工作流搭建之前，还需要安装视频助手插件和 FFmpeg 多媒体处理工具。视频助手插件使用“VideoHelperSuite”，该插件主要提供与视频工作流相关的节点，它在工作流中提供视频组合器的模块，可以保存生成出来的视频，同时可以选择导出不同格式的视频，使用管理器搜索 VideoHelperSuite 安装即可，安装完成后重启 ComfyUI，新建“合并为视频”节点，它的新建位置在“新建节点”“视频助手”“合并为视频”，它的组件内容简单容易理解，这里就不详细讲解了，节点如下图所示。

插件安装完以后还需要 FFmpeg 多媒体处理工具环境配置，在网盘中下载 FFmpeg 压缩包，将压缩包解压到合适的路径，笔者的路径为 D:\Stable Diffusion，这里可以随意放置，但文件夹不可包含中文，且要知道放置的路径，复制文件夹 bin 的路径，笔者的路径为 D:\Stable Diffusion\ffmpeg-master-latest-win64-gpl-shared\bin，如下图所示。

名称	修改日期	类型	大小
avcodec-60.dll	2023/8/8 20:35	应用程序扩展	77,785 KB
avdevice-60.dll	2023/8/8 20:35	应用程序扩展	4,484 KB

使用快捷键 Win+S，在弹出的搜索框中输入“编辑系统环境变量”，点击列表中的“编辑系统环境变量”选项，在弹出的“系统属性”窗口的“高级”选项卡中点击“环境变量”按钮，在弹出的“环境变量”窗口的“系统变量”列表双击 Path 变量，在弹出的“编辑环境变量”窗口点击“新建”按钮，在列表的输入框中填入文件夹 bin 的路径，如下图所示。将所有弹出的窗口点击“确定”按钮，这样即可把 FFmpeg 配置到环境变量中。

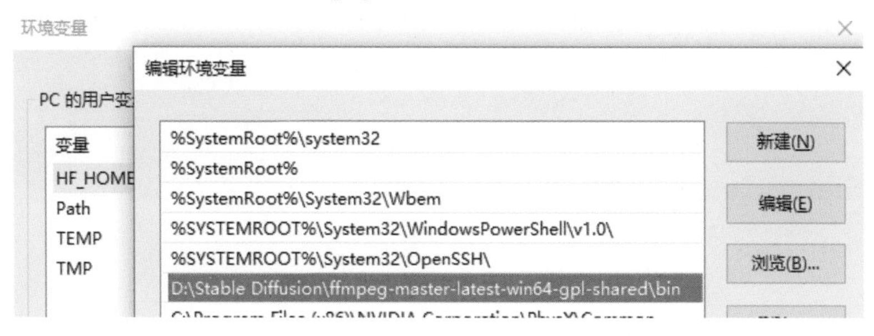

工作流搭建所需的环境已经配置好了，下面开始 AnimateDiff 工作流的搭建，依然以文生图的工作流为基础搭建，具体操作如下。

（1）进入 ComfyUI 界面，加载文生图工作流，新建“动态扩散加载器”和“动态扩散上下文选项”节点，将“Checkpoint 加载器（简易）”节点的“模型”输出端口连接到“动态扩散加载器”节点的“模型”输入端口，将“动态扩散上下文选项”节点的 CONTEXT_OPTS 输出端口连接到“动态扩散加载器”节点的“上下文设置”输入端口，如下图所示。

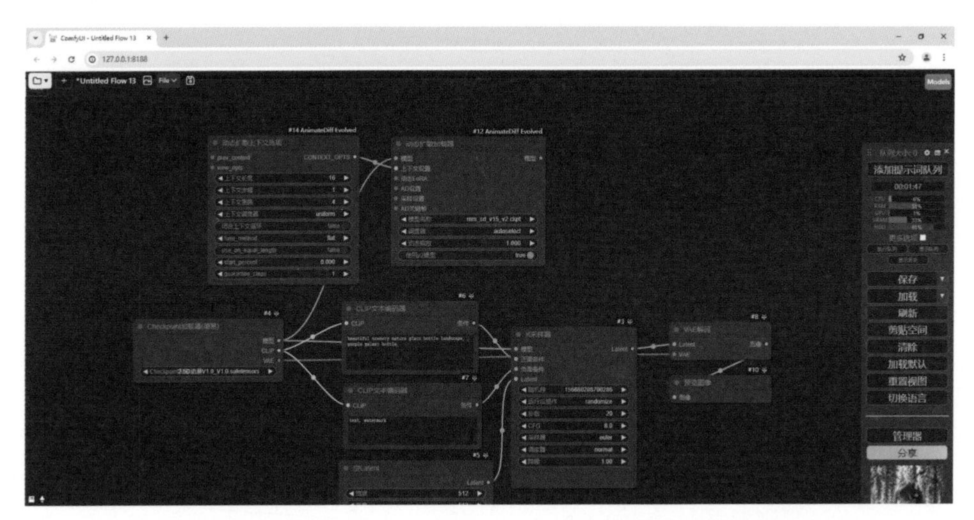

（2）将“动态扩散加载器”节点的“模型”输出端口连接到“K 采样器”节点的“模型”输入端口，新建“VAE 加载器”和“合并为视频”节点，将“VAE 加载器”节点的 VAE 输出端口连接到“VAE 解码”节点的 VAE 输入端口，删除“预览图像”节点，将“VAE 解码”节点的“图像”输出端口连接到“合并为视频”的“图像”输入端口，如下图所示。

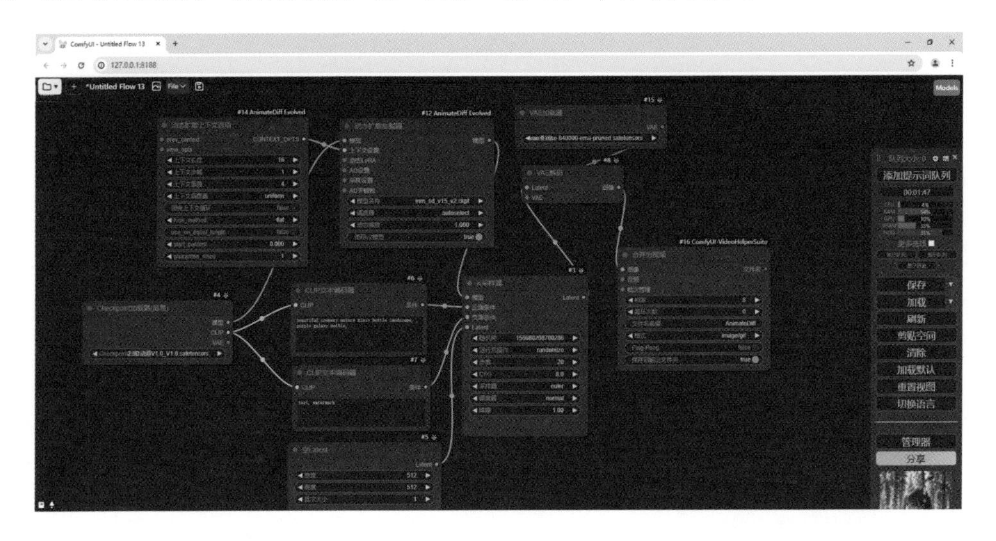

（3）这样，AnimateDiff 工作流就搭建完成了，通过一个动漫动画案例再来详细讲解一下参数设置。因为是生成动漫动画，所以 Checkpiont 模型选择动漫风格模型“counterfeitV30_v30.safetensors”，如下左图所示。

（4）在正向提示词框中输入对动漫场景的描述，这里输入的是“Pink hair, cute girl, sweet smile,white shirt, upper body, long hair, ponytail, round face,Holding the a white cat”，在负向提示词框中输入坏的画面质量提示词，这里输入的是“lowres,text,error,extra digit,fewer digits,cropped,worst quality,low quality, normal quality,jpeg”，如下右图所示。

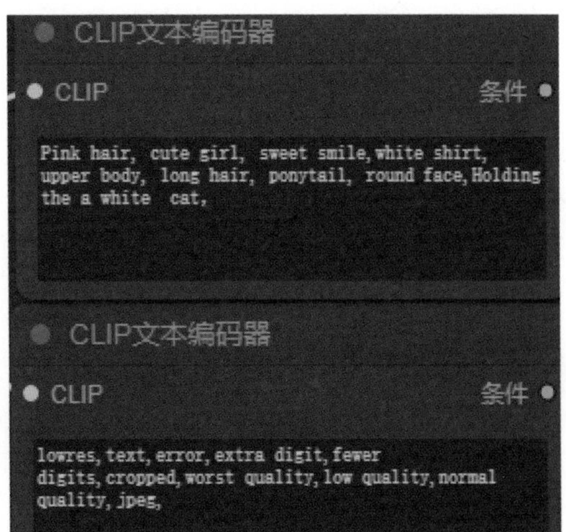

（5）在“动态扩散加载器”节点，“模型名称”选择之前下载好的“mm_sd_v15_v2.ckpt”，调度器选择“sqrt_linear (AnimateDiff)”，“动态缩放”设置为 1，开启“使用 v2 模型”，如下左图所示。

（6）在“动态扩散上下文选项”节点，“上下文长度”设置为 16，“上下文步幅”设置为 1，“上下文重叠”设置为 4，关闭“闭合上下文循环”，其他参数保持默认不变，如下右图所示。

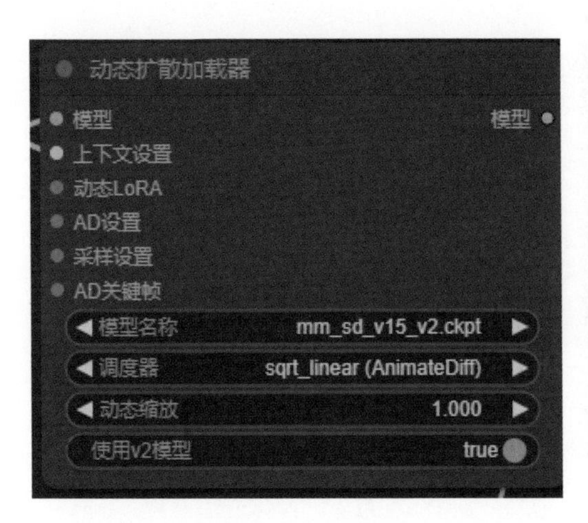

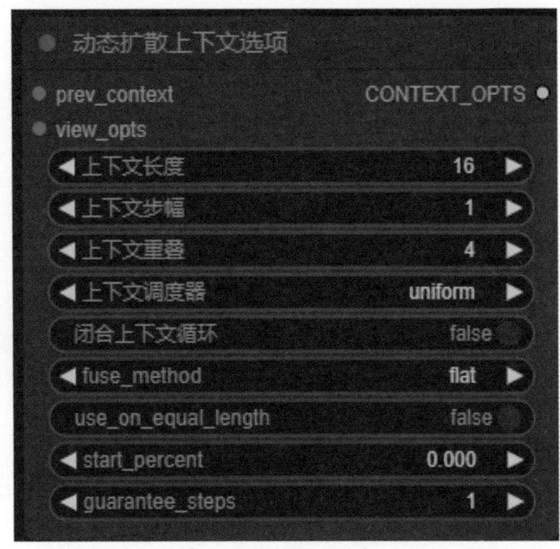

（7）在“K 采样器”节点，“随机种”不用设置，“运行后操作”设置为“固定”，“步数”设置为 20，“CFG”设置为 7，“采样器”设置为“dpmpp_2m”，“调度器”设置为“karras”，“降噪”设置为 1；在“VAE 加载器”节点，“VAE 名称”选择 vae-ft-mse-840000-ema-pruned.safetensors，如下左图所示。

（8）在“合并为视频”节点，“帧率”设置为 8，“循环次数”设置为 0，“格式”设置为 image/gif，其他参数保持默认不变；在“空 Latent”节点设置生图的尺寸，这里设置的是 512×512，生图的批次用于合成视频的时长，这里，“帧率”设置为 8，那就是 1 秒 8 张，批次 48 就是 6 秒钟的视频，批次设置的越大越耗显存和时间，如下右图所示。

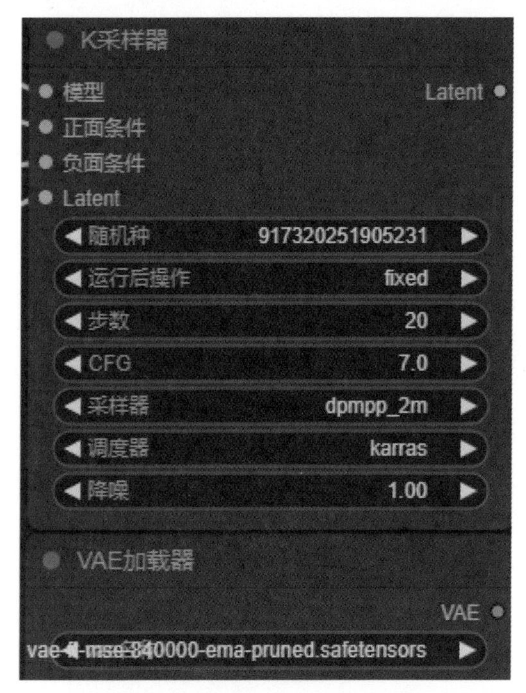

（9）点击“添加提示词队列”按钮，一段小女孩抱着小猫的动漫动画就生成了，如下图所示。

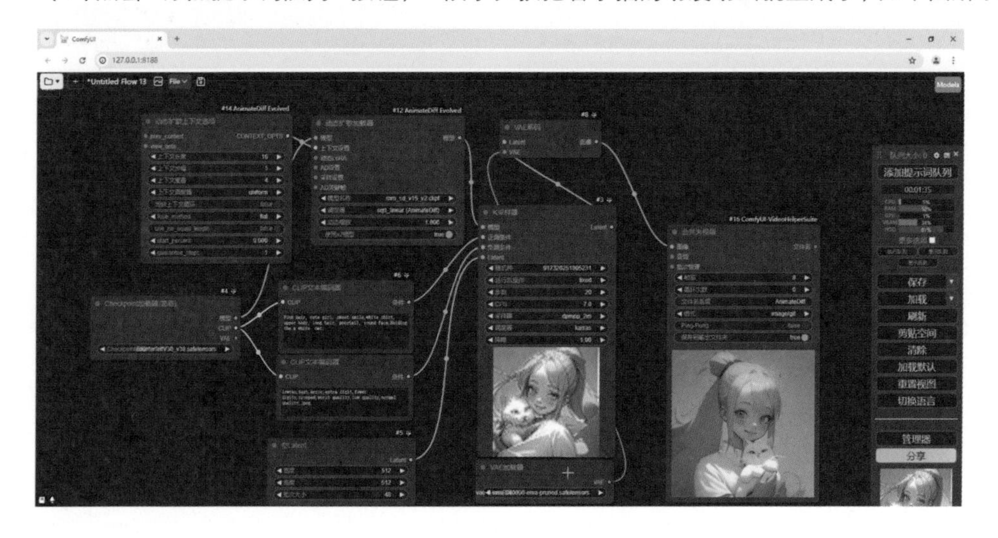

ComfyUI-Impact-Pack

ComfyUI-Impact-Pack 扩展介绍

ComfyUI-Impact-Pack 是一款强大的开源项目，为开发者和设计师提供了一套定制化的节点包，旨在提升图像处理的效率与效果。无论是细节增强、检测还是预览功能，ComfyUl-lmpact Pack 都能轻松应对。

这是一款专为 ComfyUl 设计的自定义节点扩展，包含了如智能检测器（Detector）、细节增强器（Detailer）、灵活的 SEGS 处理等多种工具，帮助创作者更便捷地对图像进行高级处理，这个扩展不仅提供了丰富的功能，还注重易用性和灵活性，让图像增强变得更加简单。

它的常用功能包括：（1）自动面部检测修复。（2）修复严重受损的面部。（3）迭代放大。（4）快速给图像画遮罩。

ComfyUI-Impact-Pack 扩展安装

进入ComfyUI界面，点击右下角菜单中的“管理器”按钮，在弹出的“ComfyUI管理器”窗口中点击“安装节点”按钮，在弹出的“安装节点”窗口的右上角搜索框中输入“Impact”，点击“搜索”按钮，列表中就会出现关于Impact扩展节点，找到“ComfyUI Impact Pack”扩展，点击“安装”按钮，等待节点安装完毕，重启ComfyUI界面，笔者这里之前已经安装过了，如下图所示。

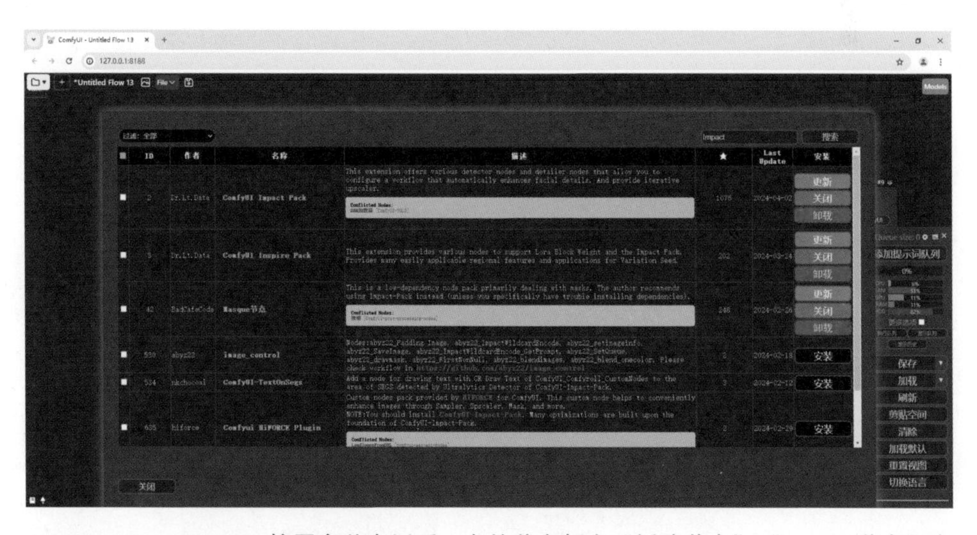

ComfyUI-Impact-Pack 扩展安装完以后，它的节点都在“新建节点”“Impact 节点”中，由于它的节点分类及功能较多，这里只挑一些比较重要的以及常用的节点功能通过具体的应用案例详细讲解工作流的搭建及使用。

Impact 扩展检测器详解

Impact扩展的检测器包括三种主要类型：BBOX、Segm和SAM检测器，通过模型检测特定的区域，并以Seg的形式返回处理后的数据。Seg是一种全面的数据格式，其中包括操作所需的信息，例如遮罩、BBOX、标签和ControlNet，通过Seg，可以使用ControlNet进行调整，并且还可以使用Seg中的标签或大小等信息对Seg进行分类、人群控制等。

BBOX 检测

BBOX 代表边界框，将检测区域捕获为矩形区域。例如使用“bbox/face_yolov8m.pt”模型，可以获取面部矩形区域的遮罩，可通过“检测加载器”节点获取 BBOX 模型，再通过“BBox 检测器 v2”节点进行检测，如下图所示。

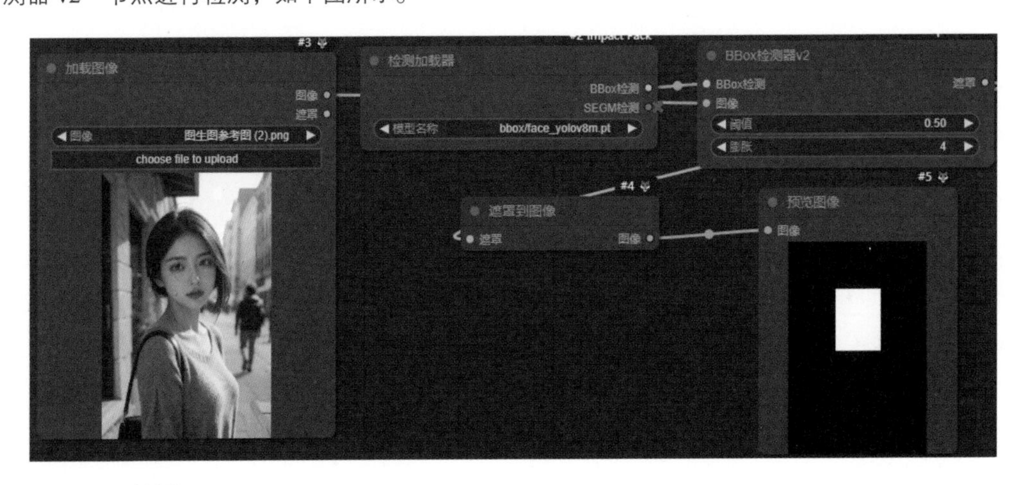

Segm 检测

Segm 代表分割，该分割以轮廓形式捕获检测区域。例如，当使用“segm/person_yolov8m-seg.pt”模型时，可以获取人类形状的遮罩，可通过“检测加载器”节点获取 Segm 模型，再通过“Segm 检测器 v2”节点进行检测，如下图所示。

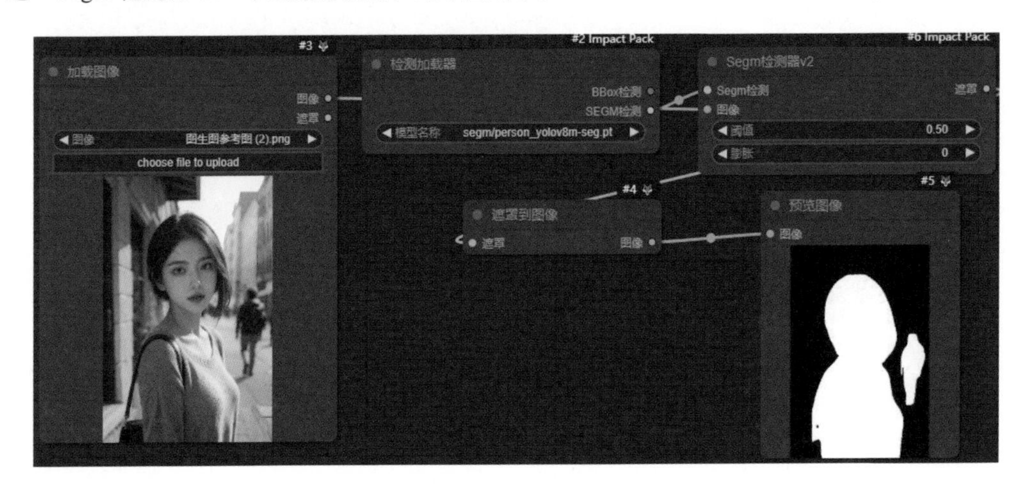

SAM 检测

SAM 使用 Segment Anything 技术生成轮廓遮罩，它不能独立使用，但是当与 BBOX 模型结合使用以指定检测目标时，它可以为检测到的对象创建精细详细的轮廓遮罩，如下图所示。

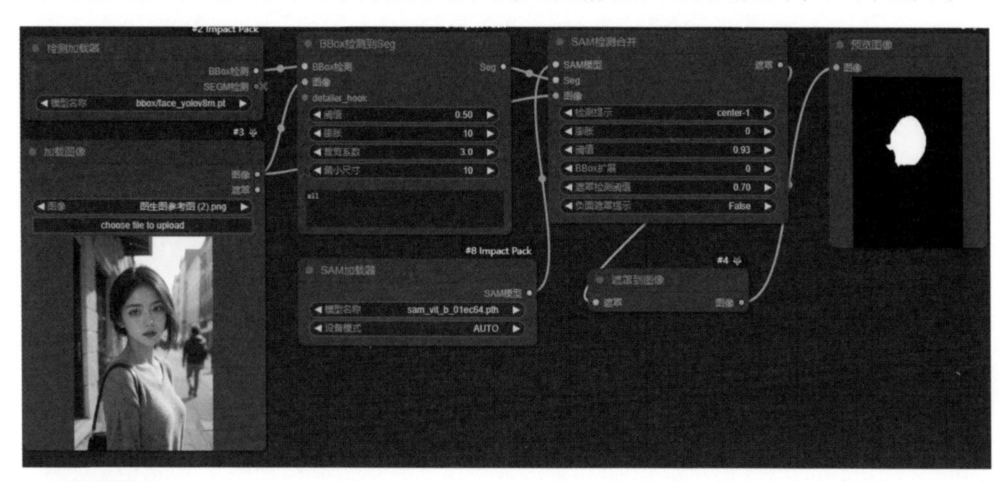

节点介绍

“检测加载器”节点可以加载超级分析的检测模型，并输出给 BBOX 检测或 Segm 检测，“模型名称”选项目前有 3 个模型，“bbox/face_yolov8m.pt”用于人脸的 BBOX 检测模型，“bbox/hand_yolov8s.pt”用于人手的 BBOX 检测模型，“segm/person_yolov8n-seg.pt”用于人物的 Segm 检测模型和用于人物的 BBOX 检测模型，需要注意的是，“检测加载器”节点不可以同时输出到“BBOX 检测”和“Segm 检测”，需要单独使用。它的新建位置在“新建节点”“Impact 节点”“检测加载器”。

“SAM 加载器”节点可以加载 SAM 检测模型，并输出给 SAM 检测，SAM 检测可以配合 BBOX 检测一起使用，使用 BBOX 检测器生成 Seg，然后使用 SAM 检测来创建更精确的遮罩。组件包括“模型名称”默认一种模型无须选择，“设备模式”选择 AUTO 就可以了。它的新建位置在“新建节点”“Impact 节点”“SAM 加载器”。

BBOX 检测有 2 个常用的检测节点，一个是“BBox 检测到 Seg”节点，它主要输出 Seg 内容，另一个是“BBox 检测器 v2”，它主要输出遮罩，但它们都输入接收 BBox 检测模型和原始图像。它们 2 个节点相同的组件是“阈值”和“膨胀”，“阈值”数值越大，检测的内容越少，超过该阈值的元素将不被检测，“膨胀”检测的范围向周围扩散的数值，数值越大扩散越多。此外，“BBox 检测到 Seg”节点还有 3 个组件，“裁剪系数”值越大，返回的 Seg 图像越小，返回的遮罩越大，“最小尺寸”表示小于该值的区域将不被检测，“文本框”可以输入需要检测的标签英文单词，一般不填或填 all。它们的新建位置在“新建节点”“Impact 节点”“检测”“BBox 检测到 Seg”或“BBox 检测器 v2”。

Segm 检测也有两个常用的检测节点，一个是“Segm 检测到 Seg”节点，它主要输出 Seg 内容，另一个是“Segm 检测器 v2”，它主要输出遮罩，但它们都输入接收 Segm 检测模型和原始图像。它们两个节点相同的组件是“阈值”和“膨胀”，“阈值”数值越大检测的内容越少，超过该阈值的元素将不被检测，“膨胀”检测的范围向周围扩散的数值，数值越大扩散越多。此外，“Segm 检测到 Seg”节点还有 3 个组件，“裁剪系数”值越大，返回的 Seg 图像越小，返回的遮罩越大，“最小尺寸”表示小于该值的区域将不被检测，“文本框”可以输入需要检测的标签英文单词，一般不填或填 all。它们的新建位置在“新建节点”“Impact 节点”“检测”“Segm 检测到 Seg”或“Segm 检测器 v2”。

“SAM 检测合并”节点输入端口接收 SAM 模型、Seg 内容和原始图像，输出端口输出对 Seg 精细检测后的遮罩。它由多个组件组成，“检测提示”是一个指示符，指示执行分割时应包含哪些点，它包含多种方式，每种方式都有差异，Center-1 指定遮罩中心的一个点，Horizontal-2 指定中心水平线上的两个点，Vertical-2 指定中心垂直线上的两个点，Rect-4 指定遮罩内部矩形形状的四个点，Diamond-4 在围绕中心点的钻石形状指定四分；“膨胀”和“阈值”与前文所讲作用一致；“BBox 扩展”数值越大，Seg 图像越大，SAM 检测范围会放大；“遮罩检测阈值”仅对“检测提示”为 mark-area 有效，值越大，检测结果元素越少；“负面遮罩提示”表示是否假设中心点始终是分割区域，对于非严格的对象，中心点可能并不一定是分割区域，就需要禁用负面遮罩提示。它的新建位置在，“新建节点”“Impact 节点”“检测”“SAM 检测合并”。

Impact 自动脸部检测并精修

检测器部分的理论内容已经讲完了，想使用它们还需要搭配其他节点使用，这里将它们与“面部细化”节点连接起来，实现自动脸部检测和精修的功能，在工作流中，“面部细化”节点用于组合面部检测的检测器节点并用于图像增强的细节节点，再通过接收 BBox 模型和 SAM 模型，最后执行“K 采样器”的功能以增强图像，最终输出精修后的图像。

“面部细化”节点有多个输入端口，除去与“K 采样器”节点重复的输入端口，还有“图像”是用来加载文生图图像或加载图像输入；“BBox 检测”输入 BBox 模型，一般由“检测加载器”节点接入；“Segm 检测”输入 Segm 模型，一般由“检测加载器”节点接入，需要注意的是，它和 BBox 检测只能选一种；“SAM 检测”输入 SAM 模型，一般由“SAM 加载器”节点接入，需配合 BBOX 检测使用；“细化约束”在每个 Seg 的处理过程中注入噪声。除去与“K 采样器”节点重复的组件和前文讲过的组件，它还有多个组件，“引导大小”只有当检测到的遮罩的大小小于此值时，此功能才会尝试细节恢复；“引导目标”确定是基于哪种方式来使用引导大小的遮罩；“最大尺寸”限制引导大小增加分辨率一侧的最大大小；羽化：将恢复的细节合成到原始图像上时，羽化边界过度的尺寸大小；“仅生成遮罩”启用（enabled），仅会重新生成图像的遮罩区域，而禁用（disabled）时，会为整个裁剪区域生成图像；“强制重绘”如果开启，即使裁剪区域大于引导大小，也会强制细节恢复；cycle 循环修复次数，值为 1 ~ 10，循环次数越多越耗时，效果也会好一些。它的新建位置在“新建节点”“Impact 节点”“简易”“面部细化”。节点如下图所示。

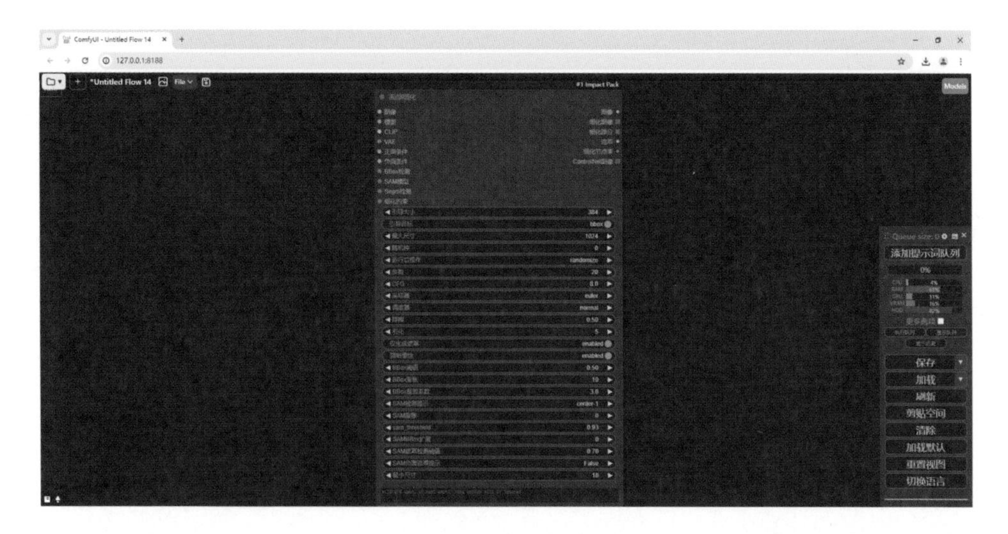

在详细介绍完“面部细化”节点后，自动脸部检测并精修的工作流搭建就很简单了，因为“面部细化”节点包含了“K 采样器”节点的功能，所以以“面部细化”节点为核心，新建所需节点连接到“面部细化”节点，这样工作流就搭建完成了，具体操作如下。

（1）新建“面部细化”“加载图像”“Checkpoint 加载器（简易）”以及两个“CLIP 文本编码器”节点，在“加载图像”节点点击“choose file to upload”按钮上传需要精修的图像，因为是写实人像，所以在“Checkpoint 加载器（简易）”节点选择一个写实类型的大模型“majicmixRealistic_v7.safetensors”，将两个“CLIP 文本编码器”节点的标题分别修改为“正向提示词”和“负向提示词”，在“正向提示词”节点输入对人像的简单描述，这里输入的是，“masterpiece, best quality, 1 Asian girl”，在负向提示词框中输入坏的画面质量提示词，这里输入的是，“lowres,text,error,extra digit,fewer digits,cropped,worst quality,low quality,normal quality,jpeg”，如下图所示。

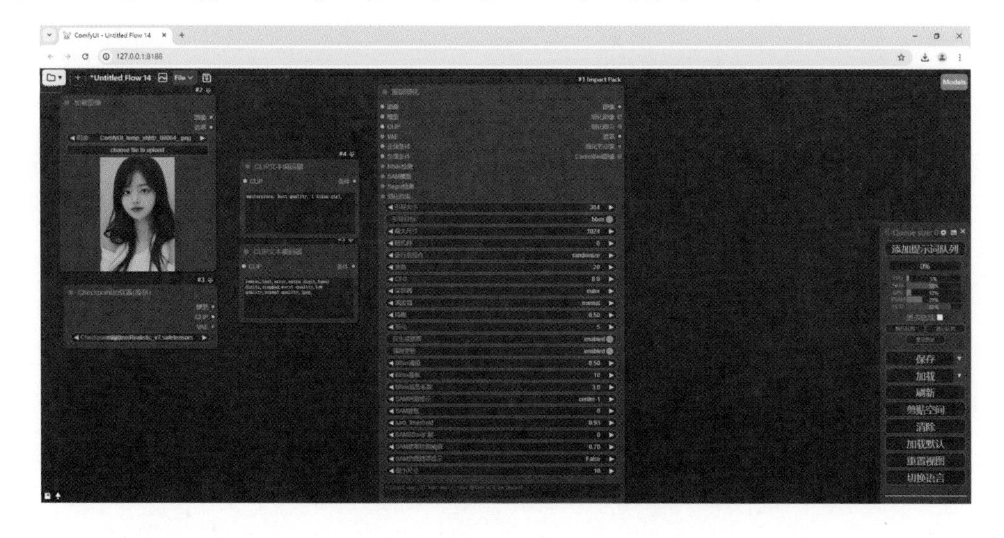

（2）新建“检测加载器”“SAM 加载器”节点，“检测加载器”节点的“模型名称”选择 bbox/face_yolov8m.pt，“SAM 加载器”节点参数保持默认，将“加载图像”节点的“图像”输出端口、“Checkpoint 加载器 (简易)”节点的“模型”“CLIP”“VAE”输出端口、正负向提示词节点的“条件”输出端口、“检测加载器”节点的“BBox 检测”输出端口、“SAM 加载器”节点的“SAM 模型”输出端口分别连接到“面部细化”节点的“图像”“模型”“CLIP”“VAE”“正面条件”“负面条件”“BBox 检测”“SAM 模型”输入端口，将“面部细化”节点的“图像”输出端口连接到“预览图像”节点的“图像”输入端口，如下图所示。

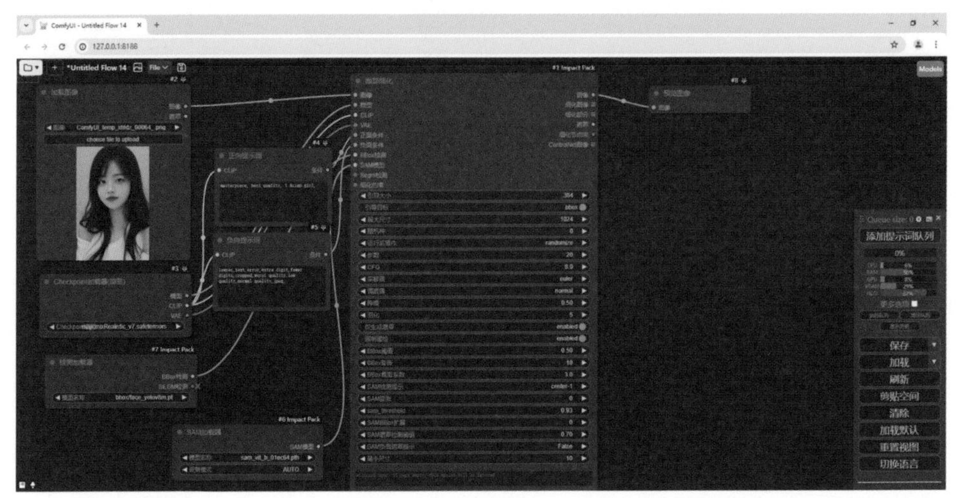

（3）在“面部细化”节点，“引导大小”设置为 384，“引导目标”使用 bbox，“最大尺寸”设置为 768，“随机种”设置为 0，“运行后操作”设置为“随机”，“步数”设置为 20，“CFG”设置为 7，“采样器”设置为“dpmpp_2m”，“调度器”设置为“karras”，“降噪”设置为 0.5，“羽化”设置为 5，开启“仅生成遮罩”“强制重绘”，“BBox 阈值”设置为 0.5，“BBox 膨胀”设置为 10，“BBox 裁剪系数”设置为 3，“SAM 检测提示”设置为 center-1，“SAM 膨胀”设置为 0，其他参数保持默认不变，如下图所示。

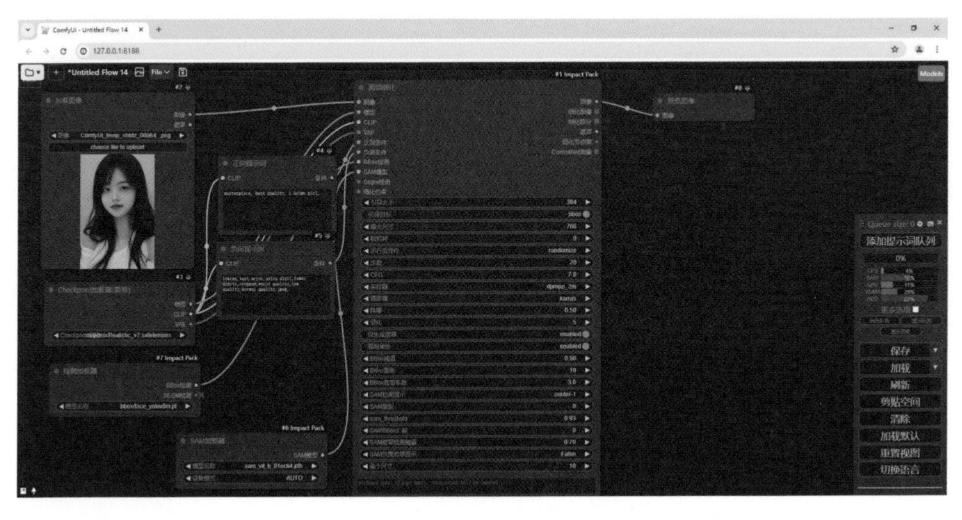

（4）点击“添加提示词队列”按钮，脸部精修后的图像就生成了，如下图所示。对比原图，女生的面部变得更加真实了，比之前更加自然了，精修效果相当不错。

SAM 检测遮罩工作流搭建

在前文学习局部重绘时，如果要对某个区域重绘需要先对这个区域使用画笔进行遮罩的涂抹，范围大的区域还比较容易涂抹，范围小的区域则需要很细致地涂抹，但有了 SAM 检测器后，就不用这么麻烦了，只需要将区域用画笔涂抹覆盖即可，然后交由 SAM 检测精细检测，这样就可以生成比较精细的区域遮罩了。

在这里，笔者通过给女生换袜子颜色案例详细介绍 SAM 检测遮罩工作流搭建及参数设置，具体操作步骤如下。

（1）新建“局部细化”“加载图像”“Checkpoint 加载器（简易）”以及两个“CLIP 文本编码器”节点，在“加载图像”节点点击“choose file to upload”按钮上传需要局部的图像，并在遮罩编辑器中用画笔涂抹需要局部重绘的部分，因为是写实图像，所以在“Checkpoint 加载器（简易）”节点选择一个写实类型的大模型“majicmixRealistic _v7.safetensors”，将两个“CLIP 文本编码器”节点的标题分别修改为“正向提示词”和“负向提示词”，在“正向提示词”节点输入对重绘部分的简单描述，这里输入的是，“1girl,(green:1.6) socks”，在负向提示词框中输入坏的画面质量提示词，这里输入的是“lowres,text,error,extra digit,fewer digits,cropped,worst quality,low quality,normal quality,jpeg”，如下图所示。

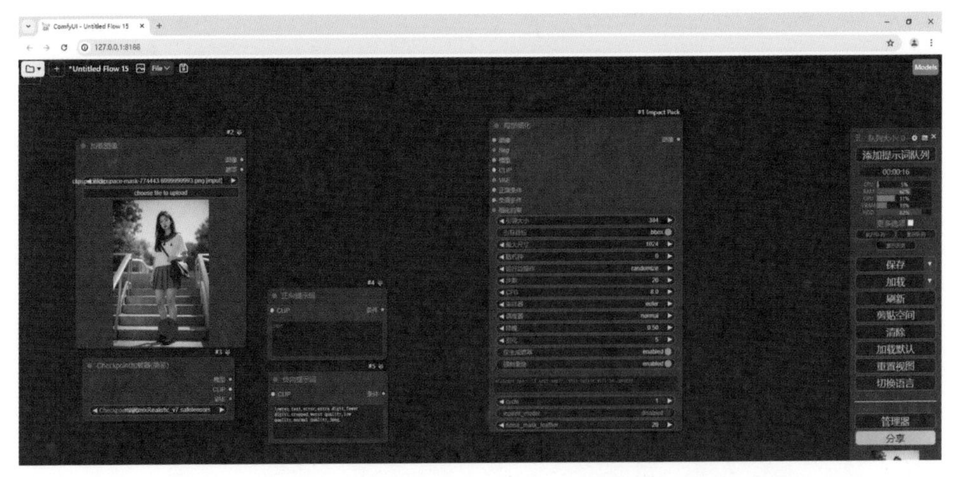

（2）新建“SAM 检测合并”“遮罩到 Seg”“SAM 加载器”“Seg 遮罩”节点，在“遮罩到 Seg”节点中开启合并，其他节点参数保持默认不变，将“加载图像”节点的“图像”“遮罩”输出端口分别连接到“SAM 检测合并”节点的“图像”输入端口和“遮罩到 Seg”节点的“遮罩”输入端口，将“遮罩到 Seg”节点的“Seg”输出端口分别连接到“SAM 检测合并”节点的“Seg”输入端口和“Seg 遮罩”节点的“Seg”输入端口，将“SAM 加载器”节点的“SAM 模型”输出端口连接到“SAM 检测合并”节点的“SAM 模型”输入端口，将“SAM 检测合并”节点的“遮罩”输出端口连接到“Seg 遮罩”节点的“遮罩”输入端口，如下图所示。这里是为了对画遮罩区域进行精细检测得到袜子遮罩，再将 SAM 检测到的袜子遮罩和手工随意画的 Seg 合并，得到进行局部细化操作的 Seg。

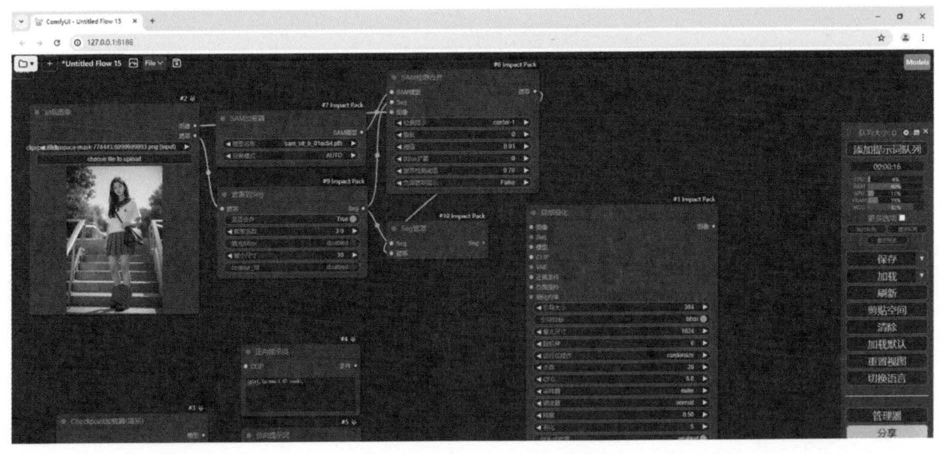

（3）将“加载图像”节点的“图像”输出端口、“Seg 遮罩”节点的“Seg”输出端口“Checkpoint 加载器（简易）”节点的“模型”“CLIP”“VAE”输出端口、正负向提示词节点的“条件”输出端口分别连接到“局部细化”节点的“图像”“Seg”“模型”“CLIP”“VAE”“正面条件”“负面条件”输入端口，新建“预览图像”节点，将“局部细化”节点的“图像”输出端口连接到“预览图像”节点的“图像”输入端口，如下图所示。

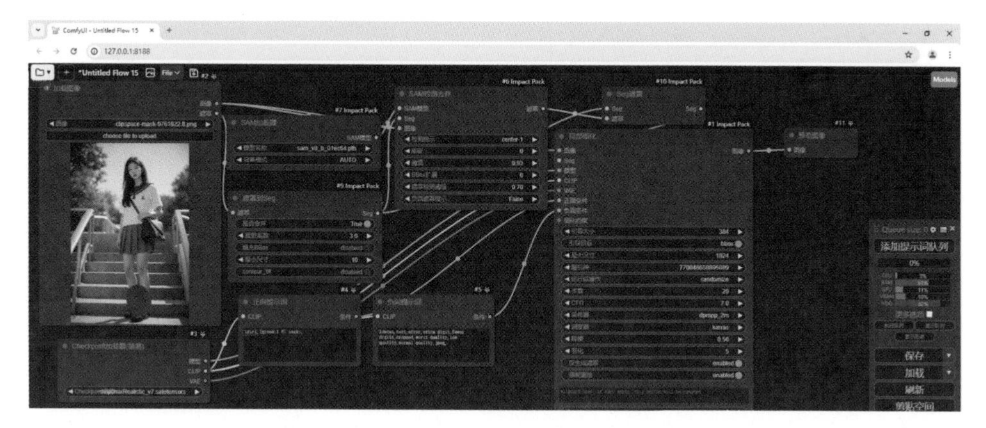

（4）在“局部细化”节点，“引导大小”设置为384，“引导目标”使用bbox，“最大尺寸”设置为1536，“随机种”设置为0，“运行后操作”设置为“随机”，“步数”设置为20，“CFG”设置为12，“采样器”设置为“dpmpp_2m”，“调度器”设置为“karras”，“降噪”设置为0.6，“羽化”设置为5，开启“仅生成遮罩”“强制重绘”，如下图所示。

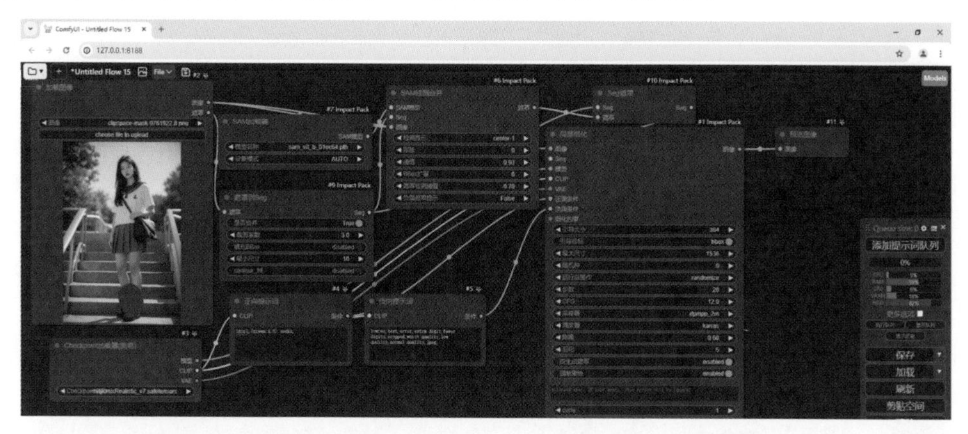

（5）点击“添加提示词队列”按钮，白色的袜子变成绿色袜子的图像就生成了，如下图所示。相比于前文的局部重绘，涂抹遮罩更为简单，局部重绘后的效果也好得多。

Efficiency-nodes 扩展

Efficiency-nodes 扩展介绍

ComfyUI 虽然灵活程度比较高，但是有些固定的节点连接在搭建工作流时需要重复操作，这样的操作不仅浪费时间，还让 ComfyUI 界面看起来混乱复杂，然而 Efficiency-nodes 扩展可以帮助简化工作流程并减少总节点数，因为它拥有 ComfyUI 自定义节点的集合。

Efficiency-nodes 扩展包含的节点非常丰富，可以实现高清修复、XY 图表等功能。

Efficiency-nodes 扩展安装

进入ComfyUI界面，点击右下角菜单中的“管理器”按钮，在弹出的“ComfyUI管理器”窗口中点击“安装节点”按钮，在弹出的“安装节点”窗口的右上角搜索框中输入“Efficiency”，点击“搜索”按钮，列表中就会出现关于Efficiency扩展节点，找到“Efficiency Nodes for ComfyUI Version 2.0+”扩展，点击“安装”按钮，等待节点安装完毕，重启ComfyUI界面，笔者这里之前已经安装过了，如下图所示。

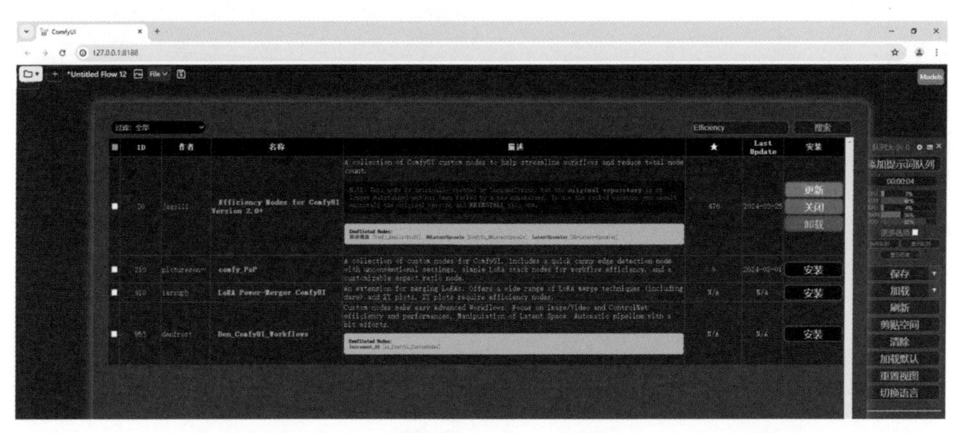

Efficiency-nodes 扩展安装完以后，它的节点都在“新建节点”“效率节点”中，它主要的节点为采样器的节点和加载器的节点，由这两个分类中的节点相互连接就能搭建出一个工作流，其他的节点都是连接在这两类节点上的，所以这里重点讲解这两类节点。

Efficiency 效率加载器和效率采样器详解

效率加载器

效率加载器是可以加载和缓存 Checkpoint、VAE 和 LoRA 类型模型的节点，它能够通过节点的“LORA 堆栈”和“ControlNet 堆栈”输入端口输入应用 Lora 和 ControlNet 堆栈，同时它还附带正负向提示文本框，还可以通过“Token 规格化”和“权重插值方式”设置提示的编码方式，效率加载器一共有“效率加载器”和“效率加载器 (SDXL)”2 个节点，如下图所示。

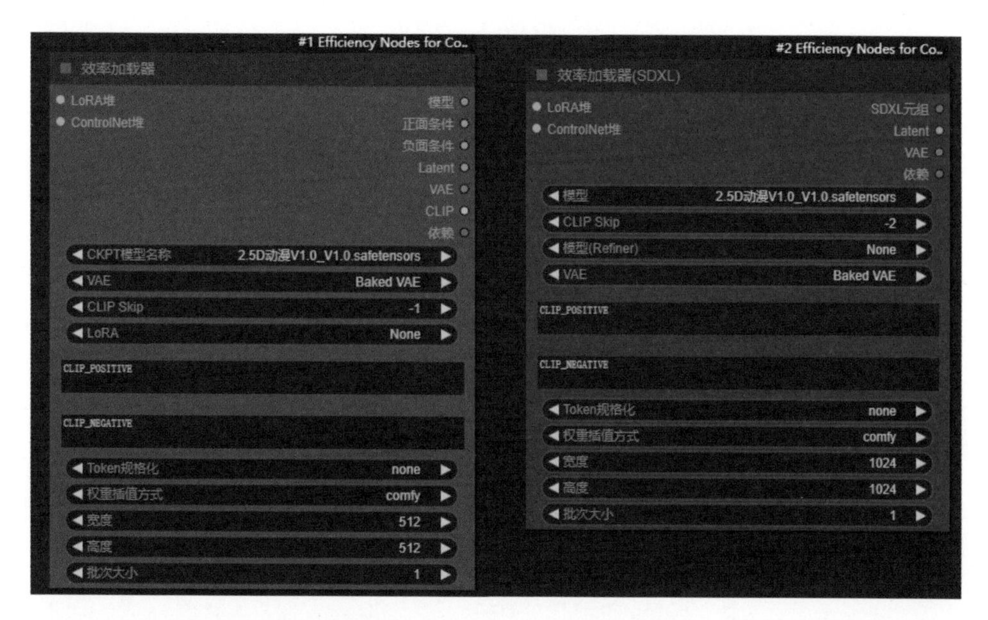

在之前创建文生图的工作流需要“Checkpoint 加载器 (简易)”“CLIP 文本编码器”“空 Latent”节点连接到“K 采样器”节点，这就会导致节点较多且连线比较复杂，但是现在有了“效率加载器”节点以后，它把“模型”“正向提示词”“负向提示词”“Latent”“VAE”“CLIP”都整合在了一个节点，这样就可以大大提高创建工作流的效率，也减少了很多复杂的连线，如下图所示。

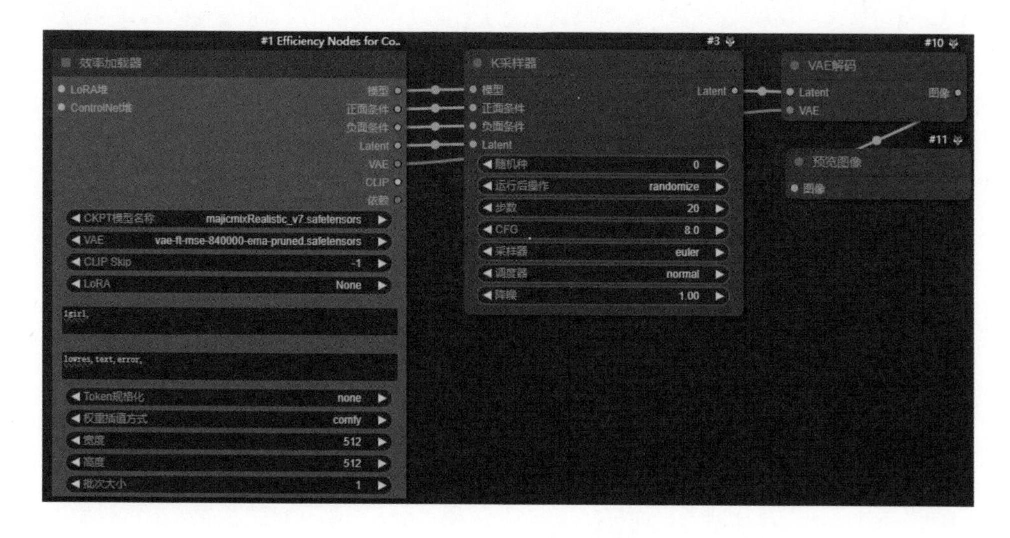

同时“效率加载器”的输入接口还可以连接 LoRA 堆栈和 ControlNet 堆栈，“LoRA 堆”节点可以选择加载的 LoRA 数量以及加载哪些 LoRA 模型，大大提高了选用 LoRA 模型的便捷度；“ControlNet 堆”节点直接替代了“ControlNet 应用”节点条件的串接，直接应用到“效率加载器”节点中，同时，“ControlNet 堆”节点还可以相互连接应用多个 ControlNet 控制，如下图所示。

效率采样器

效率采样器是具有实时预览生成图像和 VAE 解码图像能力的改良 K 采样器，有一个特殊的种子选项，可以更清晰地管理种子，同时也可以执行自带的脚本，例如高清修复、分块采样放大等，使用脚本也非常简单，直接连接到脚本节点即可， 效率采样器同时还能输出更多元素，方便多采样器之间的连线。效率采样器一共有“K 采样器（效率）”“K 采样器（高级效率）”“K 采样器（SDXL 效率）”3 个节点，如下图所示。

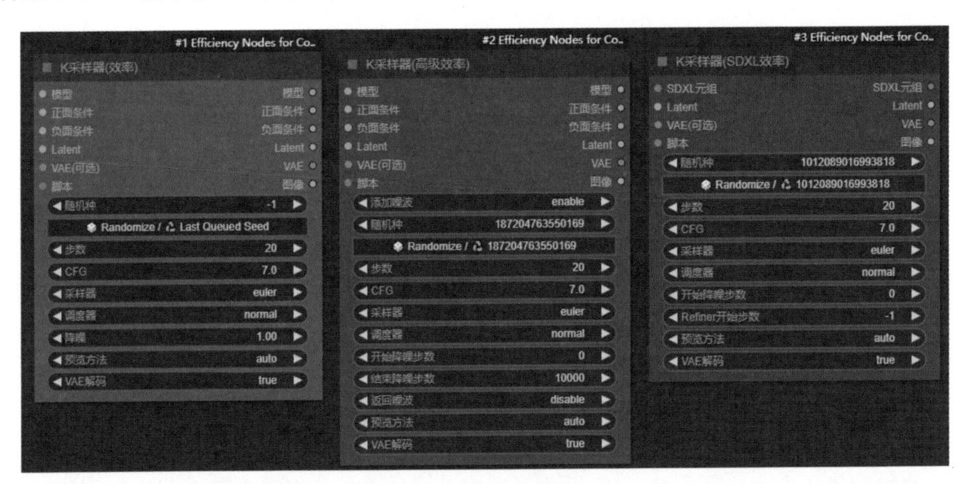

效率采样器集成了预览生成，可以选择预览生成方式或关闭，这样基本上就不需要再新建连接“预览图像”节点了，配合效率加载器，便可实现使用两个节点就能搭建一个完整的文生图工作流，如下图所示。效率采样器里面集成了 VAE 解码功能，所以预览的图像都是解码后的像素图像，并不需要连接额外的 VAE 解码节点了。

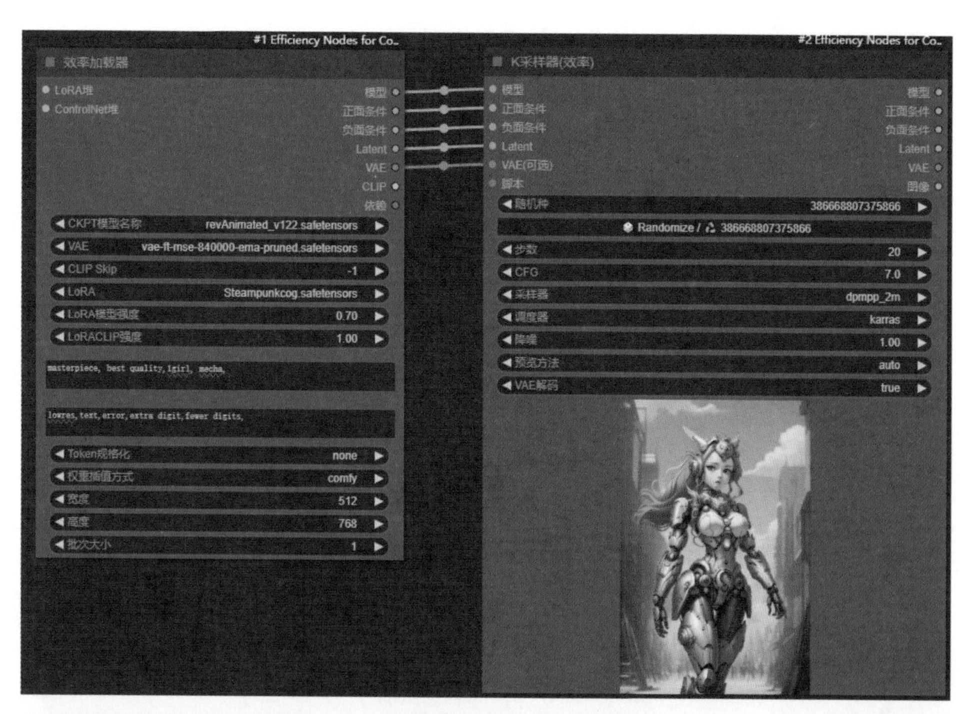

在效率采样器节点可以看到有一个“脚本”输入端口，说明可以将脚本节点直接连接到效率采样器的输入端，这样就可以使用脚本功能实现更复杂的工作流，如下图所示。

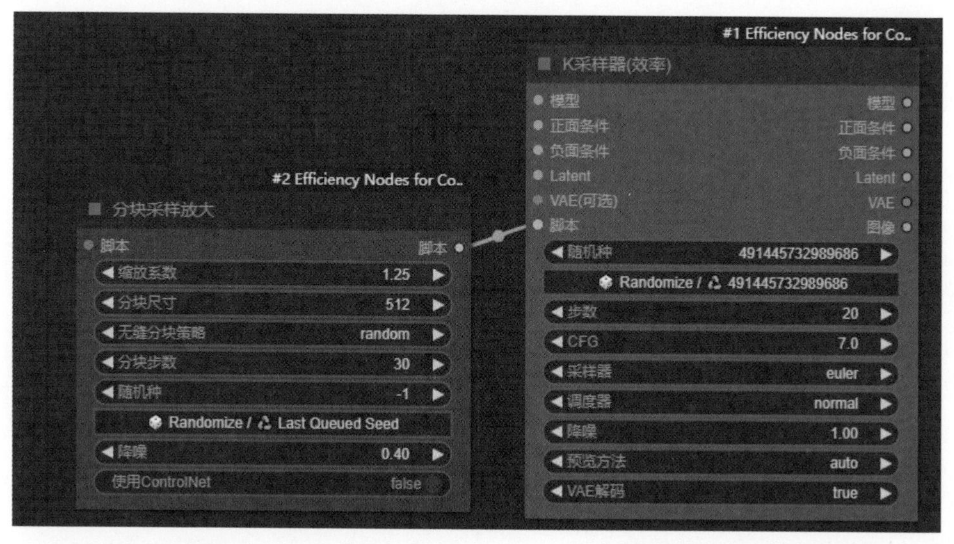

不管是效率采样器的节点还是效率加载器的节点，它们的新建位置都在“新建节点”“效率节点”中，效率加载器节点在“新建节点”“效率节点”“加载器”，效率采样器节点在“新建节点”“效率节点”“采样”，该扩展对于新建节点的分类很清晰，需要哪个节点到相应的分类下新建即可。

Efficiency 脚本 XY 图表详解

用过WebUI的创作者应该使用过XYZ图表脚本，当需要确定生成一张图像时，不确定使用哪些参数生图效果最好，就可以利用XYZ图表脚本同时绘制出3个参数生成图像的对比图表，进行对比，这样就会大大提高了出图的效率，与WebUI的XYZ图表脚本不同的是，ComfyUI中是XY图表脚本，也就是控制2个参数，其他的功能没有改变。

XY图表脚本的核心节点为“XY图表”节点，它的“依赖”输入端口需要连接效率加载器节点的“依赖”输出端口，因为XY图表输入参数部分需要依赖“模型”“提示词”等参数；它的X和Y输入端口分别连接X方向上的参数输入和Y方向上的参数输入，X和Y输入端口可以同时连接参数输入，也可以只连接1个参数输入，如果只连接X参数输入，则只显示X参数表，如下图所示。

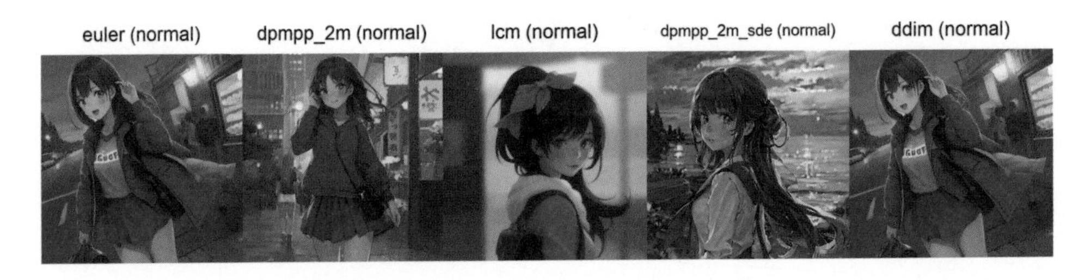

它的“脚本”输出端口只能连接效率次氧气的“脚本”输入端口，在组件方面，“间隔”的范围在0-500，表示图表中图像之间的间隔，默认0没有间隔；“XY互换”就是字面意思，就是将X和Y的参数输入互换；“Y轴方向”可以选择Y轴方向上的文字方向，横向还是竖向；“缓存模式”默认不用调整；“图像输出”可以选择“图像”或“图表”，正常选择“图表（Plot）”。它的新建节点位置在“新建节点”“效率节点”“脚本”“XY图表”。

搭建XY图表的工作流并不复杂，但是需要提前确定XY图表的内容，这样生成的XY图表才有对比的意义。笔者这里想要通过XY图表探究meinamix_meinaV11.safetensors大模型在哪种采样器下多少步出图效果最好，具体操作如下。

创建“效率加载器”和“K采样器(效率)”节点，将“效率加载器”节点的“CKPT模型名称”设置为meinamix_meinaV11.safetensors，VAE设置为vae-ft-mse-840000-ema-pruned.safetensors，正向提示词输入框中输入“masterpiece, best quality, 1girl, ”，负向提示词输入框中输入“lowres,text,error,extra digit,”其他参数保持默认不变，因为要对比“步数”和“采样器”，所以“K采样器(效率)”节点的参数保持默认即可，再将“效率加载器”与“K采样器(效率)”节点相应的端口连接，如下图所示。

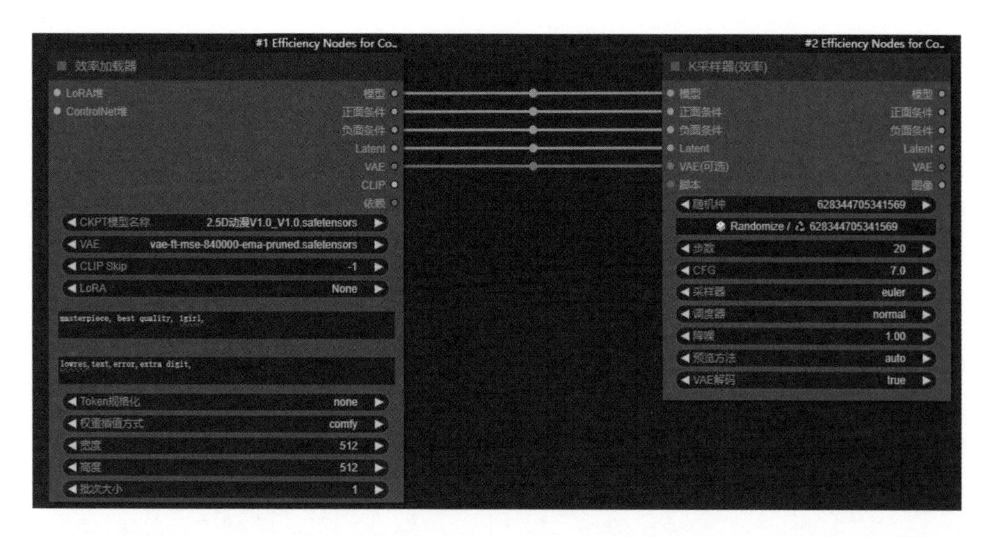

新建“XY图表”节点，将“效率加载器”节点的“依赖”输出端口连接到“XY图表”节点的“依赖”输入端口，将“XY图表”节点的“脚本”输出端口连接到“K采样器(效率)”节点的“脚本”输入端口。将“XY图表”节点的“间隔”设置为5，“图像输出”设置为Plot，如下图所示。

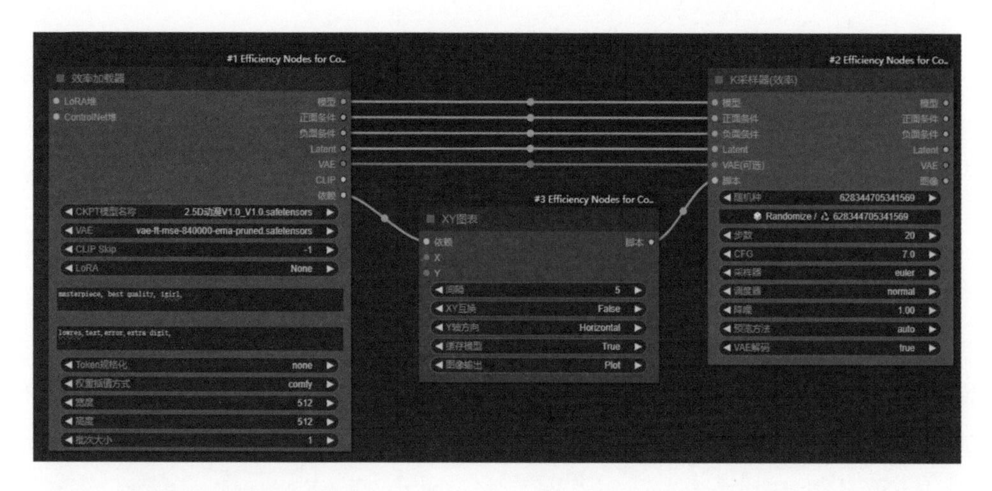

新建“步数”和“采样调度器”节点，将“步数”节点的X or Y输出端口连接到“XY图表”的X输入端口，“采样调度器”节点的X or Y输出端口连接到“XY图表”的Y输入端口，将“步数”节点的“个数”设置为4，“起始步数”设置为5，“最终步数”设置为20，其他参数保持默认不变；将“采样调度器”节点的“输入数量”设置为4，“采样器_1”选择euler，“采样器_2”选择dpm_sde，“采样器_3”选择dpm_2m，“采样器_4”选择lcm，其他参数保持默认不变，如下图所示。

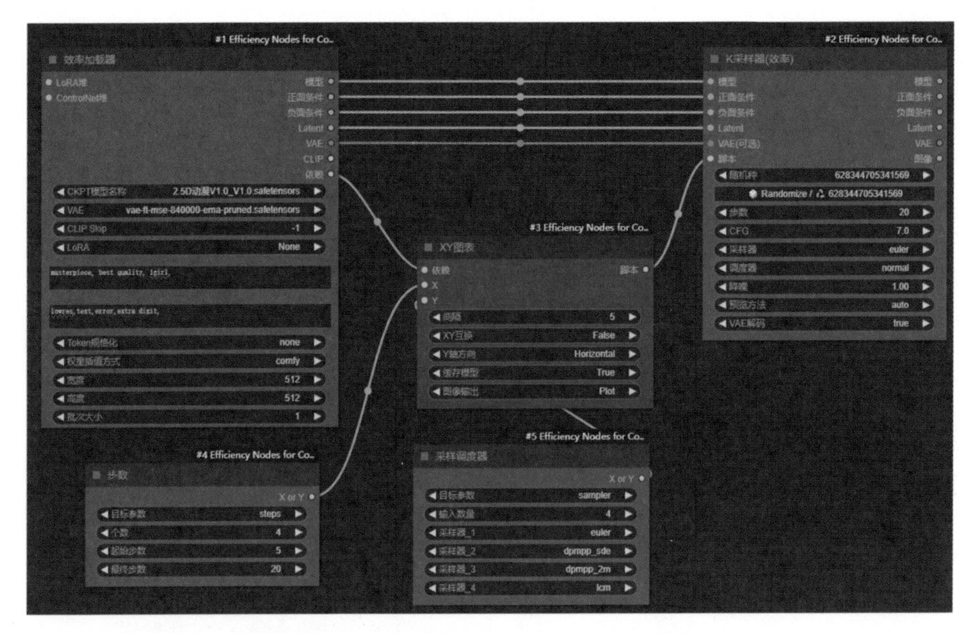

点击“添加提示词队列按钮”，XY图表就生成了，如下图所示。

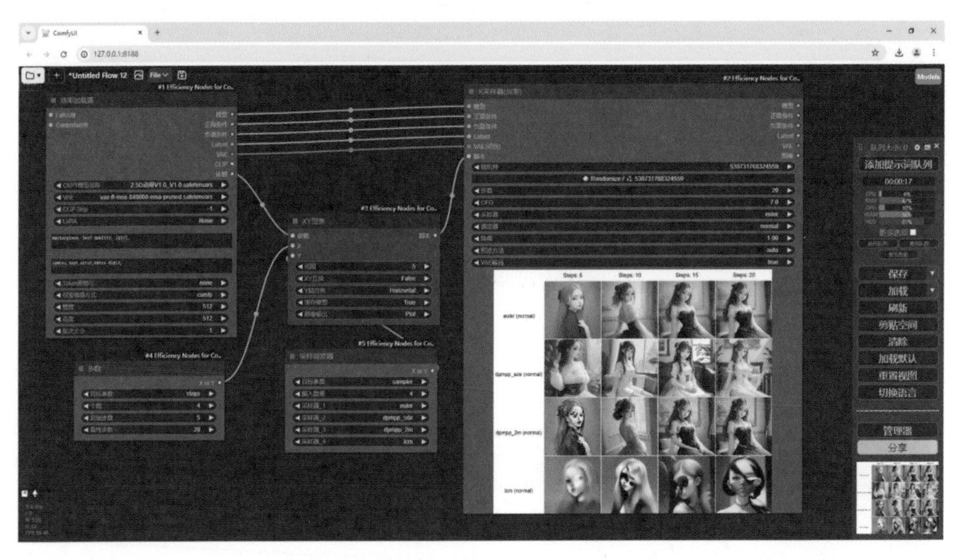

通过对比图表，euler 、dpmpp_sde和dpmpp_2m采样调度器在10步以后出图效果都非常不错，euler 和dpmpp_2m采样调度器的出图效果比较相似，lcm采样调度器在任何步数下的出图效果都不好，说明该大模型不适合使用lcm采样调度器出图，所以通过XY图表便很快确定了该大模型适合的采样调度器和最佳步数，相比单张出图，大大提高了效率。

IPAdapter 扩展

IPAdapter 扩展介绍

IPAdapter 是非常强大的图像到图像调节模型，可以将一张或多张图像的风格迁移到另一张图像上，实现风格的迁移和融合，它还支持多张图片风格的融合，并可以与 ControlNet 结合使用，实现更多样化的功能，同时 IPAdapter 还提供了专门用于换脸的模型，可以替换生成图片中人物的脸部特征。

IPAdapter 扩展安装

进入ComfyUI界面，点击右下角菜单中的“管理器”按钮，在弹出的“ComfyUI管理器”窗口中点击“安装节点”按钮，在弹出的“安装节点”窗口的右上角搜索框中输入“IPAdapter”，点击“搜索”按钮，列表中就会出现关于IPAdapter扩展节点，找到“ComfyUI_IPAdapter_plus”扩展，点击“安装”按钮，等待节点安装完毕，重启ComfyUI界面，笔者这里之前已经安装过了，如下图所示。

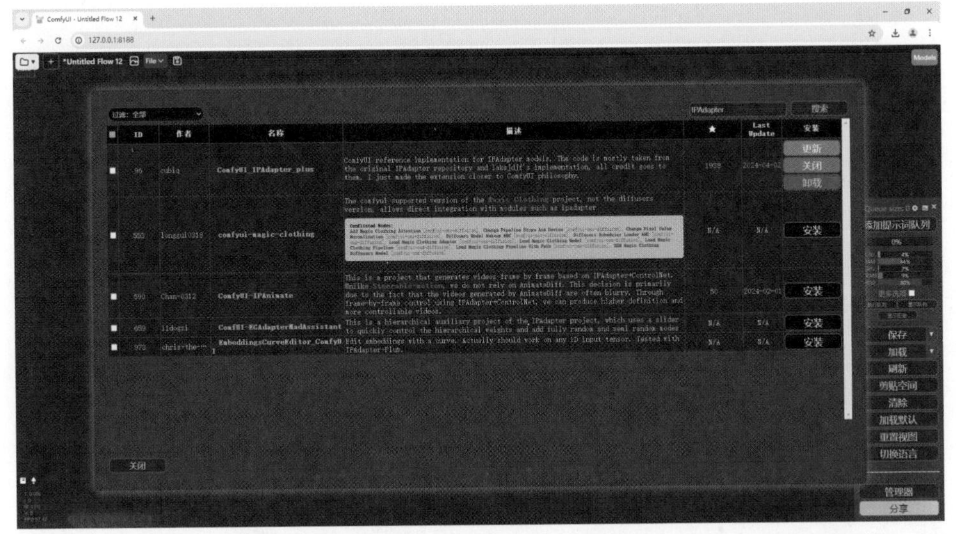

IPAdapter扩展节点安装完成后还需要下载ip-adapter模型和clip_vision视觉模型，ip-adapter模型和clip_vision视觉模型可以在GitHub、Hugging Face或网盘等平台下载，下载后的模型需要放置在相应的路径下，ip-adapter模型放置在ComfyUI-aki-v1.3\models\ipadapter路径下，如果ipadapter文件夹不存在，新建一个ipadapter文件夹即可，clip_vision视觉模型放置在ComfyUI-aki-v1.3\models\clip_vision路径下，如下图所示。

« 本地磁盘 (C:) › Comfyui › ComfyUI-aki-v1.3 › models › clip_vision　　在 clip_vision 中搜索

名称	修改日期	类型	大小
CLIP-ViT-H-14-laion2B-s32B-b79K.saf...	2024/6/24 16:12	SAFETENSORS ...	2,469,115...
put_clip_vision_models_here	2023/9/18 22:36	文件	0 KB

ipadapter

共享　查看

« 本地磁盘 (C:) › Comfyui › ComfyUI-aki-v1.3 › models › ipadapter　　在 ipadapter 中搜索

名称	修改日期	类型	大小
ip-adapter_sd15.bin	2024/6/24 16:11	BIN 文件	43,597 KB
ip-adapter_sd15_light.safetensors	2024/6/24 16:11	SAFETENSORS ...	43,597 KB
ip-adapter_sd15_vit-G.bin	2024/6/24 16:11	BIN 文件	45,133 KB
ip-adapter-full-face_sd15.bin	2024/6/24 16:11	BIN 文件	42,571 KB
ip-adapter-plus_sd15.bin	2024/6/24 16:11	BIN 文件	154,330 KB
ip-adapter-plus-face_sd15.bin	2024/6/24 16:11	BIN 文件	95,883 KB

IPAdapter 节点详解

“IPAdapter应用”节点是IPAdapter的主要节点，它通过大模型、CLIP视觉模型和IPAdapter模型提取参考图片的信息，再输出给采样器进行采样。它的IPAdapter输入端口连接“IPAdapter模型加载器”节点，输入IPAdapter的模型，“CLIP视觉”输入端口连接“CLIP视觉加载器”节点，输入CLIP视觉模型，“图像”输入端口连接上传参考图像的节点，“模型”输入端口连接大模型的节点；“模型”输出端口连接到采样器节点。组件方面，“权重”的范围在-1~3，它主要决定参考图像的权重，值越大权重越高，和参考图越相似，通常将权重值在0.8左右有不错的效果；“噪波增强”相当于给参考图像增加一个噪波图，数值越大，噪波图的噪点越多，提取到的参考图像信息越少，噪波参数是IPAdapter模型的实验开发，可以将其设置为低至0.01，这样可以获得更好的效果；“权重类型”可以选择IPAdapter权重应用于图像嵌入的方式，original方式权重应用于聚合张量，对于不等于1的值，权重可起预测作用，“线性”方式在对单个张量进行聚合之前，将权重应用于它们，与original相比，当权重小于1时，影响较弱，当权重大于1时，则影响较强，当权重为1时，两种方法等效，channel penalty方式是Fooocus的修改版本，结果有时更鲜明，当权重>1时，它也能很好地工作，仍处于试验阶段，未来可能会发生变化；“开始应用位置”和“结束应用位置”可以设置起点和终点，IPAdapter将仅在该生成时间段内应用。节点如下图所示。它的新建位置在“新建节点”“应用IPAdapter”“IPAdapter应用”。

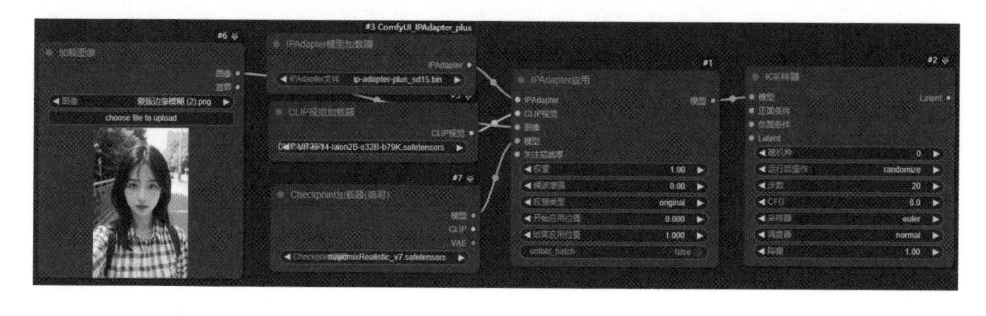

“IPAdapter模型加载器”节点用于加载ip-adapter模型，ip-adapter模型分为SD1.5和SDXL两类，SD1.5的模型有ip-adapter_sd15：1.5的基本模型， 强度比较平均，ip-adapter_sd15_light：与ip-adapter_sd15效果差不多，但对文本识别效果更好，ip-adapter-plus_sd15：比ip-adapter_sd15更接近参考图，ip-adapter-plus-face_sd15：用于提取面部详细信息，ip-adapter-full-face_sd15：用于提取头部详细信息，ip-adapter_sd15_vit-G：该模型支持SD1.5视觉模型和SDXL视觉模型；SDXL的模型有ip-adapter_sdxl：SDXL的基本模型，ip-adapter_sdxl_vit-h.bin ：虽然该模型用于SDXL大模型，但需要使用SD1.5视觉模型，ip-adapter-plus_sdxl_vit-h：更接近参考图，ip-adapter-plus-face_sdxl_vit-h：人像参考模型。

“CLIP视觉加载器”节点用于加载图像编辑器模型，它只有两个模型，分别是CLIP-ViT-H-14-laion2B-s32B-b79K.safetensors和CLIP-ViT-bigG-14-laion2B-39B-b160k.safetensors，ip-adapter模型名字带有 vit-h 的使用 ViT-H 视觉编码器，名字带有 vit-G 的使用 ViT-G 视觉编码器；SDXL 大模型默认使用 ViT-G，SD15 大模型默认使用 ViT-H。

IPAdapter 给人物换脸

（1）新建“IPAdapter应用”“IPAdapter模型适配器”“CLIP视觉加载器”“Checkpoint加载器(简易)”“加载图像”节点，将“IPAdapter模型适配器”“CLIP视觉加载器”“Checkpoint加载器(简易)”“加载图像”节点的输出端口对应连接在“IPAdapter应用”节点的输入端口，如下图所示。

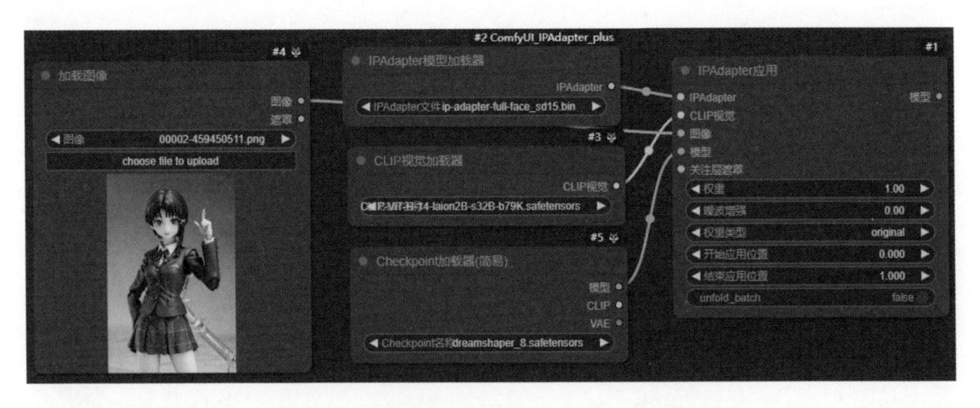

（2）在“加载图像”节点上传换脸的参考人像，注意这里需要用大头贴，图片中尽量只有头像，形状为正方形，在“IPAdapter 模型适配器”节点选择用于提取面部详细信息的模型ip-adapter-plus-face_sd15，在“CLIP 视觉加载器”节点选择使用 1.5 的视觉模型 CLIP-ViT-H-14-laion2B-s32B-b79K.safetensors，在“Checkpoint 加载器 (简易)”节点选择一个写实大模型majicmixRealistic_v7.safetensors，在“IPAdapter 应用”节点将“权重”设置为 0.6，“噪波增强”设置为 0.3，“权重类型”选择 channel penalty，其他参数保持默认不变，如下图所示。

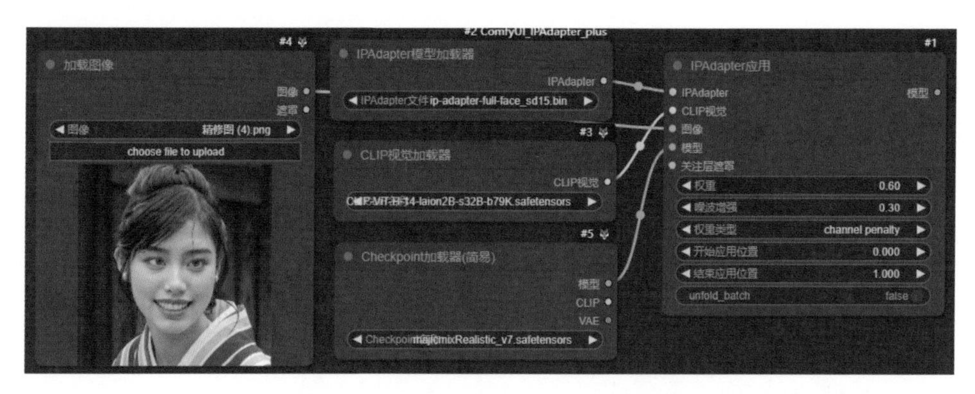

（3）新建“SAM 检测合并”“检测加载器”“SAM 加载器”“BBox 检测到 Seg”“加载图像”“遮罩到图像”“预览图像”节点，将新建节点的输出端口与对应节点的输出端口连接，如下图所示。

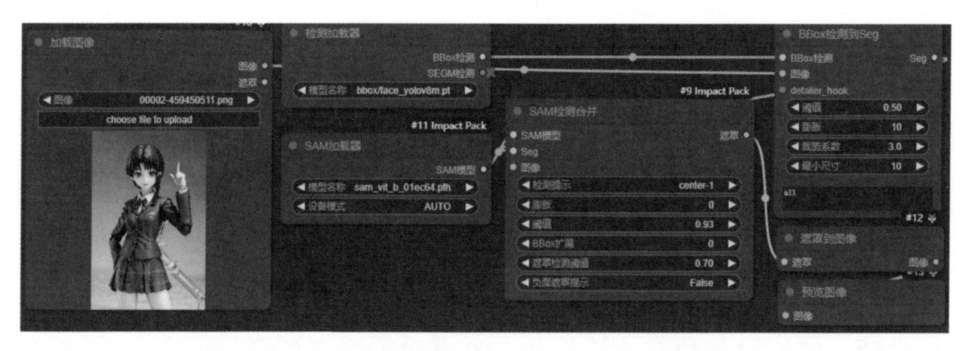

（4）在“加载图像”节点上传需要换脸的图像，在“检测加载器”节点选择 bbox 的脸部模型 bbox/face_yolov8m.pt，在“SAM 检测合并”节点将“阈值”设置为 0.93，“遮罩检测阈值”设置为 0.7，其他参数保持默认不变，如下图所示。

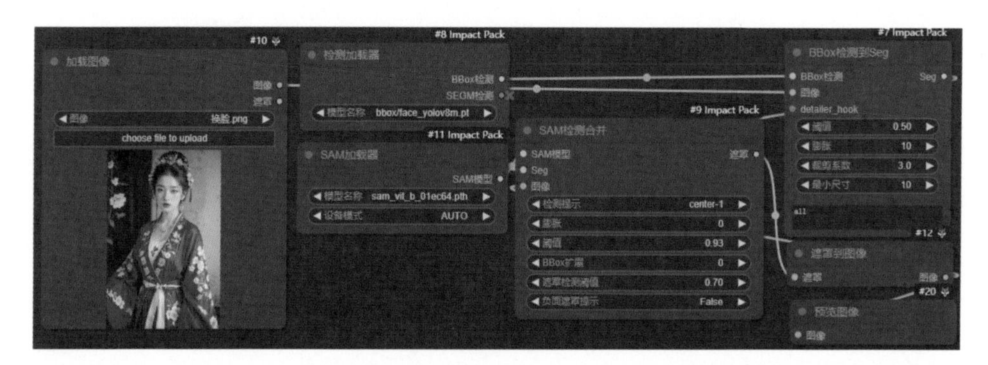

（5）新建“K 采样器”“VAE 内部编码器”以及两个“CLIP 文本编码器”节点，将两个“CLIP 文本编码器”节点的“条件”输出端口分别连接在“K 采样器”节点的“正面提示词”“负面提示词”输入端口，将“VAE 内部编码器”的 Latent 输出端口连接在“K 采样器”节点的 Latent 输入端口，在正向提示词输入框中填入“Best quality, masterpiece,a woman face”，在负向提示词输入框中填入“embedding:EasyNegative, lowres, error, cropped, worst quality, low quality, jpeg artifacts, out of frame, watermark, signature，blurry，Doors, cover,(worst quality,cleavage, low quality: 1.4),nsfw,Cleavage”，在“K 采样器”节点，“随机种”设置为 0，“运行后操作”设置为“固定”，“步数”设置为 30，“CFG”设置为 6，“采样器”设置为“ddim”，“调度器”设置为“ddim_uniform”，“降噪”设置为 0.85，如下图所示。

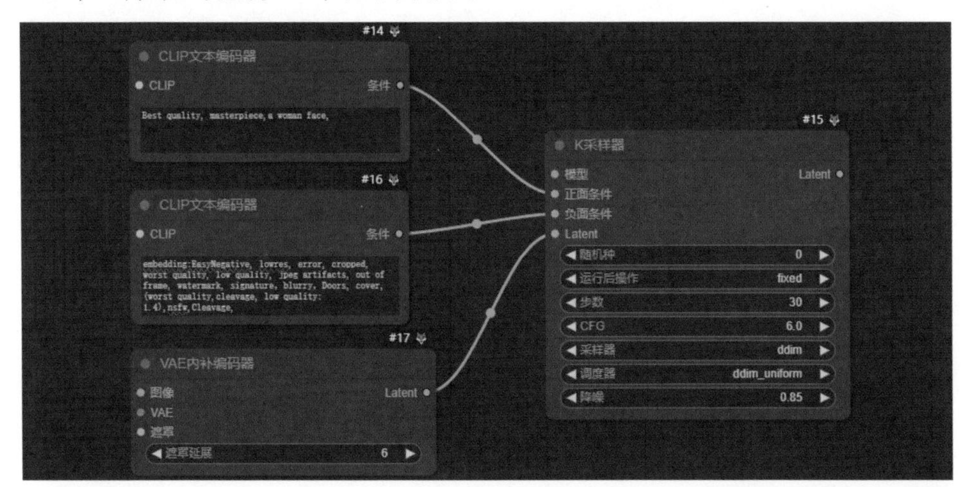

（6）将“IPAdapter 应用”节点的“模型”输出端口连接到“K 采样器”节点的“模型”输入端口，将步骤（3）中的“加载图像”节点的“图像”输出端口和“SAM 检测合并”节点的“遮罩”输出端口分别连接到“VAE 内补编码器”的“图像”和“遮罩”输入端口，将“Checkpoint 加载器(简易)”节点的 CLIP 输出端口和 VAE 输出端口分别连接到正负向提示词的 CLIP 输入端口和 VAE 内补编码器”的 VAE 输入端口，如下图所示。

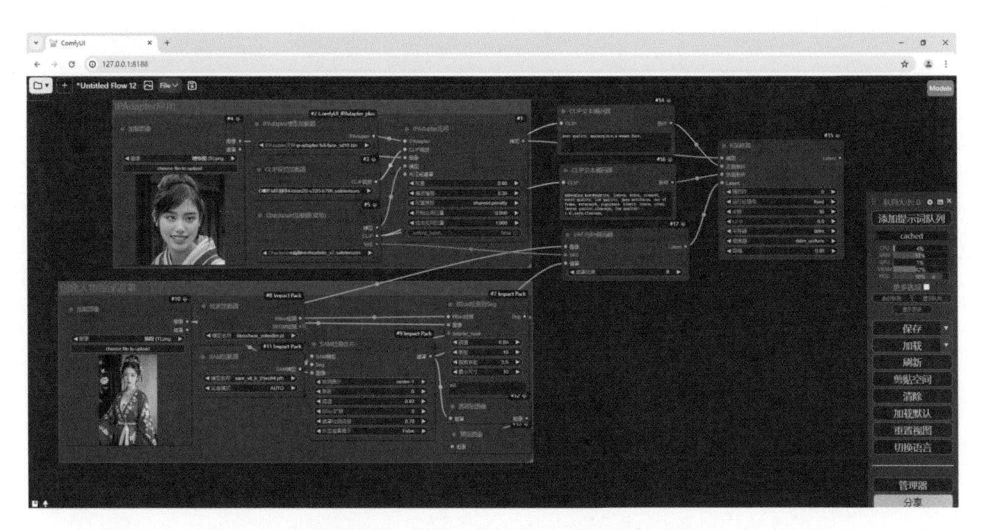

（7）新建“VAE 解码”“预览图像”节点，将“K 采样器”节点的 Latent 输出端口和“Checkpoint 加载器(简易)”节点的 VAE 输出端口分别连接到“VAE 解码”节点的 Latent 输入端口和 VAE 输入端口，将 VAE 解码”节点的“图像”输出端口连接到“预览图像”节点的“图像”输入端口，如下图所示。

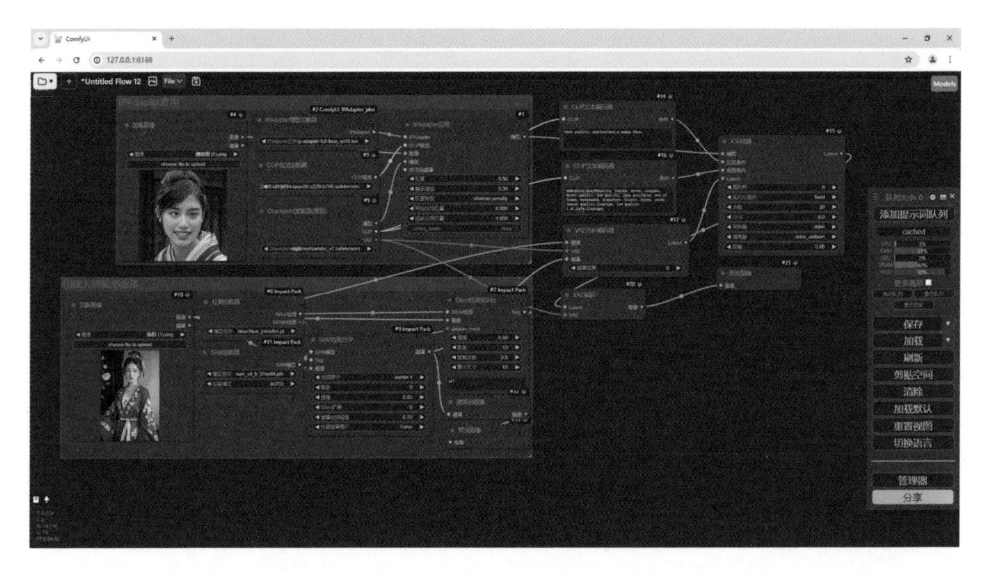

（8）点击“添加提示词队列”按钮，汉服人像的脸换成了参考人像的脸，并生成了一张新的图像，如下图所示。仔细观察生成的图像，换脸的效果还可以，但是出现坏图的概率较大，需多次抽卡。

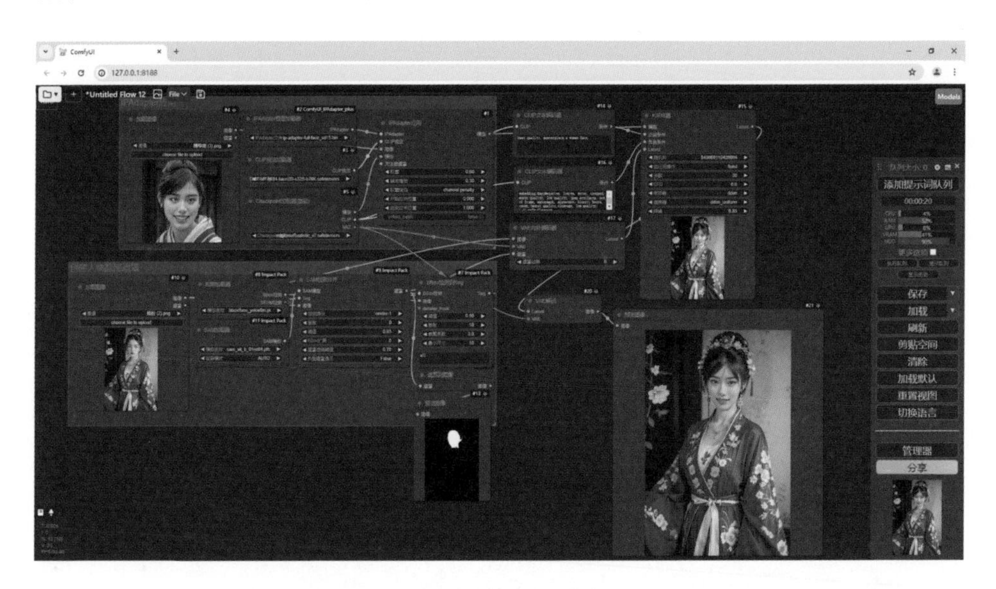

ComfyUI Portrait Master 扩展

ComfyUI Portrait Master 扩展介绍

ComfyUI Portrait Master，中文叫作“肖像大师”，它是一款强大的人物肖像提示词生成模块。它提供了丰富的参数选择，包括镜头类型、性别、国籍、体型、姿势、眼睛颜色、面部表情、脸型、发型、头发颜色、胡子、灯光类型和灯光方向等。

与其他肖像生成工具不同，ComfyUI Portrait Master 采用了“选择永远比填空更适合人类”的设计理念，只需在众多参数中进行选择，而无需花费大量时间思考如何用文字描述需求，这种简洁高效的操作方式，让肖像生成变得更加容易快捷。

ComfyUI Portrait Master 扩展安装

进入ComfyUI界面，点击右下角菜单中的“管理器”按钮，在弹出的“ComfyUI管理器”窗口中点击“安装节点”按钮，在弹出的“安装节点”窗口的右上角搜索框中输入“ComfyUI Portrait Master”，点击“搜索”按钮，列表中就会出现关于ComfyUI Portrait Master的扩展节点，选择名称为“comfyui-portrait-master-zh-cn”的扩展，这个是中文版本，点击“安装”按钮，如下图所示，等待节点安装完毕，重启ComfyUI界面。

它的节点很简单，所有功能都集中在“肖像大师_中文版_2.2”节点中，只需在“肖像大师_中文版_2.2”节点设置好各项参数，再将节点连接到正向提示词节点，即可使用参与出图。

ComfyUI Portrait Master 扩展节点详解

ComfyUI Portrait Master扩展只有1个节点“肖像大师_中文版_2.2”，它的新建位置在“新建节点”“肖像大师”“肖像大师_中文版_2.2”。虽然只有1个节点，但是节点中的参数非常多，都是用来描述人像特征的，具体介绍如下所示。

“镜头类型”可以选择头像、肩部以上肖像、半身像、全身像、脸部肖像，“性别”可以选择女性、男性，“年龄”范围在18～90岁，“国籍_1”和“国籍_2”都可以选择193个国家，“体型”可以选择瘦、正常、超重等4种，如下图所示。

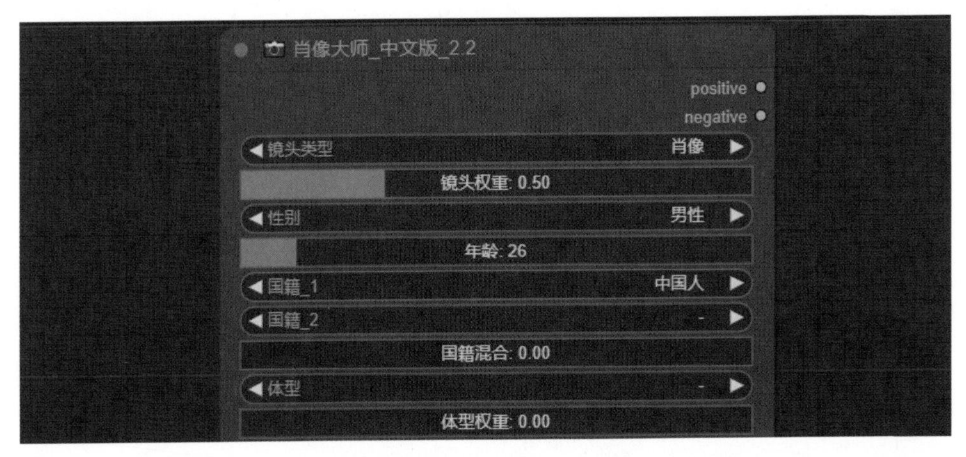

“姿势”可以选择回眸、S 曲线、高级时尚等 18 种，“眼睛颜色”可以选择琥珀色、蓝色等 8 种，“面部表情”可以选择开心、伤心、生气、惊讶、害怕等 24 种，“脸型”可以选择椭圆形、圆形、梨形等 12 种，“发型”可以选择法式波波头、卷发波波头、不对称剪裁等 20 种，“头发颜色”可以选择金色、栗色、灰白混合色等 9 种，如下图所示。

“胡子”可以选择山羊胡、扎帕胡等 20 种，皮肤和眼睛的细节可以根据情况随意调整，“灯光类型”可以选择柔和环境光、日落余晖、摄影棚灯光等 32 种，“灯光方向”可以选择上方、左侧、右下方等 10 种，如下图所示。

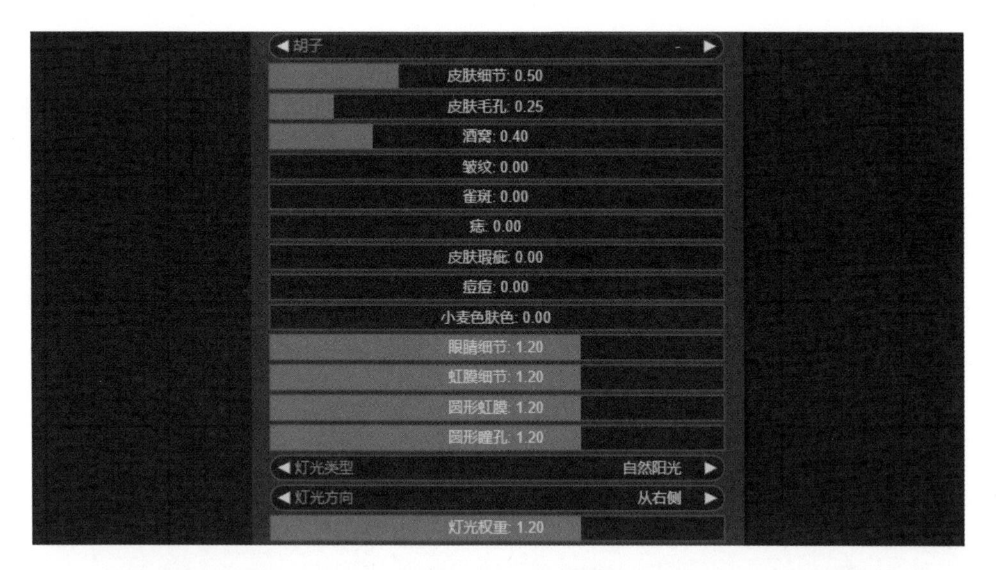

开启“提高照片真实感”可以强化真实感，“起始提示词”是写在开头的提示词，“补充提示词”是写在中间用于补充信息的提示词，“结束提示词”是写在末尾的提示词，“负面提示词”是新增负面提示词输出，如下图所示。

需要注意的是，随着参数逐渐增多，每项参数的最终效果可能会被削弱，所以不建议满铺所有参数，皮肤和眼睛细节等参数过高时可能会覆盖所选镜头的设置，在这种情况下，建议减小皮肤和眼睛的参数值。

ComfyUI Portrait Master 扩展工作流搭建

ComfyUI Portrait Master扩展因为就只有1个节点，所以它的工作流搭建非常简单，只需要加载1个完整的文生图工作流，将文生图工作流中正向提示词节点的“文本”组件转为“文本”输入端口，再将“肖像大师_中文版_2.2”节点的positive输出端口连接到正向提示词节点的“文本”输入端口即可搭建完成，如下图所示。

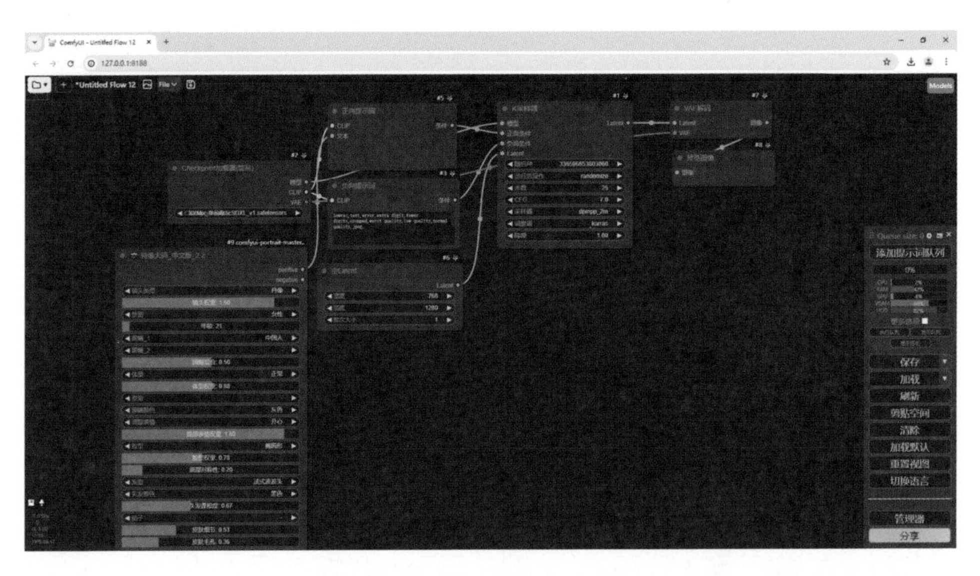

因为要生成写实人像，大模型需要选择写实类型的，这里选择的是XXMix_9realisticSDXL_v1.safetensors，剩下的尺寸和节点参数根据个人的需求调整即可，负面提示词正常填写，最后点击“添加提示词队列”按钮，一张自定义参数设置的人像就生成了，如下图所示。

WD14 反推提示词扩展

WD14 反推提示词扩展介绍

当发现一张好看的图像并想要生成类似风格的图像时，可能会因为提示词描述不准确导致很难生成好看的图像，或者在使用图生图功能时，对上传的图片描述无从下手，此时就可以借助WD14 反推提示词扩展来反推图片的提示词。

WD14 反推提示词扩展能够识别并提取图像中的关键元素，如物体、颜色、场景等，并将其转化为文本形式的提示词，这些提示词可以直接用于图像生成，以指导生成与原图相似或具有特定风格的图像。

WD14 反推提示词扩展安装

进入ComfyUI界面，点击右下角菜单中的“管理器”按钮，在弹出的“ComfyUI管理器”窗口中点击“安装节点”按钮，在弹出的“安装节点”窗口的右上角搜索框中输入“ComfyUI WD 1.4 Tagger”，点击“搜索”按钮，列表中就会出现ComfyUI WD 1.4 Tagger扩展节点，点击“安装”按钮，等待节点安装完毕，重启ComfyUI界面，笔者这里之前已经安装过了，如下图所示。

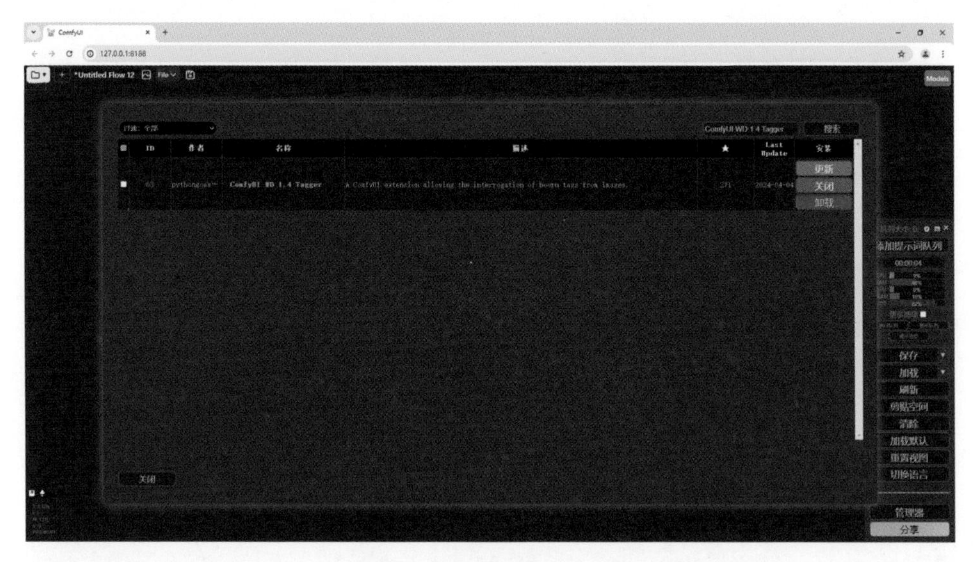

安装完成后，在使用WD14反推提示词扩展的节点时需要加载模型和提示词表格，模型和提示词表格是不跟随扩展一起下载的，在节点调用模型时才会自动下载，但下载模型需要特殊的网络环境，所以需要先将模型和提示词表格下载到本地，然后再将它们放置在ComfyUI-aki-v1.3\custom_nodes\ComfyUI-WD14-Tagger\models路径下，如下图所示，这样在使用WD14反推提示词扩展的节点时就不会报错了。

本地磁盘 (C:) › Comfyui › ComfyUI-aki-v1.3 › custom_nodes › ComfyUI-WD14-Tagger › models

名称	修改日期	类型	大小
wd-v1-4-convnextv2-tagger-v2.csv	2024/6/28 9:33	Microsoft Office...	248 KB
wd-v1-4-convnextv2-tagger-v2.onnx	2024/6/5 14:51	ONNX 文件	379,375 KB
wd-v1-4-vit-tagger-v2.csv	2024/6/5 14:55	Microsoft Office...	248 KB
wd-v1-4-vit-tagger-v2.onnx	2024/6/5 14:55	ONNX 文件	364,540 KB

WD14 反推提示词扩展节点详解

WD14反推提示词扩展只有1个节点“WD14反推提示词”，它的新建位置在“新建节点”“图像”“WD14反推提示词”，该节点的使用方法也很简单，输入图像，点击“提示词队列”就可以把这张图像的提示词提取出来。在节点的组件方面，“模型”就是之前需要单独下载的模型文件，也就是模式选择，这里可以选择进行提示词提取的模型，最新的模式是moat，最流行的convnextv2，每种模型提取出的提示词也不同；“置信度阈值”可以理解为可信度阈值，值范围0~1，正常换算成百分比去理解0%~100%，就是在标签分析中会对标签在图片中出现的可能性打分，如下图所示，它会分析1个女孩标签在图片中出现的可能占比90%，白色雪花在图片中出现的可能占比1%，置信度阈值就是占比超过该阈值的都会加入我们提示词中，正常设置0.35~0.4也就是35%~40%。

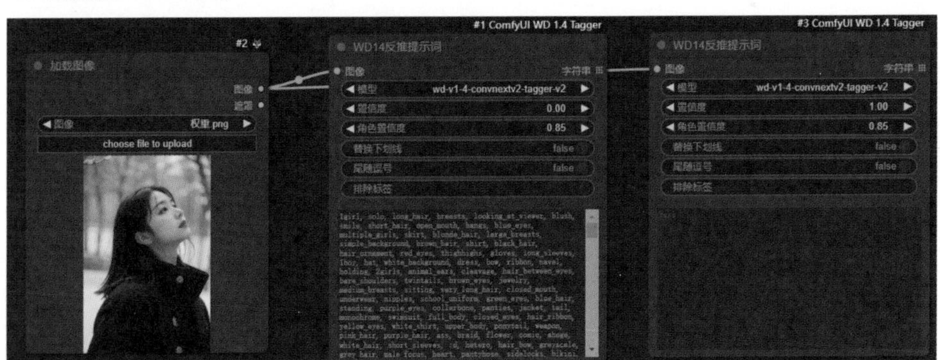

“角色置信度阈值”主要用于分析知名IP角色用的，这里上传一张“孙悟空”的图像，为了不受其他标签的影响，把上面置信度阈值设置为1，看看能不能识别这个角色IP，如下图所示。

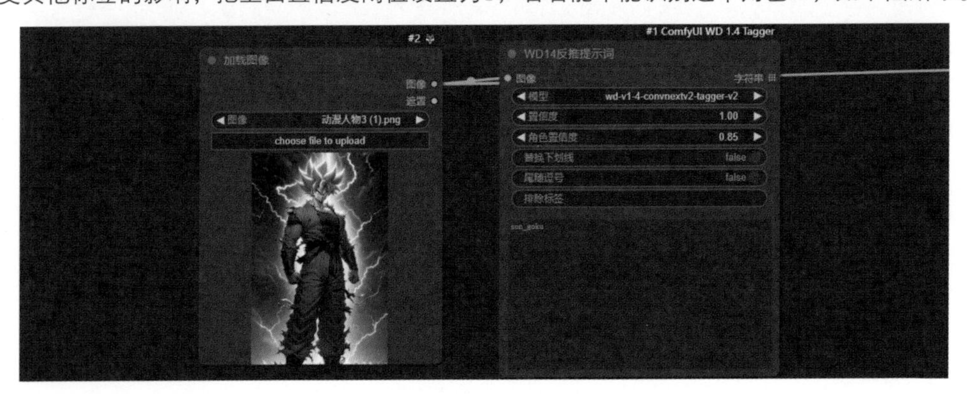

“替换下划线”如果开启就会将提取出来的提示词中的下划线替换为空格；“尾随逗号”如果开启就会在提取出来的提示词结尾增加逗号，这两个参数根据个人需要设置即可，对提示词的提取没有影响，这里对同1张图像使用“WD14反推提示词”节点提取提示词，其中1个节点开启了“替换下划线”“尾随逗号”参数，其他参数保持相同，对比效果如下图所示。

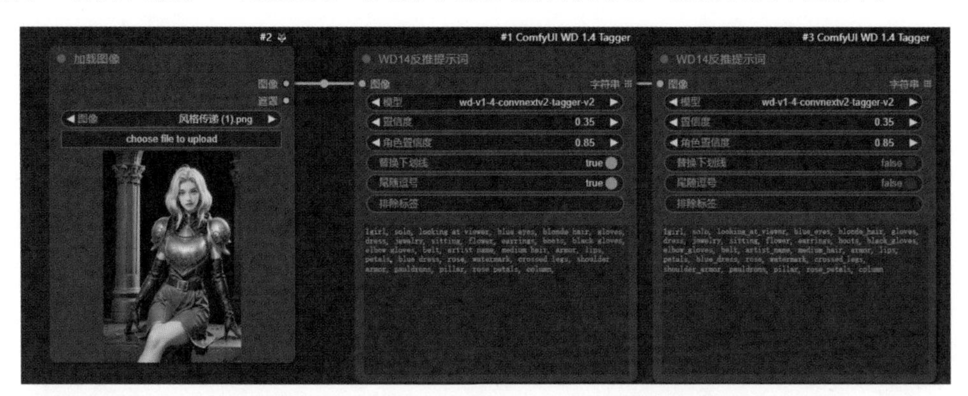

“排除标签”排除识别的标签，例如上传的图片中，只需要场景图的标签，不需要有人，在“排除标签”输入框中填入1girl，这样就排除了人物标签，如下图所示。

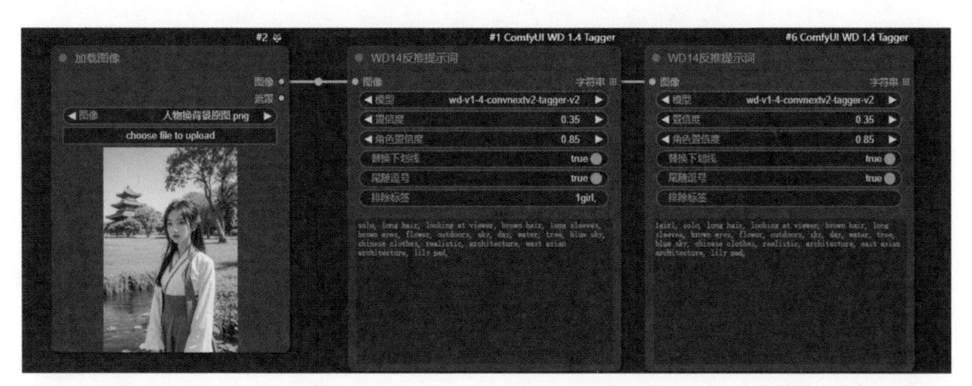

“WD14反推提示词”节点反推出来的提示词不是只能复制粘贴到正向提示词文本框中，还可以直接连接到正向提示词节点，新建“CLIP文本编码器”节点，将“CLIP文本编码器”节点的“文本”组件转换为“文本”输入端口，将“WD14反推提示词”节点的“字符串”输出端口连接到“CLIP文本编码器”节点的“文本”输入端口，即可将提取出的提示词当作正向提示词使用，如下图所示。

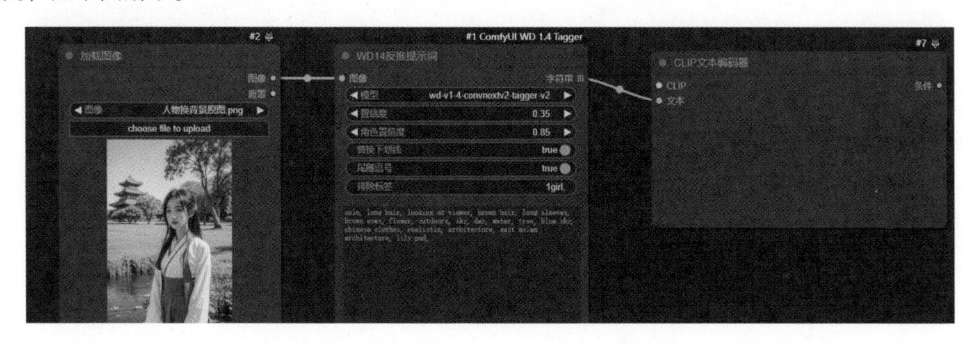

WD14 反推提示词扩展工作流搭建

它的工作流搭建其实在节点详解的最后已经介绍了，主要就是将“WD14反推提示词”节点连接到正向提示词节点，这里将其连接到“效率加载器”节点，详细操作WD14反推提示词扩展工作流搭建及使用，具体操作步骤如下。

（1）新建“加载图像”“WD14 反推提示词”“效率加载器”节点。在“加载图像”节点上传反推提示词的图像；在“WD14 反推提示词”节点，“模型”选择 wd-v1-4-convnexiv2-tagger-V2，开启“替换下划线”“尾随逗号”，其他参数保持默认不变；在“效率加载器”节点，将“正面条件”组件转换为“正面条件”输出端口，“CKPT 模型名称”选择 counterfeitV30_v30.safetensors，在“负向条件”输入框中填入“lowres,text,error,extra digit,fewer digits,cropped,worst quality,low quality,normal quality,jpeg,”；“高度”设置为 768，其他参数保持默认不变；如下图所示。

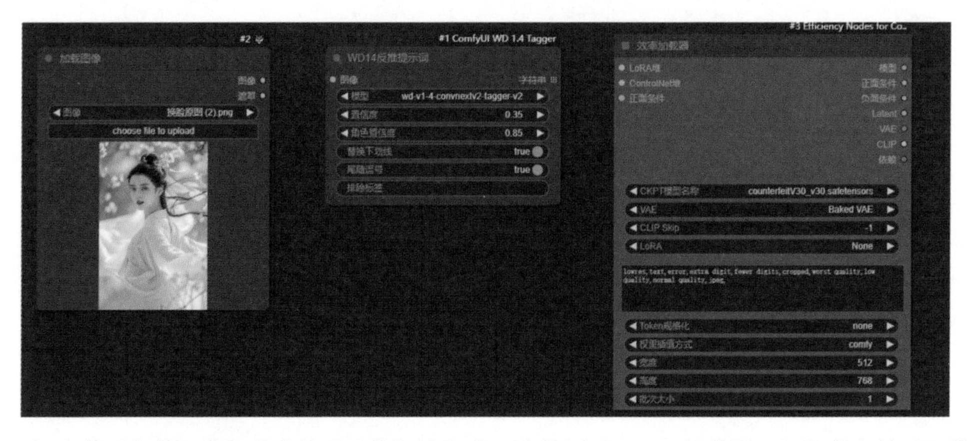

（2）将“加载图像”节点的“图像”输出端口连接到“WD14 反推提示词”节点的“图像”输入端口，将“WD14 反推提示词”节点的“字符串”输出端口连接到“效率加载器”的“正面条件”输入端口，如下图所示。

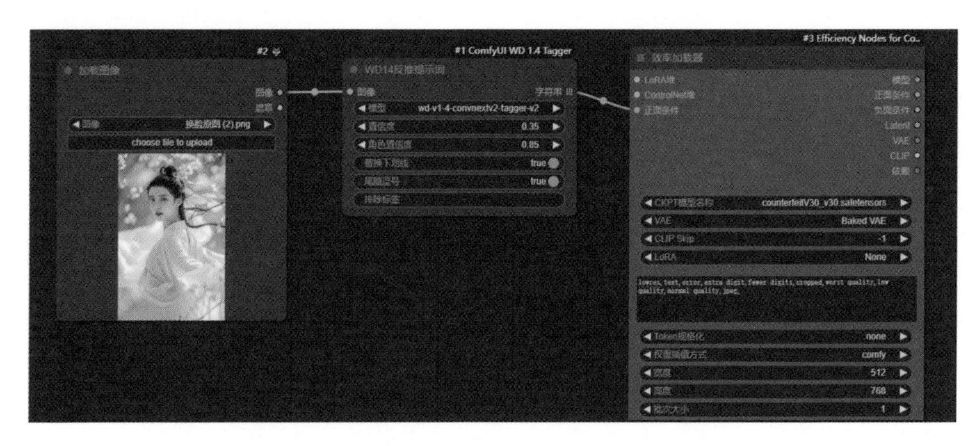

（3）新建“K采样器（效率）”“预览图像”节点，在“K采样器（效率）”节点，“随机中”设置为-1，“步数”设置为25，“CFG”设置为7，“采样器”设置为“dpmpp_2m”，“调度器”设置为“karras”，“降噪”设置为1，其他参数默认不变，将“效率加载器”节点的输出端口与“K采样器（效率）”节点相对应的输入端口连接，将“K采样器（效率）”节点的“图像”输出端口连接到“预览图像”节点的“图像”输入端口，如下图所示。

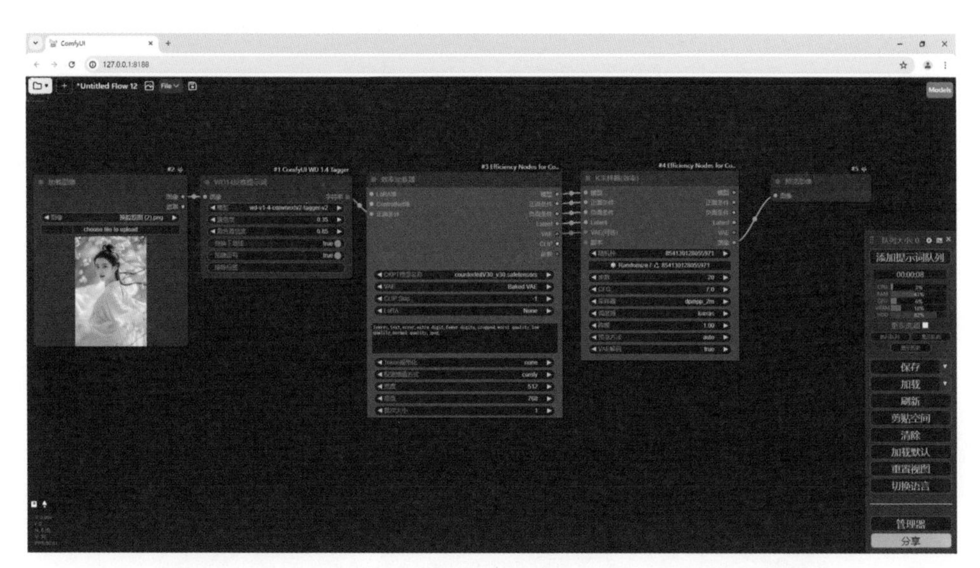

（4）点击“添加提示词队列”，根据从上传图片中反推出的提示词生成了一张动漫类型的汉服图像，如下图所示。如果想要控制人物动作不变，可添加ControlNet节点控制人物动作。

第9章

ComfyUI 综合实战案例

ReActor 换脸

ReActor 扩展安装

（1）通过 Visual Studio 安装 python 和 C++ 桌面开发。如果已经安装 VS，则需要修改安装设置，笔者这里已经安装过了，安装步骤和修改安装设置步骤一样，所以这里以修改安装设置为例。打开 Visual Studio Installer 软件，在“已安装”选项卡点击“修改”按钮，如下图所示。

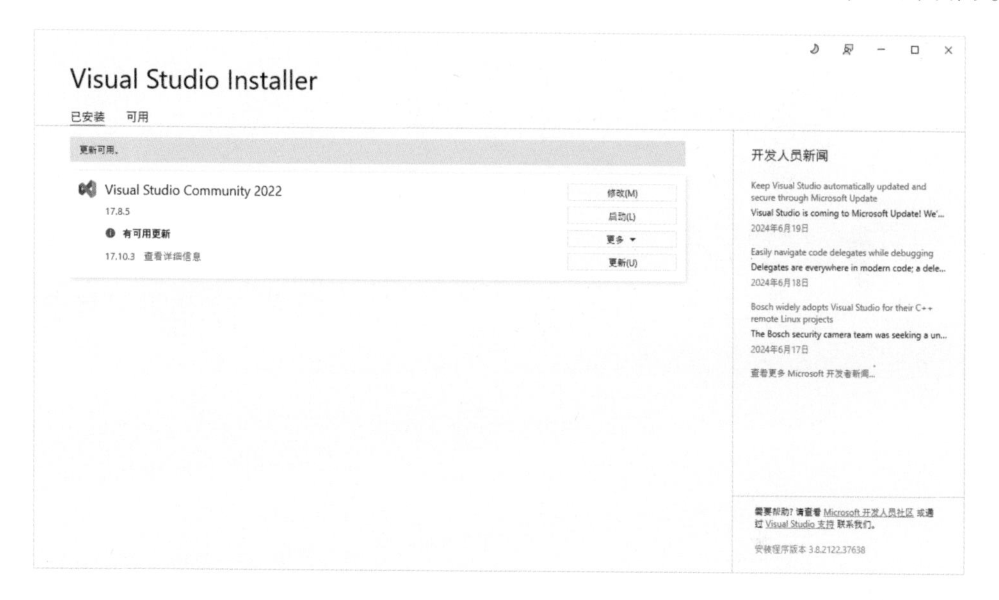

（2）在“正在负荷”选项卡勾选“Python 开发”“使用 C++ 的桌面开发”“使用 C++ 进行 Linux 和嵌入式开发”，点击“修改”按钮，如下图所示，等待下载和安装。

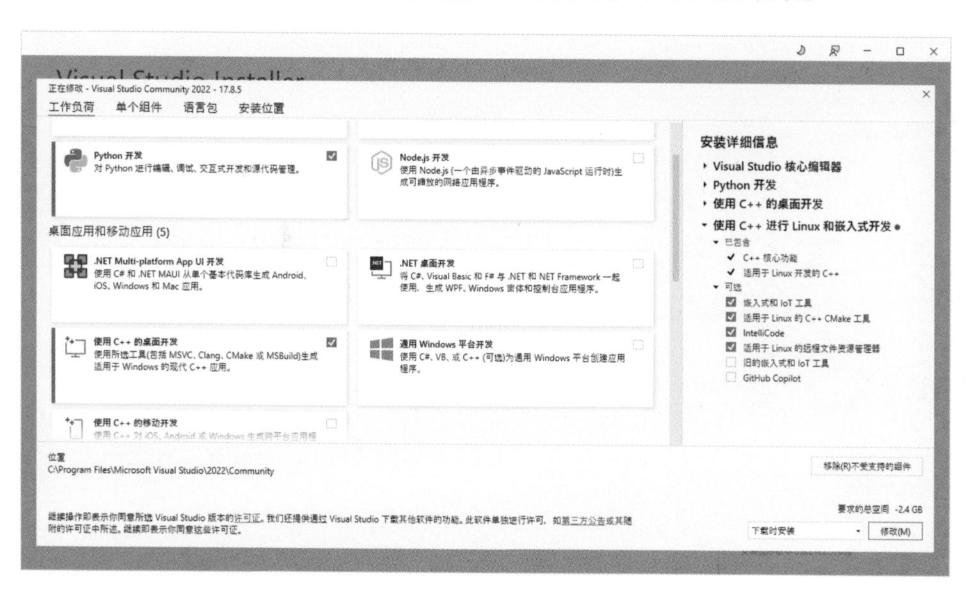

（3）进入 ComfyUI 界面，点击右下角菜单中的“管理器”按钮，在弹出的“ComfyUI 管理器”窗口中点击“安装节点”按钮，在弹出的“安装节点”窗口的右上角搜索框中输入“ReActor Node”，点击“搜索”按钮，列表中就会出现关于 ReActor 扩展的节点，选择名称为“ReActor Node for ComfyUI”的扩展，点击“安装”按钮，等待节点安装完毕，重启 ComfyUI 界面，笔者这里之前已经安装过了，如下图所示。

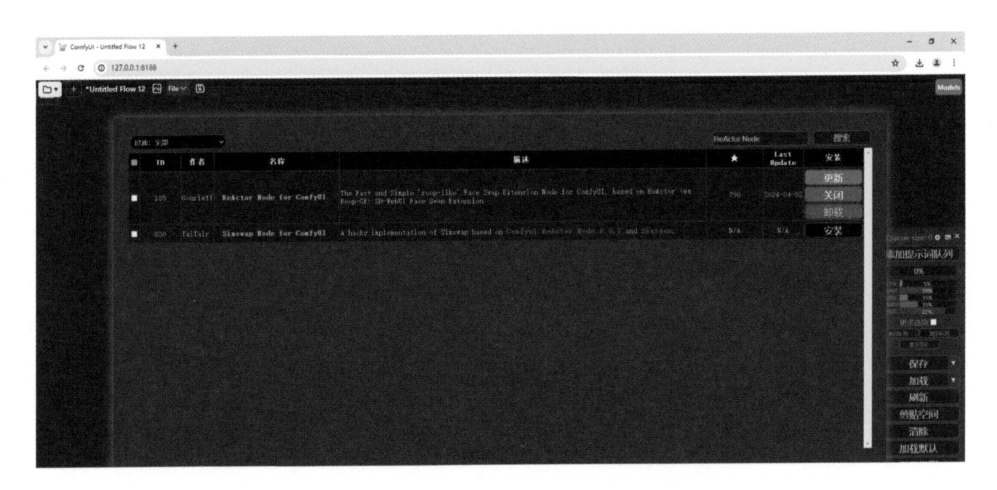

（4）如果网络环境不支持，重启 ComfyUI 时就会报错，这种情况是正常的，此时还需要安装 insightface，因为对应的 insightface 安装版本需要对应 Python 的版本，所以进入 ComfyUI 的 Python 路径中，笔者这里是 C:\ComfyUI\ComfyUI-aki-v1.3\python，在文件夹中的文件夹地址栏输入 CMD，打开命令行窗口，输入 python.exe -V 命令，敲击“回车”键，即可显示 Python 的版本，如下图所示。笔者这里是 3.10 版本，所以需要安装适用于 Python 3.10 的预构建 Insightface 软件包。

（5）下载 Insightface 软件包，将文件放置在 ComfyUI 的 Python 文件夹中，在上一步打开的命令行中输入 python.exe -m pip install insightface-0.7.3-cp310-cp310-win_amd64.whl 命令，敲击“回车”键，等待软件安装完毕即可，如下图所示。

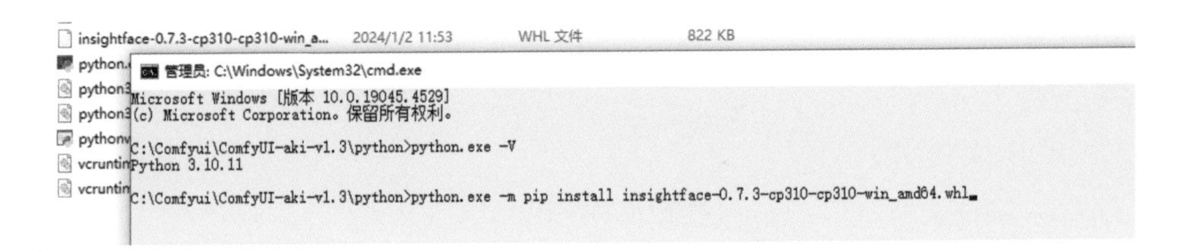

（6）下载置换模型和修复模型分别放置在相应的路径下，置换模型放置在 C:\ComfyUI\ComfyUI-aki-v1.3\models\insightface 路径下，修复模型放置在 C:\ComfyUI\ComfyUI-aki-v1.3\models\facerestore_models 路径下，如下图所示。

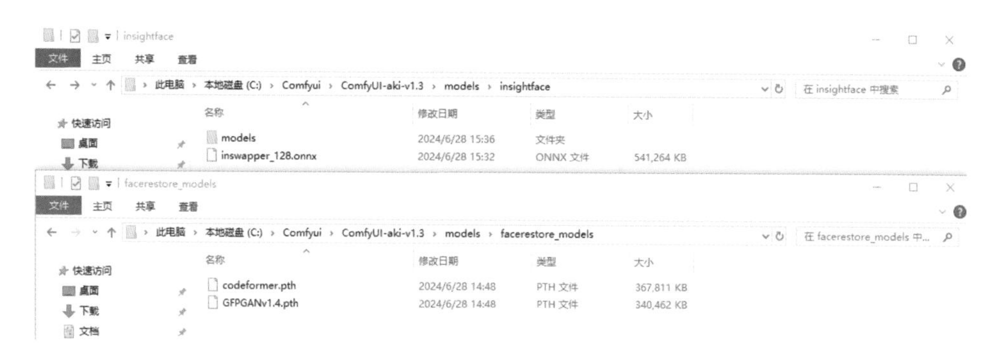

重启 ComfyUI，到这里就完全安装好 ReActor 扩展了，使用的时候基本上就不会报错了，该插件安装步骤比较复杂，安装时要仔细看好文件放置位置，以免放错导致插件无法安装。

ReActor 扩展的使用

ReActor 扩展常用的节点有 3 个，分别是“ReActor 换脸”节点，它是用于换脸的唯一节点；“ReActor 保存面部模型”节点可以保存使用的源面部，方便下载直接调用；“ReActor 加载面部模型”节点可以加载调用保存的源面部；它们的新建位置都在“新建节点”“ReActor”列表中。

这 3 个节点中最重要的节点就是“ReActor 换脸”节点了，因为它是用于换脸的唯一节点，在它的输入端口，“目标图像”是连接输入要处理的图像，被换脸的图像，可以接入“加载图像”“加载视频”或任何其他提供图像作为输出的节点；“源图像”是连接输入目标图像中要交换的一个或多个人脸的图像，经常接入“加载图像”节点；“面部模型”连接“ReActor 加载面部模型”节点，用来输入保存过的面部模型；如下图所示。

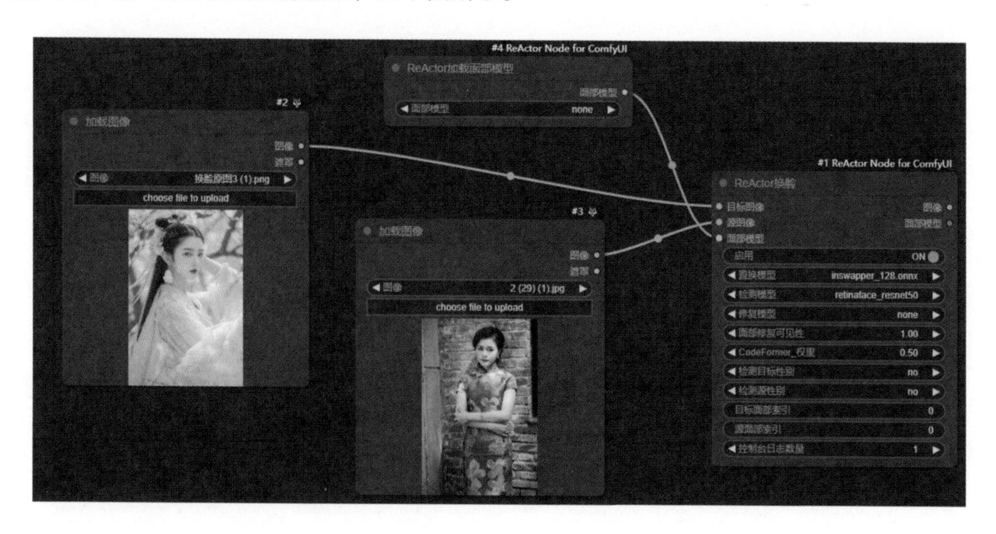

在组件方面，“启用”是指，是否启用换脸功能，如果不启用则只是进行人脸修复；“置换模型”用于对人脸的置换，使用之前下载的 inswapper_128.onnx 模型即可；“检测模型”用于对人脸的检测，这里的模型有很多，但是效果基本没什么差别，所以随意选择即可；“修复模型”提供换脸后的人脸修复功能，它将增强面部细节，使换脸结果更加准确，之前下载的模型任意选择一个即可；“面部恢复可见性”数值越大面部恢复效果越好；“CodeFormer 权重”仅在修复模型为 CodeFormer 有效，值越大修复效果越好；“检测目标性别”和“检测源性别”no：不启用性别检测，所有人脸都会被检测，male 只检测男性特征的面部，female 只检测女性特征的面部；“目标面部索引”和“源目标索引”按以下顺序检测图像中的人脸：左到右，上到下，第一个检测到的人脸的索引为 0，依此类推。

在输出端口，“图像”输出更换脸部后的图像，一般连接“预览图像”节点；“面部模型”是在交换过程中提供源面的模型的输出，可以通过连接“ReActor 保存面部模型”节点保存该面部模型，或者可以接入另一个“ReActor 换脸”节点的面部模型输入端口，作为“源图像”输入。

它一般作为工作流的前期准备部分出现，在图生图工作流或其他需要上传图像的工作流中先将图像处理好之后再连接到节点的“图像”输入端口，或者只为了换脸搭建简单的工作流，这里为了将真人写真图像的脸部换到汉服写真图像中去搭建了一个简单的工作流，操作设置如下。

创建“ReActor 换脸”节点，创建 2 个“加载图像”节点，将 2 个“加载图像”节点分别连接到“ReActor 换脸”节点的“目标图像”输入端口和“源图像”输入端口，连接到“目标图像”输入端口的“加载图像”节点上传汉服写真图像，连接到“源图像”输入端口的“加载图像”节点上传真人写真图像，在“ReActor 换脸”节点开启“启用”，“修复模型”选择 codeformer.pth，“面部修复可见性”设置为 1，“CodeFormer_ 权重”设置为 0.5，其他保持默认不变，新建“预览图像”节点，将“ReActor 换脸”节点的“图像”输出端口连接到“预览图像”节点的“图像”输入端口，点击“添加提示词队列”，真人图像的面部就被换到了汉服写真图像中了，如下图所示。

一键生成艺术字

艺术文字能够提供创意表达、品牌塑造、艺术欣赏、个性化定制、创新设计、高效设计、跨文化交流和技术结合等多种好处，它可以为设计师和品牌提供更多的可能性，满足不同的需求和目标，所以大多数行业都需要生成艺术字，这里以生成机械文字为例，具体操作如下。

（1）进入 ComfyUI 界面，新建“效率加载器”节点，“CKPT 模型名称”选择一个综合类大模型，这里选择的是 revAnimated_v122.safetensors，VAE 选择 vae-ft-mse-840000-ema-pruned.safetensors，CLIP Skip 设置为 -2，在正向提示词输入框中输入对文字材质的描述，因为要生成机械文字，所以填写了机甲、幻想、照明等词语，这里填入的是“mecha,Mechanical parts,green,gear,machine,reflection,no humans,science fiction,vehicle focus,machinery,(((grey background))),green led lighting,shining,metal,pip wire on surface,line shape led lighting,chrome,gold trim,still life,science fiction,cross-section,chrome,jade”，在负向提示词框中使用 embedding 模型，这里输入的是“embedding:EasyNegative”，其他参数保持默认不变，如下图所示。

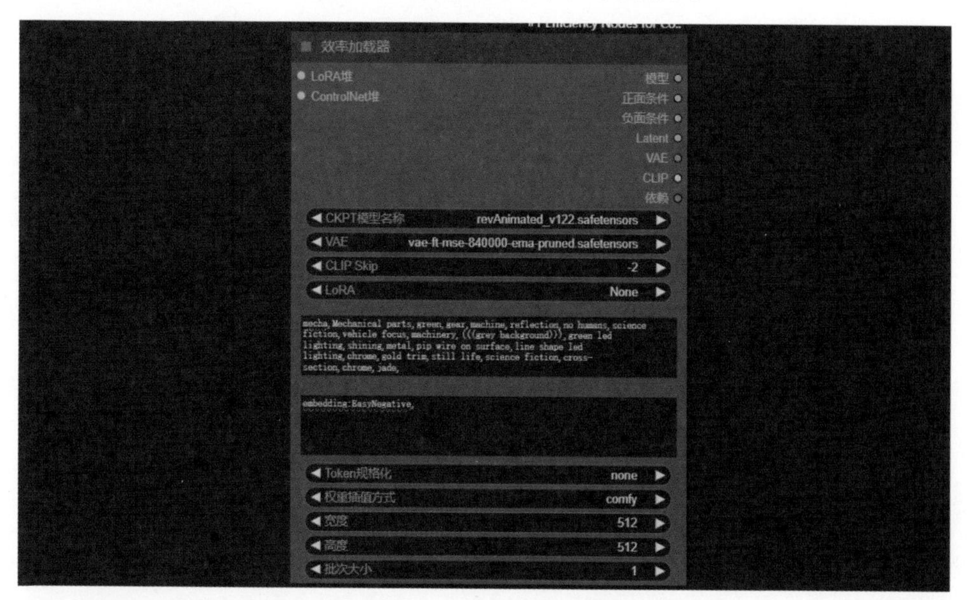

（2）新建两个“ControlNet 堆”节点、“ControlNet 加载器”节点、“Aux 集成预处理器”节点，两个“ControlNet 加载器”节点的“ControlNet 名称”分别选择 control_v11p_sd15_canny.pth 和 control_v11f1p_sd15_depth.pth，两个“Aux 集成预处理器”节点的预处理器分别选择“Canny 细致线预处理器”和“Zoe 深度预处理器”，“分辨率”都设置为 768；新建两个“加载图像”节点，上传“智能”文字素材底图，将两组 ControlNet 节点的输入输出端口分别对应连接，在 Canny 的“ControlNet 堆”节点，将“强度”设置为 0.8，在 Depth 的“ControlNet 堆”节点，将“强度”设置为 0.5，将 Canny 的“ControlNet 堆”节点的“ControlNet 堆”输出端口连接到 Depth 的“ControlNet 堆”节点的“ControlNet 堆”输入端口，将 Depth 的“ControlNet 堆”节点的“ControlNet 堆”输出端口连接到的“效率加载器”节点的“ControlNet 堆”输入端口，如下图所示。

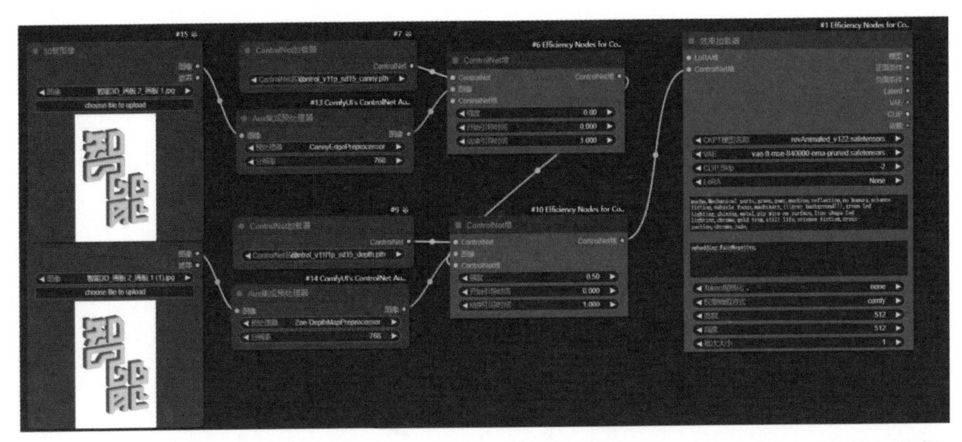

（3）新建“简易 Lora 堆”节点，将“LoRA 数量”设置为 2，“LoRA_1_ 名称”选择 ALL HJY sci-fi city.safetensors，“LoRA_1_ 权重”设置为 0.3，“LoRA_2_ 名称”选择 hjymechatype02--000008safetensors，“LoRA_1_ 权重”设置为 0.8，将“简易 Lora 堆”节点的“LoRA 堆”的输出端口连接在“效率加载器”节点的“LoRA 堆”的输入端口连接，如下图所示。

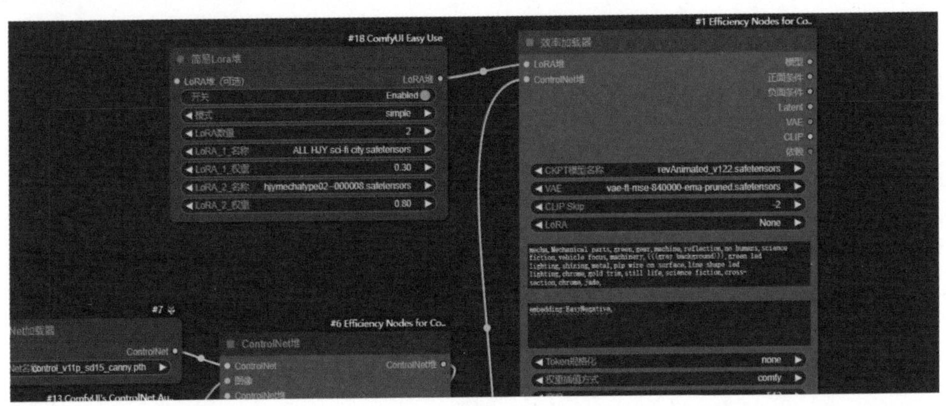

（4）新建“K 采样器（效率）”节点，将随机种子设置为 -1，“步数”设置为 30，CFG 设置为 6.5，“采样器”设置为 euler，“调度器”设置为 normal，“降噪”设置为 1，其他参数保持默认不变；在“效率加载器”节点，将尺寸设置与文字素材图保持一致，这里是 512×768，将输出端口与“K 采样器（效率）”节点的输入端口对应连接，如下图所示。

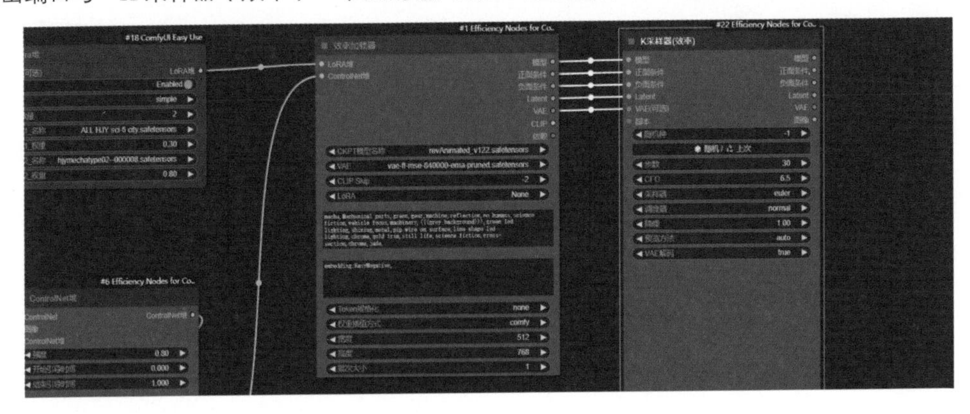

（5）新建“高清修复”节点，“缩放类型”选择 latent，“缩放系数”设置为 2，“高清修复步数”设置为 20，“降噪”设置为 0.5，其他参数保持默认不变，并将“脚本”输出端口连接到“K 采样器（效率）”节点的“脚本”输入端口，如下图所示。

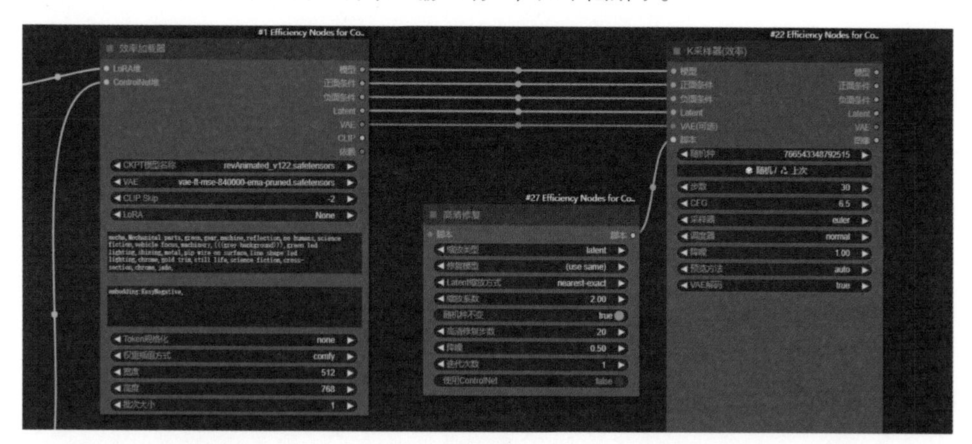

（6）新建“预览图像”节点，将“K 采样器（效率）”节点的“图像”输出端口连接到“预览图像”节点的“图像”输入端口，点击“添加提示词队列”按钮，一张科技感十足的机械文字图像就生成了，如下图所示。如果想要生成其他文字的机械效果，只需要更换文字素材底图即可。

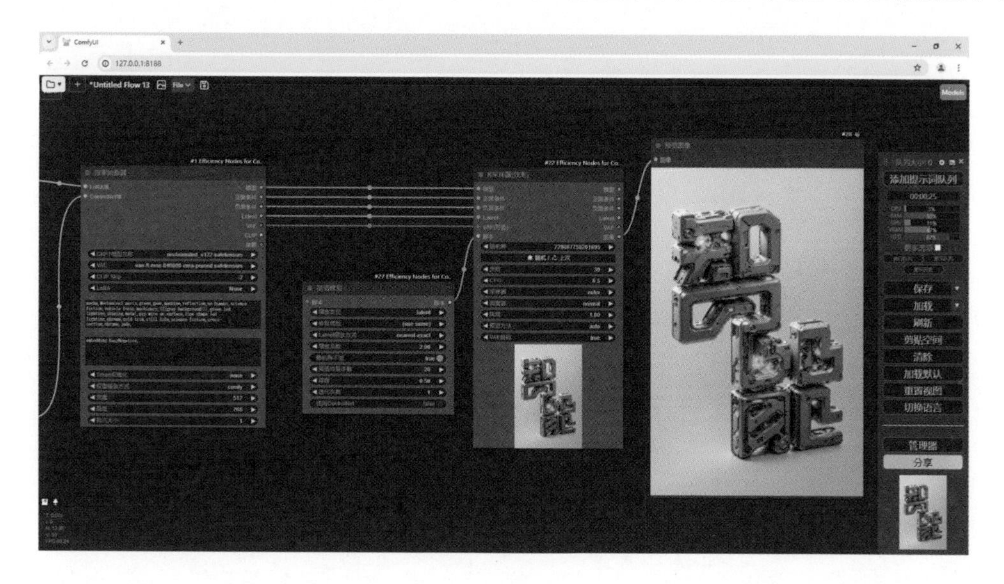

一键完成模特换装

在电商服装行业中，服装展示就需要大量的图片素材，其中包括模特穿着不同款式的服装展示，然而，处理这些产品图片的成本非常高，而且时间周期也比较长，为了解决这个问题，现在可以使用 Stable Diffusion 技术来快速让模特适配服装，具体操作如下。

（1）进入 ComfyUI 界面，新建“应用 IPAdapter(高级)”节点和“应用 IPAdapterFacelD”节点，它们是 IPAdapter 扩展的 V2 版本节点，在使用上与老版本区别不大，重点更新了 FaceID 的相关节点。“应用 IPAdapter(高级)”节点和“应用 IPAdapterFacelD”节点的“权重”都设置为 1，“权重类型”都选择 linear，其他参数保持默认不变，如下图所示。

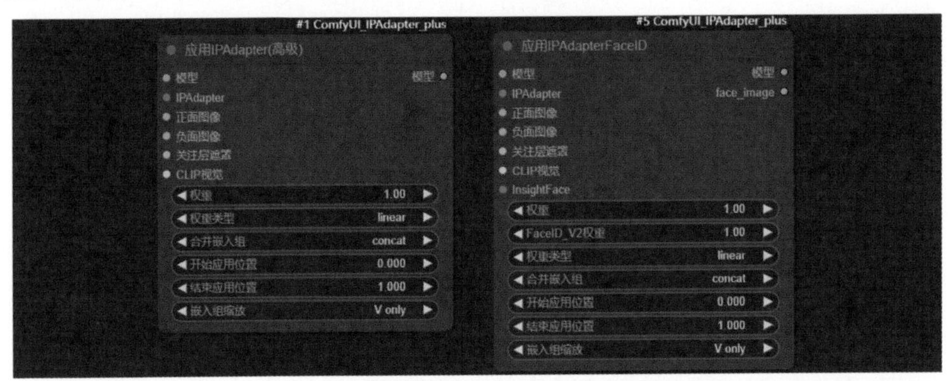

（2）新建“IPAdapternsightFace 模型加载器”节点、“CLIP 视觉加载器”节点以及两个“IPAdapter 模型加载器”节点。在“IPAdapternsightFace 模型加载器”节点，“设备”选择 CUDA，并将 InsightFace 输出端口连接到“应用 PAdapterFacelD”节点的 InsightFace 输入端口；在“CLIP 视觉加载器”节点，“CLIP 名称”选择 CLIP-VIT-H-14-aion2B-s32B-b79K.safetensors，并将“CLIP 视觉”输出端口分别连接到“应用 IPAdapter(高级)”节点和“应用 IPAdapterFacelD”节点的“CLIP 视觉”输入端口；两个“IPAdapter 模型加载器”节点的“IPAdapter 文件”分别选择 ip-adapter-plus_sd15.safetensors 和 ip-adapter-faceid-plusv2_sd15.bin，将前者的节点连接到“应用 IPAdapter(高级)”节点，将后者的节点连接到“应用 IPAdapterFacelD”节点，如下图所示。

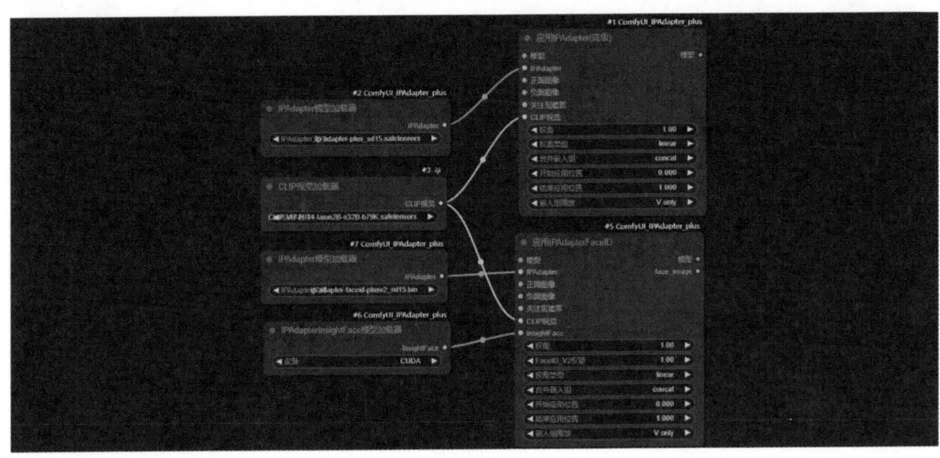

（3）新建 2 个“加载图像”节点，分别上传需要更换的服装图像和模特图像，将上传服装图像节点的“图像”输出端口连接到“应用 IPAdapter(高级)”节点的“正面图像”输入端口，将上传模特图像节点的“图像”输出端口连接到“应用 IPAdapterFaceID”节点的“正面图像”输入端口，并将“应用 IPAdapterFaceID”节点的“模型”输出端口连接到“应用 IPAdapter(高级)”节点的“模型”输入端口，如下图所示。

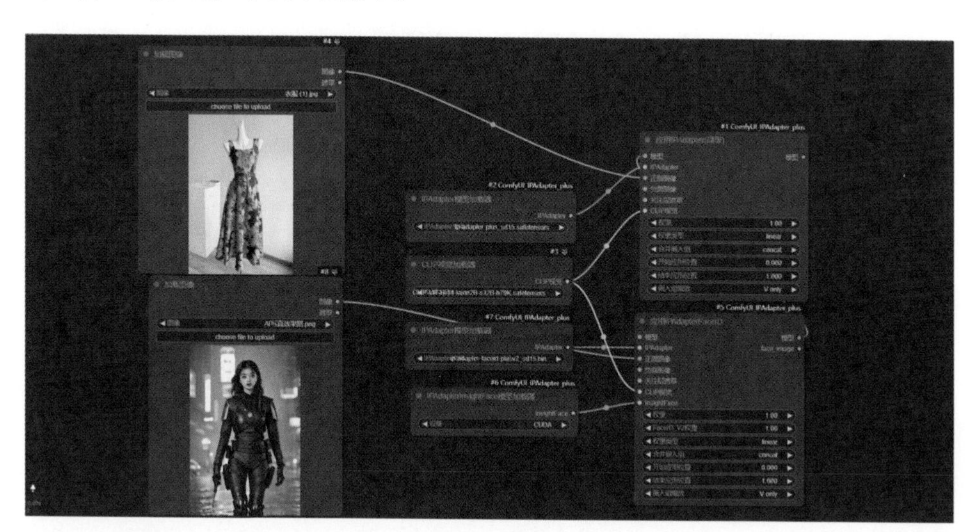

（4）新建“效率加载器”节点，“CKPT 模型名称”选择一个写实类大模型，这里选择的是 majicmixRealistic_v7.safetensors，VAE 选择 vae-ft-mse-840000-ema-pruned.safetensors，CLIP Skip 设置为 -2，LoRA 选择 FaceID 专用模型 ip-adapter-faceid-plusv2_sd15_lora.safetensors，“LoRA 模型强度”设置为 0.65，正向提示词不用输入，在负向提示词框中使用 embedding 模型，这里输入的是“embedding:EasyNegative”，尺寸设置为 512×768，其他参数保持默认不变，并将“模型”输出端口连接到“应用 IPAdapterFaceID”节点的“模型”输入端口，如下图所示。

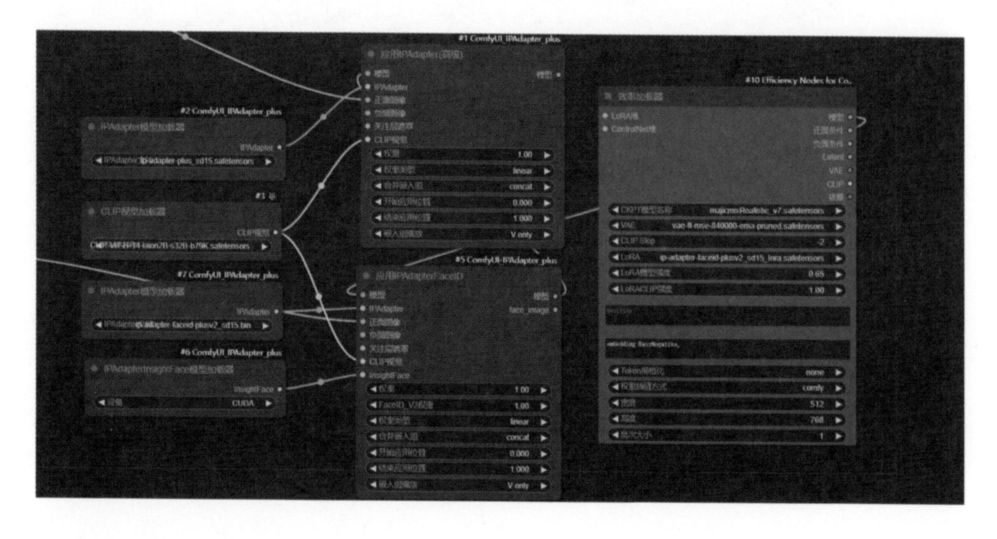

（5）新建“K 采样器（效率）”节点，将随机种子设置为 -1，“步数”设置为 25，CFG 设置为 2，“采样器”设置为 dpmpp_sde_gpu，“调度器”设置为 normal，“降噪”设置为 1，其他参数保持默认不变；将应用“IPAdapter(高级)”节点的“模型”输出端口与“K 采样器（效率）”节点的“模型”输入端口连接，将“效率加载”节点除“模型”以外的输出端口与“K 采样器（效率）”节点的输入端口对应连接，如下图所示。

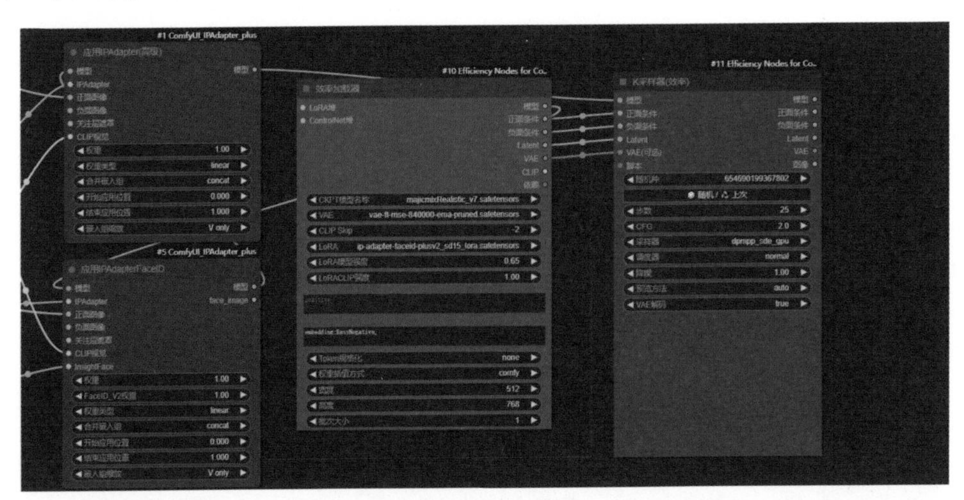

（6）新建“高清修复”节点，“缩放类型”选择 latent，“缩放系数”设置为 2，“高清修复步数”设置为 20，“降噪”设置为 0.5，其他参数保持默认不变，并将“脚本”输出端口连接到“K 采样器（效率）”节点的“脚本”输入端口，如下图所示。

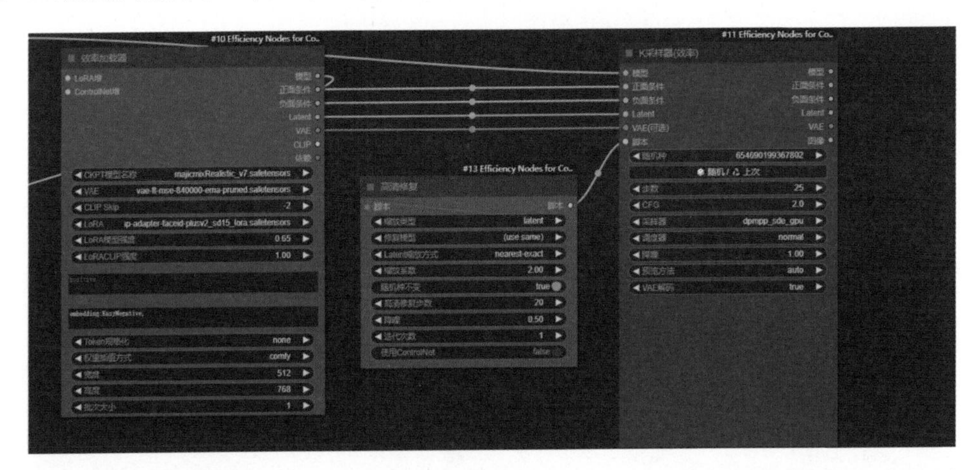

（7）新建“预览图像”节点，将“K 采样器（效率）”节点的“图像”输出端口连接到“预览图像”节点的“图像”输入端口，点击“添加提示词队列”按钮，一张指定模特换装的图像就生成了，如下图所示。如果想模特换衣服，只需要替换相应的图像即可。

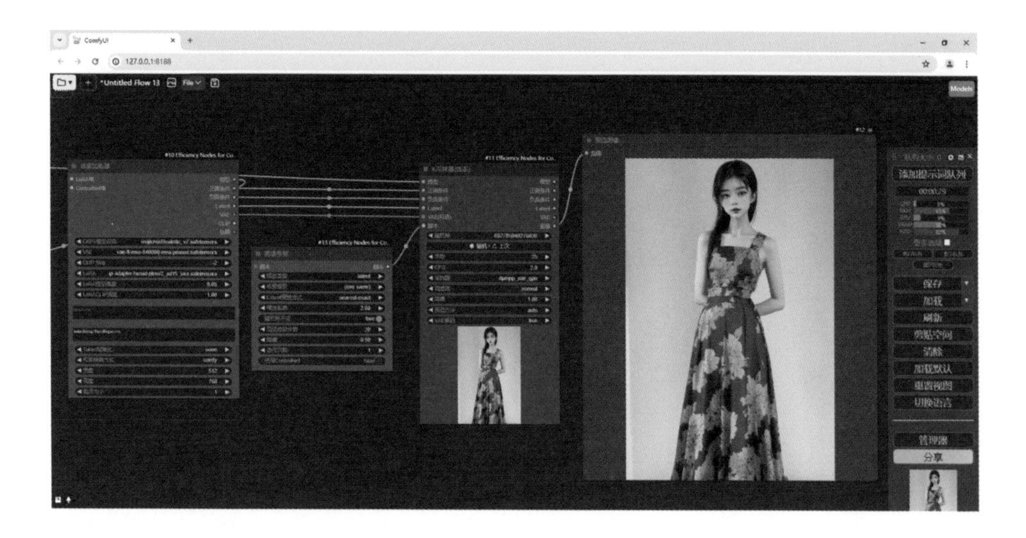

一键制作创意流体文字

流体文字，作为一种新兴的书写技术，其用途广泛且富有创新性，大部分的流体文字使用需要版权，而且后期再加工还需要时间和费用，整体流程较为复杂，SD 作为一款功能强大的 AI 绘画工具，在创作流体文字方面展现出了诸多优势，不仅创作高效快捷，还能生成多样化的风格与效果，具体操作步骤如下。

（1）进入 PS，新建 1 个尺寸为 768 × 1024 像素的文档，使用“文字工具”在画布中输入数字 9，推荐使用粗一些的字体，“字体大小”推荐设置大一些，如下图所示。

（2）选择“画笔工具”，将“画笔样式”设置为“柔边圆”，“大小”设置为 25 像素，“硬度”设置为 60%，使用画笔把数字的边缘画得随意一些，再在数字上画一些白线，白线可以丰富表面的细节，如下图所示。 有了黑白信息，AI 就知道这里是有变化的，将图像保存到本地作为素材备用。

（3）进入 ComfyUI 界面，新建“效率加载器”节点，“CKPT 模型名称”选择任意一个写实类的 XL 大模型，这里选择的是 SDXL realvisxIV40_v40LightningBakedvae.safetensors，CLIP Skip 设置为 -2，在正向提示词框中输入对流体的描述，这里输入的是，“Photography advertisement, composed of fluid and juice in a flowing form, smooth spline, liquid, transparent, simple background, orange background, clean background”，在负向提示词框中输入坏的画面质量提示词，这里输入的是，“lowres,text,error,extra digit,fewer digits,cropped,worst quality,low quality,normal quality,jpeg”，尺寸设置为 768×1024，“批次大小”设置为 4，这是为了测试模型出图效果，其他参数保持默认不变，如下图所示。

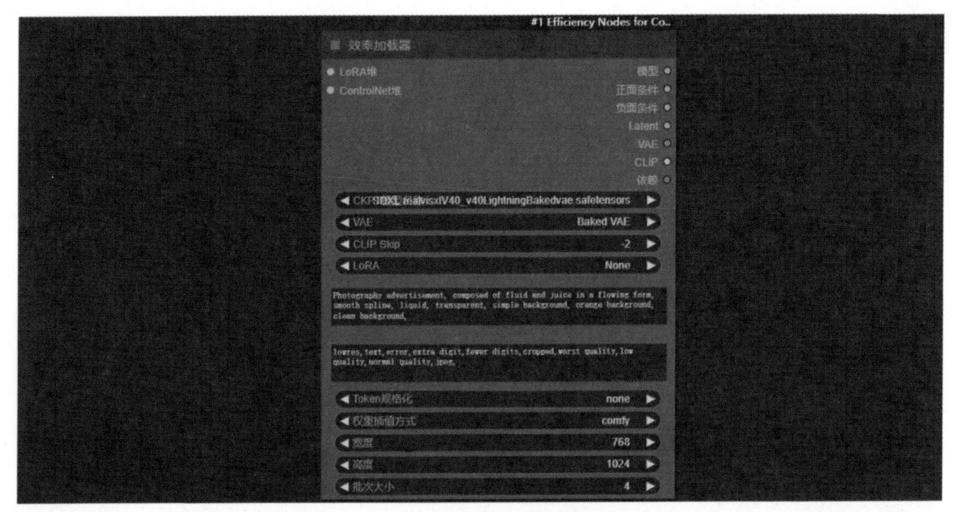

（4）新建“K 采样器（效率）”节点，将随机种子随机设置，“步数”设置为 10，CFG 设置为 4，“采样器”设置为 dpmpp_sde_gpu，“调度器”设置为 karras，“降噪”设置为 1，其他参数保持默认不变；将“效率加载器”节点的输出端口与“K 采样器（效率）”节点的输入端口对应连接，如下图所示。

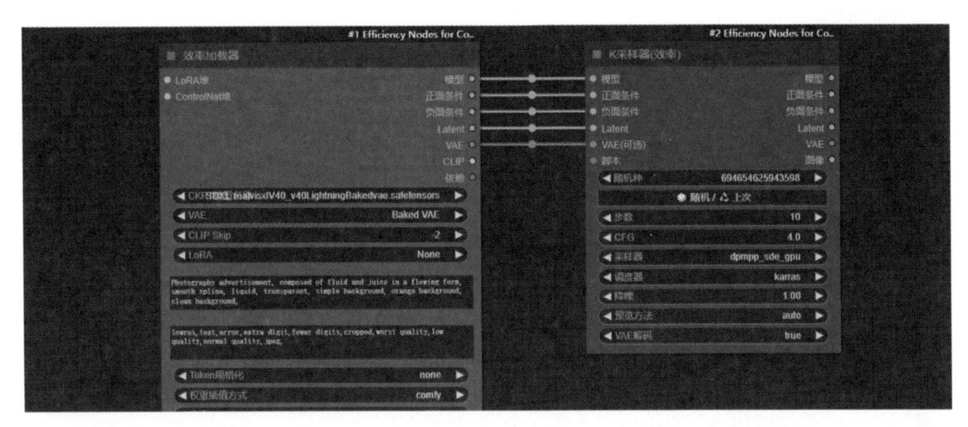

（5）新建“预览图像”节点，将“K 采样器（效率）”节点的“图像”输出端口连接到“预览图像”节点的“图像”输入端口，点击“添加提示词队列”按钮，发现生成的图像中会出现杯子和橙子，所以把 CFG 修改为 2，再次点击“添加提示词队列”按钮，生成了 4 张果汁的流体图像，比较符合要求，如下图所示。

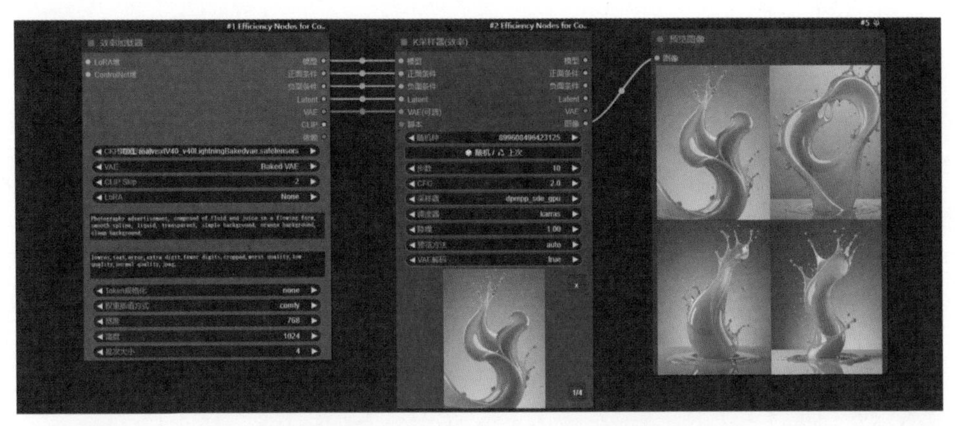

（6）确定能生成果汁的流体图像后，新建“ControlNet 堆”节点、“ControlNet 加载器”节点和“加载图像”节点，在“加载图像”节点上传前面保存到本地的数字 9 素材图，在“ControlNet 加载器”节点的“ControlNet 名称”选择 XL 专用的模型 sai_xl_sketch_256lora.safetensors，在“ControlNet 堆”节点将“强度”设置为 0.7，“结束引导时间”设置为 0.7，如下图所示。

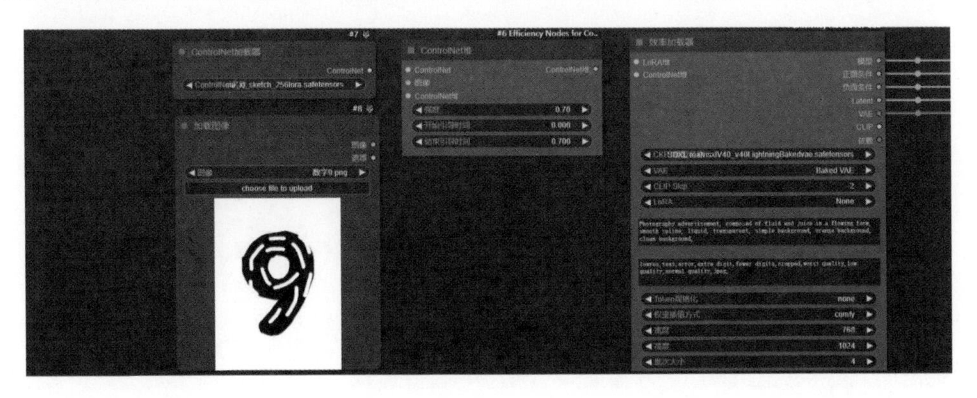

（7）将“ControlNet 加载器”节点和“加载图像”节点连接到“ControlNet 堆”节点，将“ControlNet 堆”节点连接到“效率加载器”节点，如下图所示。

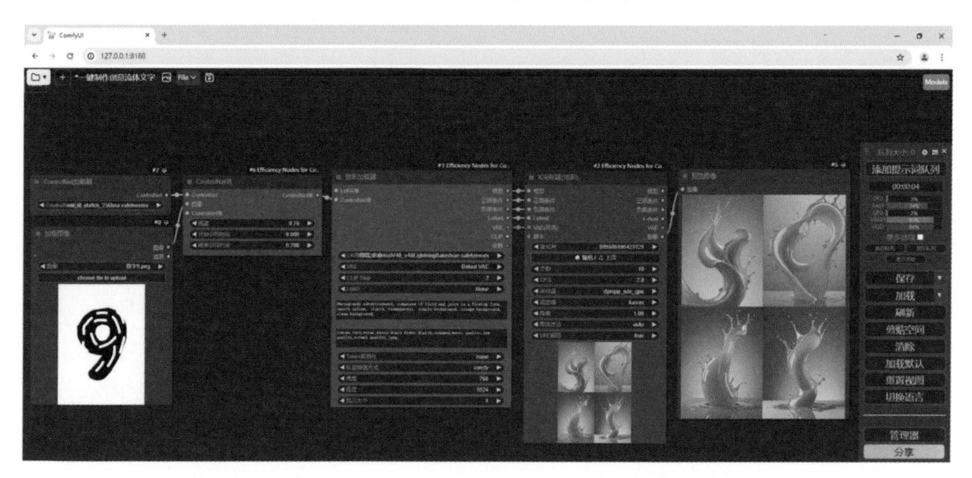

（8）点击“添加提示词队列”按钮，4 张数字 9 的创意流体图像就生成了，如下图所示。每次生成的图像效果可能不会很完美，需要多次抽卡。

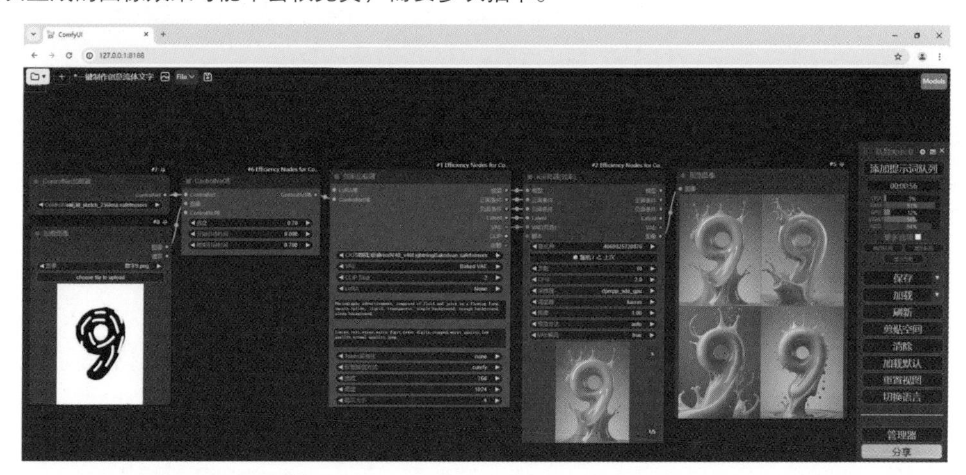

（9）如果想要生成其他数字和文字图像，只需要更换素材图片即可，想要更换其他流体效果，更换相应的提示词即可，这里又生成了一组水流效果的图像，如下图所示。

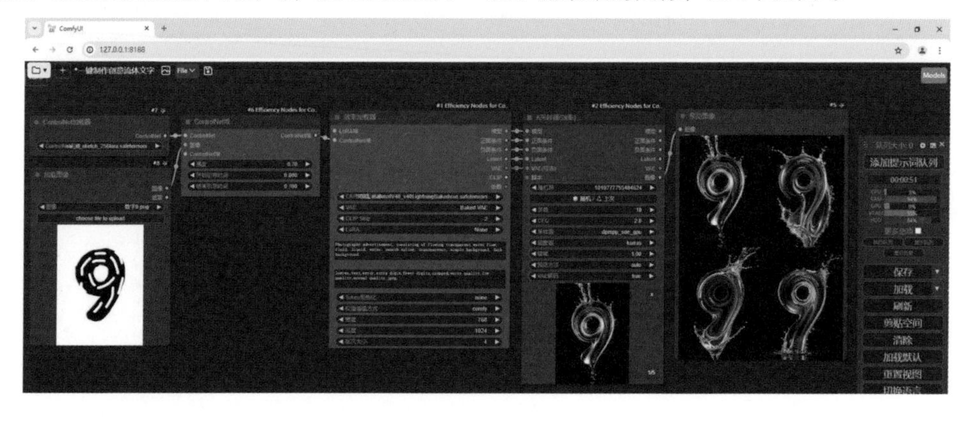

真人照片转卡通手办

作为一种流行的文化产品，卡通手办常常用于展示个性、收藏或作为礼物赠送。将真人照片转化为卡通手办，不仅能让人们以独特的方式保存和分享自己的形象或喜爱的人物的形象，还能通过卡通化的处理增添趣味性和艺术感，以前想做一个 DIY 的卡通手办几乎很难实现，现在通过 SD 将真人照片转化为卡通手办不仅可以轻松实现，还能生成各种动作表情，具体操作步骤如下。

（1）进入 ComfyUI 界面，新建“效率加载器”节点，“CKPT 模型名称”选择 3D 风格的大模型 samaritan3dCartoon_v40SDXL.safetensors，将“正面条件”和“负面条件”都转换为输入，其他参数设置保持默认不变；新建“简易 Lora 堆”节点，将“LoRA 数量”设置为 3，“LoRA_1_名称”选择 fix_hands.pt，“LoRA_1_权重”设置为 2，“LoRA_2_名称”选择 smiling.pt，“LoRA_2_权重”设置为 3，“LoRA_3_名称”选择“3D 模型 | 可爱化 SDXL 版 _v2.0.safetensors”，“LoRA_3_权重”设置为 1，并连接到“效率加载器”节点，如下图所示。这里 pt 模型的作用是修复手办的手部瑕疵和控制手办笑容表情的。

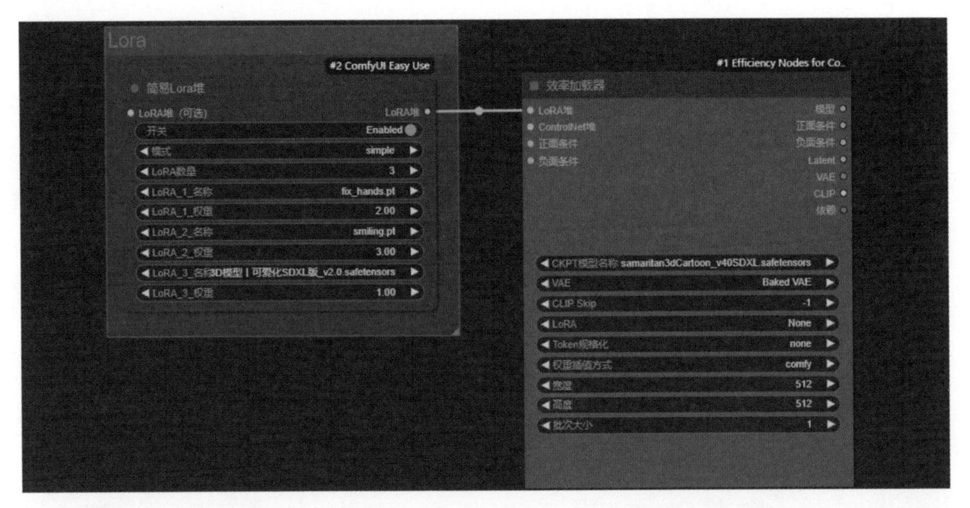

（2）新建“应用 IPAdapter(高级)”节点、“IPAdapter 模型加载器”节点、“CLIP 视觉加载器”节点和“加载图像”节点。在“IPAdapter 模型加载器”节点，因为大模型是 XL 版本的，所以这里的“IPAdapter 文件”也要选择 XL 版本的，这里选择的是 ip-adapter-plus-face_sdxl_vit-h.safetensor，在“CLIP 视觉加载器”节点，“CLIP 名称”还是选择 1.5 版本的模型 CLP-ViT-H-14-laion2B-s32B-b79Ksafetensors，并将这两个节点连接到“应用 IPAdapter(高级)”节点；在“加载图像”节点，上传提前准备好的真人照片素材，最好上传真人的纯色背景图片，这样在提取人物特征时不会受到干扰，并将该节点连接到“应用 IPAdapter(高级)”节点的“正面图像”输入端口；在“应用 IPAdapter(高级)”节点，将“权重”设置为 1，“权重类型”选择“线性”，其他参数保持默认不变，将“效率加载器”节点的“模型”输出端口连接到该节点的“模型”输入端口，如下图所示。这部分是对 IPAdapter 的设置，目的是将人物特征转换到手办上。

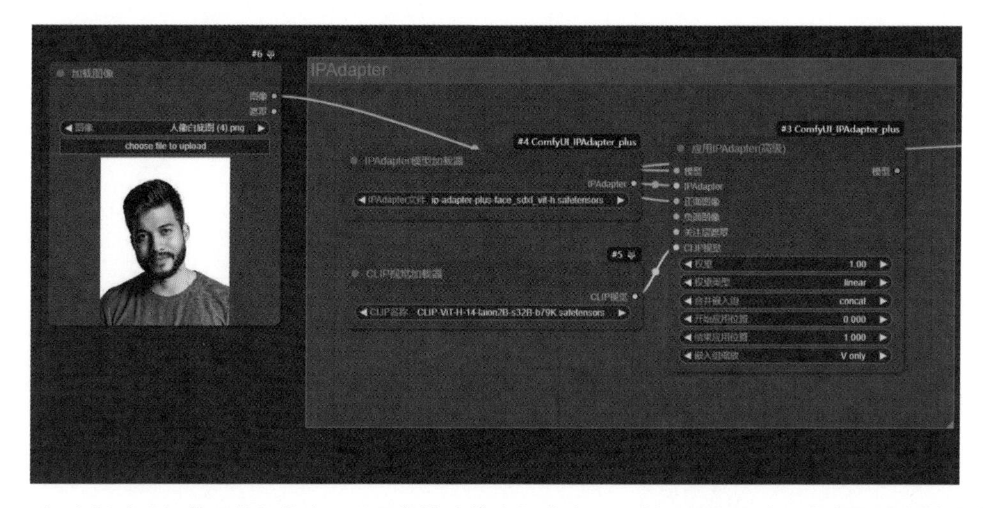

（3）新建“加载图像”节点、“图像按边放大”节点、“获取图像尺寸”节点和“完美像素”节点。在“加载图像”节点上传准备好的手办模型素材图，这里上传的手办素材图就是最终生成手办的基础图，也就是生成手办姿势和大小的参考图，并将该节点的“图像”输出端口连接到“图像按边放大”节点的“图像”输入端口；在“图像按边放大”节点，“边长度”设置为 1024，“边”选择 Longest，upscale_method 选择“邻近 - 精确”，关闭“裁剪”，并将该节点的“图像”输出端口分别连接到“获取图像尺寸”节点和“完美像素”节点的“图像”输入端口；在“完美像素”节点，将“宽度”和“高度”转换为输入，“拉伸模式”选择“仅拉伸”，将“获取图像尺寸”节点的“宽度”和“高度”输出端口连接到该节点的“宽度”和“高度”输入端口，如下图所示。这里是为了统一上传手办图像的尺寸，设置为 1024 是 XL 模型出图的最低尺寸。

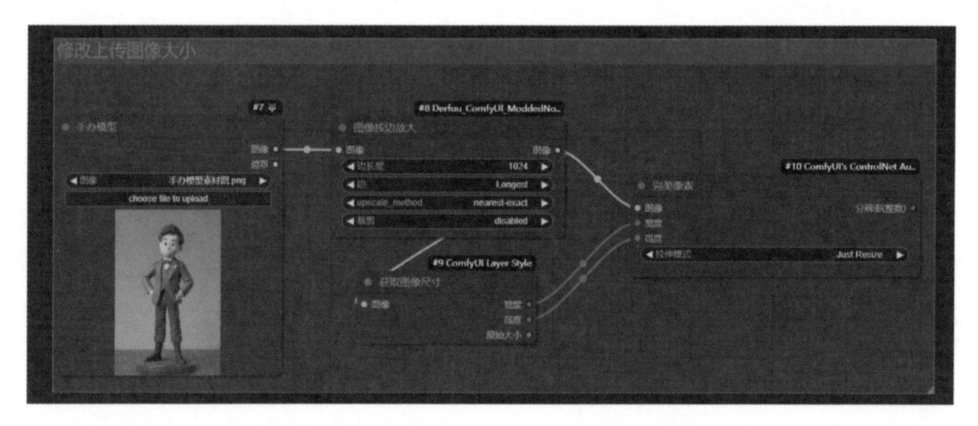

（4）新建两个“ControlNel 堆”节点、两个“ControlNel 加载器”节点、“DW 姿态预处理器”节点、“Aux 集成预处理器”节点。将 1 个“ControlNel 堆”节点、1 个“ControlNel 加载器”节点和“DW 姿态预处理器”节点连接起来，将另 1 个“ControlNel 堆”节点、另 1 个“ControlNel 加载器”节点和“Aux 集成预处理器”节点连接起来；在“DW 姿态预处理器”节点，关闭“检测面部”，将“分辨率”转换为输入，“ControlNe 切加载器”节点的“ControlNet 名称”选择 thibaud_xl_openpose_256lora.safetensors，其他参数保持默认不变；在“Aux 集成预处理器”节点，

“预处理器”选择“Canny 细致线预处理器”，将“分辨率”转换为输入，“ControlNe 切加载器”节点的“ControlNet 名称”选择 sai_xl_canny_256lora.safetensors，“ControlNet 堆”节点的“强度”设置为 0.8，“结束引导时间”设置为 0.4；将“图像按边放大”节点的“图像”输出端口和“完美像素”节点的“分辨率”输出端口分别连接到“DW 姿态预处理器”节点的“图像”“分辨率”输入端口和“Aux 集成预处理器”节点的“图像”“分辨率”输入端口，将 2 个“ControlNet 堆”节点连接起来，将 Canny 的“ControlNet 堆”节点的“ControlNet 堆”输出端口连接到“效率加载器”节点的“ControlNet 堆”输入端口，如下图所示。

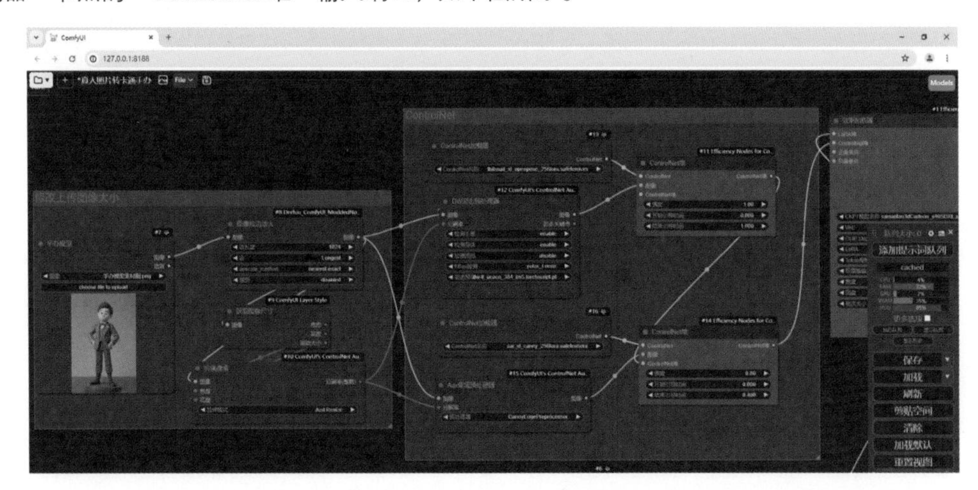

（5）新建 3 个“SDXL 风格化提示词”节点、“正面提示词”节点和“负面提示词”节点，将 3 个“SDXL 风格化提示词”节点的“正面条件”和“负面条件”都转换为输入，并将 3 个“SDXL 风格化提示词”节点串联起来，并将 3 个“SDXL 风格化提示词”节点的“风格”分别设置为“SAI- 增强”“SAI- 动画”“SAI-3D 模型”，其他参数保持默认不变；在“正面提示词”节点的文本输入框输入正向提示词：“A cartoon character Sit on the chair.feet on the ground，Wear simple, beautiful clothes, character concept design, clean background:2, bright environment:2,empty background:2, Clean floor, blue floor:2,solo, blue background:2, happy and smile, ”；将“正面提示词”节点和“负面提示词”节点连接到第 1 个“SDXL 风格化提示词”节点，将第三个“SDXL 风格化提示词”节点连接到“效率加载器”节点，如下图所示。

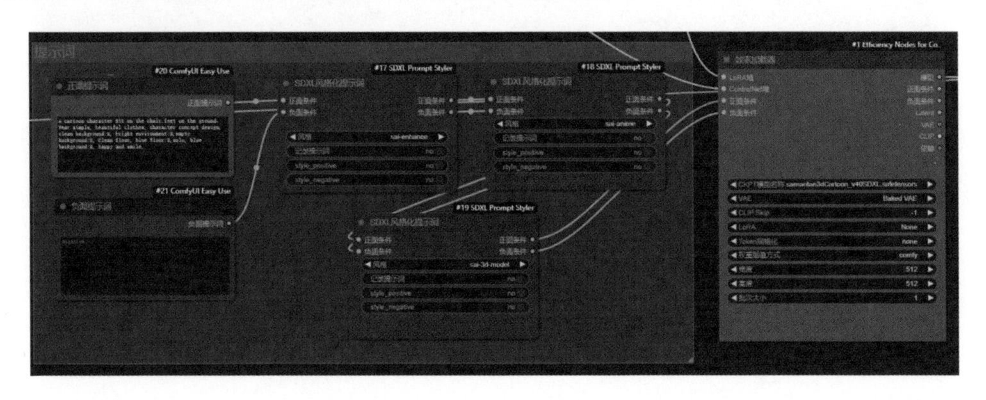

（6）新建“K 采样器（效率）”节点和“空 Latent”节点。在“空 Latent”节点，将“宽度”和“高度”转换为输入，将“获取图像尺寸”节点的“宽度”和“高度”输出端口连接到该节点的“宽度”和“高度”输入端口，将该节点连接到“K 采样器（效率）”节点；在“K 采样器（效率）”节点，“随机种”设置为随机，“步数”设置为 25，“CFG”设置为 7，“采样器”设置为 dpmpp_2m，“调度器”设置为 karras，“降噪”设置为 1，其他参数默认不变，将“应用 IPAdapter（高级）”节点的“模型”输出端口连接到该节点的“模型”输入端口，将“效率加载器”节点的输出端口除“模型”“Latent”以外对应连接到该节点的输入端口，如下图所示。

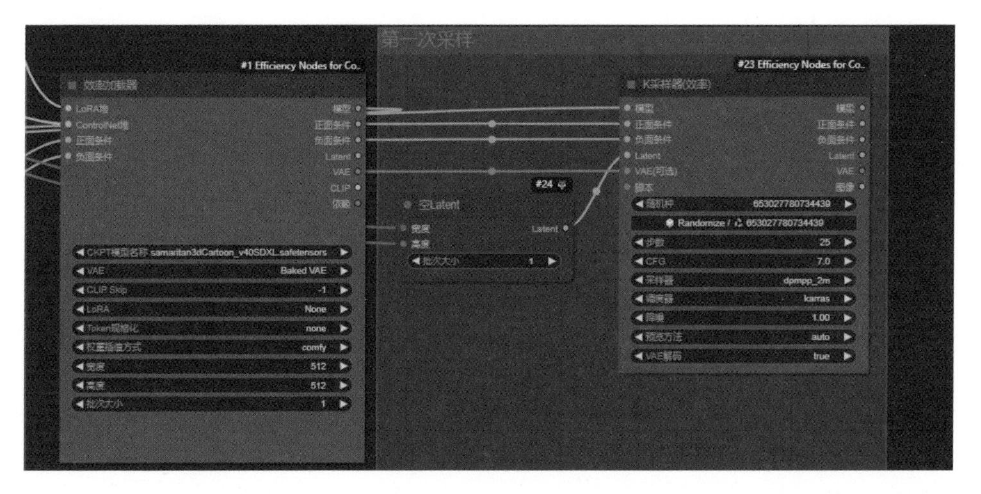

（7）新建“K 采样器（效率）”节点、“VAE 编码”节点和“Latent 按系数缩放”节点，在“K 采样器（效率）”节点，“随机种”设置为随机，“步数”设置为 20，“CFG”设置为 7，“采样器”设置为 dpmpp_sde_gpu，“调度器”设置为 nomal，“降噪”设置为 0.7，其他参数默认不变，将第 1 个“K 采样器（效率）”节点的输出端口除“Latent”以外对应连接到该节点的输入端口；将第 1 个“K 采样器（效率）”节点与“VAE 编码”节点连接，将“VAE 编码”节点与“Latent 按系数缩放”节点连接；在“Latent 按系数缩放”节点，“缩放方法”选择“邻近 - 精确”，“系数”设置为 1.5，并将该节点连接到第 2 个“K 采样器（效率）”节点，如下图所示。

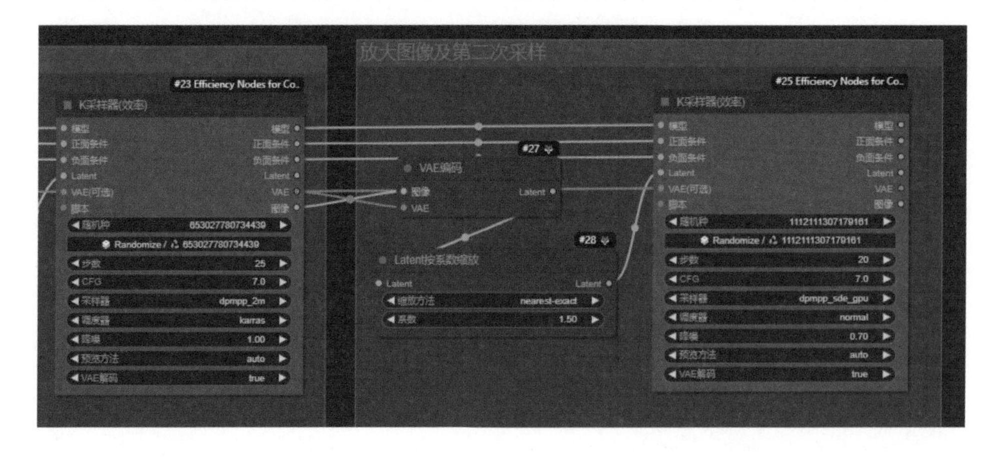

（8）新建“面部细化”节点、“检测加载器”节点和“SAM 加载器”节点。在“检测加载器”节点，“模型名称”选择 bbox/face_yolov8m.pt，在“SAM 加载器”节点，“模型名称”选择 sam_vit_b 01ec64.pth，“设备模式”选择 Prefer GPU，并将这 2 个节点连接到“面部细化”节点；在“面部细化”节点，“引导大小”设置为 256，“最大尺寸”设置为 768，“运行后操作”选择“随机”，“步数”设置为 20，CFG 设置为 6，其他参数保持默认不变，将第 2 个“K 采样器（效率）”节点的输出端口对应连接到该节点的输入端口，将“效率加载器”节点的 CLIP 输出端口连接到该节点的 CLIP 输入端口，如下图所示。

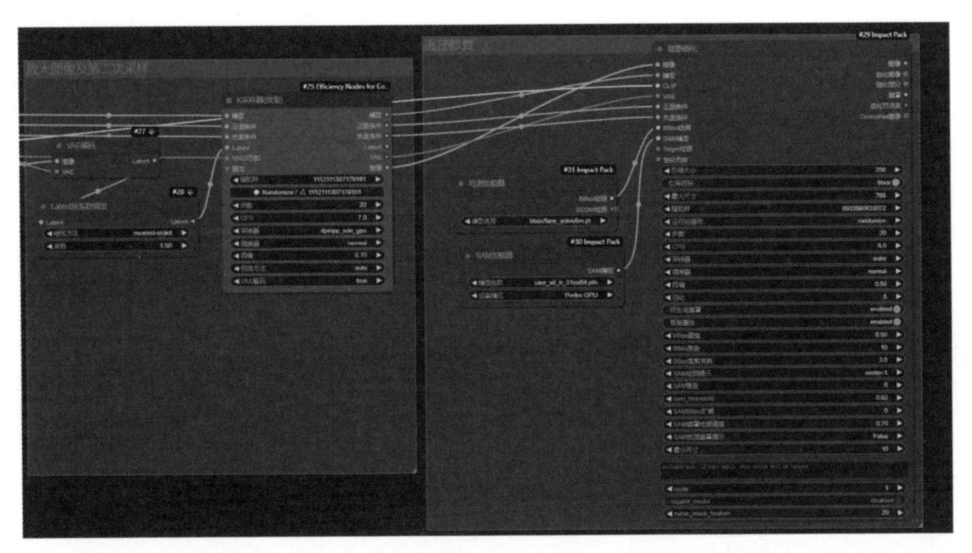

（9）新建“预览图像”节点，将“面部细化”节点的“图像”输出端口连接到“预览图像”节点的“图像”输入端口，点击“添加提示词队列”按钮，一张真人照片转卡通手办的图像就生成了，如下图所示。如果想更换真人照片或手办模型，更换相应的素材图像即可，更换手办模型素材后，记得修改相应的提示词。

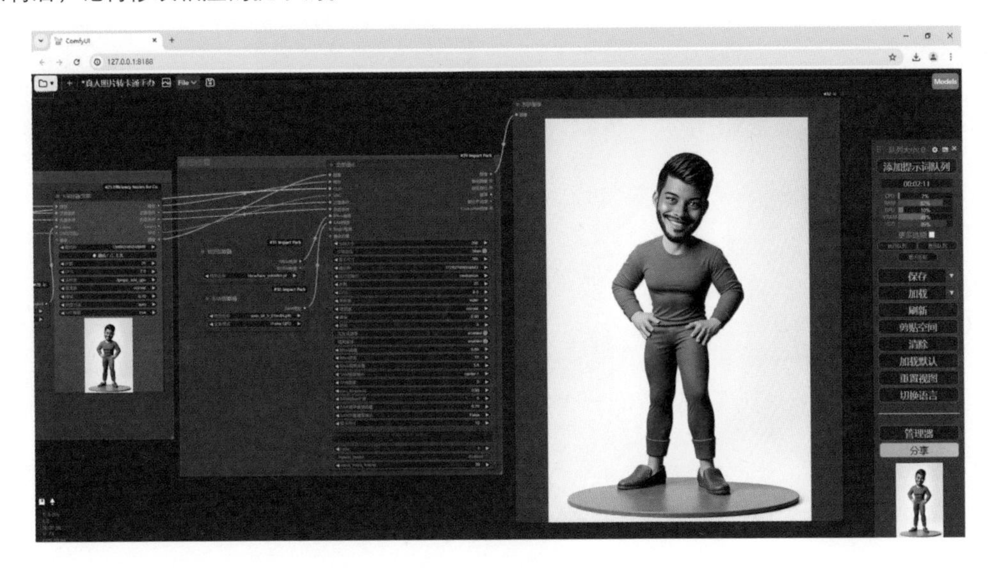

获得本书赠品的方法

1. 打开微信，点击“订阅号消息”。

2. 在最上方搜索框中输入“好机友摄影视频拍摄与 aigc”。

3. 点击“好机友摄影”公众号。

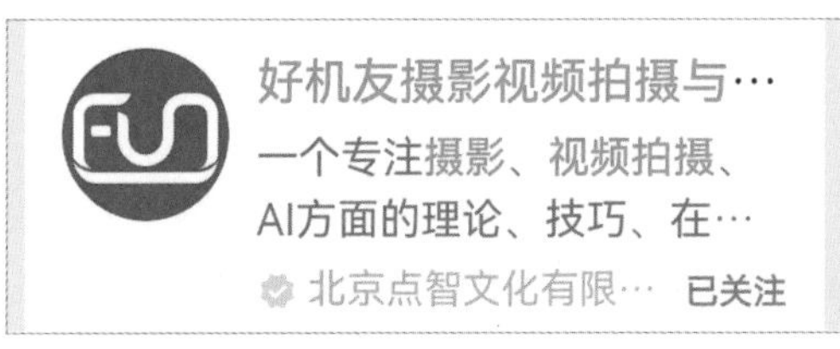

4. 点击“关注公众号”绿色按钮。

5. 点击左下角的输入图标。

6. 转换成为输入框状态。

7. 在输入框中输入本书第 ×× 页最后一个字，然后点右下角“发送”，注意只输入一个字。

8. 打开公众号自动回复的图文链接，按图文链接操作。

9. 激活课程后，再次观看时，可以进入公众号，点击右下角的“我的课程”菜单。

10. 如果要在计算机端观看课程，需要访问网址 https://www.funsj.com/，然后用激活课程的微信号登录。

11. 如果使用的是智能电视，还可以通过手机将课程投屏到电视上观看。